"十三五"国家重点出版物出版规划项目·重大出版工程

高超声速出版工程

空间任务飞行器减阻防热新方法及其应用

黄　伟　李世斌　颜　力　孙喜万　著

科学出版社

北　京

内 容 简 介

热防护技术作为空间任务飞行器亟待解决的关键技术之一,是飞行器面向工程实际应用时一个无法回避且必须突破的难题,它直接关系飞行器的飞行安全,该技术的突破对于实现其长航时远程打击能力提升具有重要战略意义。本书介绍了空间任务飞行器减阻防热技术的新进展,主要包括新概念迎风凹腔与逆向射流组合体技术、减阻杆与逆向射流组合体技术、新概念逆向射流技术及逆向脉冲射流与迎风凹腔组合体技术,其中新概念逆向射流技术主要包含射流喷孔形状和数量引起的流场波系结构变化,进而诱导阻力和局部热流变化。

本书可作为航空航天相关专业科研人员和工程技术人员的参考书,也可作为从事高超声速飞行器防热技术研究教师和研究生的参考书。

图书在版编目(CIP)数据

空间任务飞行器减阻防热新方法及其应用 / 黄伟等著.
—北京:科学出版社,2021.3
"十三五"国家重点出版物出版规划项目·重大出版工程　高超声速出版工程
ISBN 978-7-03-067419-7

Ⅰ.①空…　Ⅱ.①黄…　Ⅲ.①飞行器—减阻—防热—研究　Ⅳ.①V47

中国版本图书馆 CIP 数据核字(2020)第 256188 号

责任编辑:徐杨峰 / 责任校对:谭宏宇
责任印制:黄晓鸣 / 封面设计:殷　靓

科 学 出 版 社 出版
北京东黄城根北街 16 号
邮政编码:100717
http://www.sciencep.com

南京展望文化发展有限公司排版
苏州市越洋印刷有限公司印刷
科学出版社发行　各地新华书店经销
*

2021 年 3 月第 一 版　开本:B5(720×1000)
2021 年 3 月第一次印刷　印张:20 1/4
字数:350 000
定价:160.00 元
(如有印装质量问题,我社负责调换)

丛书序

飞得更快一直是人类飞行发展的主旋律。

1903 年 12 月 17 日,莱特兄弟发明的飞机腾空而起,虽然飞得摇摇晃晃,犹如蹒跚学步的婴儿,但拉开了人类翱翔天空的华丽大幕;1949 年 2 月 24 日,Bumper-WAC 从美国新墨西哥州白沙发射场发射升空,上面级飞行马赫数超过5,实现人类历史上第一次高超声速飞行。从学会飞行,到跨入高超声速,人类用了不到五十年,蹒跚学步的婴儿似乎长成了大人,但实际上,迄今人类还没有实现真正意义的商业高超声速飞行,我们还不得不忍受洲际旅行需要十多个小时甚至更长飞行时间的煎熬。试想一下,如果我们将来可以在两小时内抵达全球任意城市,这个世界将会变成什么样? 这并不是遥不可及的梦!

今天,人类进入高超声速领域已经快 70 年了,无数科研人员为之奋斗了终生。从空气动力学、控制、材料、防隔热到动力、测控、系统集成等,在众多与高超声速飞行相关的学术和工程领域内,一代又一代科研和工程技术人员传承创新,为人类的进步努力奋斗,共同致力于达成人类飞得更快这一目标。量变导致质变,仿佛是天亮前的那一瞬,又好像是蝶即将破茧而出,几代人的奋斗把高超声速推到了嬗变前的临界点上,相信高超声速飞行的商业应用已为期不远!

高超声速飞行的应用和普及必将颠覆人类现在的生活方式,极大地拓展人类文明,并有力地促进人类社会、经济、科技和文化的发展。这一伟大的事业,需要更多的同行者和参与者!

书是人类进步的阶梯。

实现可靠的长时间高超声速飞行堪称人类在求知探索的路上最为艰苦卓绝的一次前行,将披荆斩棘走过的路夯实、巩固成阶梯,以便于后来者跟进、攀登,意义深远。

以一套丛书,将高超声速基础研究和工程技术方面取得的阶段性成果和宝贵经验固化下来,建立基础研究与高超声速技术应用之间的桥梁,为广大研究人员和工程技术人员提供一套科学、系统、全面的高超声速技术参考书,可以起到为人类文明探索、前进构建阶梯的作用。

2016 年,科学出版社就精心策划并着手启动了"高超声速出版工程"这一非常符合时宜的事业。我们围绕"高超声速"这一主题,邀请国内优势高校和主要科研院所,组织国内各领域知名专家,结合基础研究的学术成果和工程研究实践,系统梳理和总结,共同编写了"高超声速出版工程"丛书,丛书突出高超声速特色,体现学科交叉融合,确保丛书具有系统性、前瞻性、原创性、专业性、学术性、实用性和创新性。

这套丛书记载和传承了我国半个多世纪尤其是近十几年高超声速技术发展的科技成果,凝结了航天航空领域众多专家学者的智慧,既可供相关专业人员学习和参考,又可作为案头工具书。期望本套丛书能够为高超声速领域的人才培养、工程研制和基础研究提供有益的指导和帮助,更期望本套丛书能够吸引更多的新生力量关注高超声速技术的发展,并投身于这一领域,为我国高超声速事业的蓬勃发展做出力所能及的贡献。

是为序!

2017 年 10 月

前　言

近年来,临近空间成为国家安全新的战略制高点。在临近空间巡航的高超声速飞行器可以实现高速突防、两小时全球到达、快速进入空间等战略任务,是影响未来国际战略格局的颠覆性技术之一。

对于以高超声速巡航的飞行器,由普遍存在的强激波系产生的波阻占总巡航阻力的2/3,而且该比重随来流马赫数的增大急剧增加,严重影响飞行器的气动性能,且在相同的航速和航程下,需要消耗更多的燃料,这将导致有效载荷大大降低。同时,飞行速度的显著升高使得气流分子之间黏性作用增强,与来流正对的飞行器头部壁面热流激增使得壁面温度升高,进而使得飞行器内的传感装置遭到破坏,飞行器工作性能急剧下降,这些问题均使高超声速飞行器在实际应用中面临严峻的挑战。因此,发展主动/被动减阻防热技术势在必行。作者对团队近五年在高超声速防热及热结构技术领域研究进行总结并成书,希望起到抛砖引玉的作用,促进我国相关领域的发展。

本书共6章。第1章由孙喜万、黄伟、颜力、李世斌完成,主要对减阻防热技术实验和数值仿真研究进展进行综述,重点给出实验模型和流动条件,并对气动力、气动热测量和仿真结果加以分析,为进行数值仿真研究和方案创新工作的学者提供检验数值模拟精度的依据;第2章由李世斌、黄伟、欧敏、颜力完成,分别对本书所采用的试验设计方法、优化算法、数值方法和模型进行介绍,通过选取具有实验数据的物理模型,对其进行建模与仿真,验证本书所采用数值方法的正确性;第3章由孙喜万、黄伟、颜力、李世斌完成,以高超声速再入飞行器减阻防热方案为主线,提出新构型迎风凹腔和逆向喷流组合体,并采用数值模拟方法,以多目标设计优化为目的,获得更高效的减阻防热性能;第4章由颜力、欧敏、黄伟、李世斌完成,结合数值模拟和基于代理模型的参数化优化方法对高超声速再入飞行器加装的减阻杆与逆向射流组合热防护系统进行设计与优化;第 5 章由李世斌、黄伟、颜力完成,重点研究新型逆向射流方案设计及对三维空间流场的影响;第 6 章由黄伟、张瑞瑞、李世斌、颜力完成,重点以空间任务飞行器的减阻防热为目标,对逆向脉冲射流及其组合体的减阻防热机理开展系列研究。全书的修改和统稿工作由黄伟、孙喜万完成。

本书的研究工作得到了国家自然科学基金(11972368 和 11802340)、基础加强计划技术领域基金(2019-JCJQ-JJ-194)和国家重点研发计划(2019YFA0405300)等体系的内部支持。欧敏、张瑞瑞、杜兆波等也为本书的研究成果付出了大量心血和智慧,在此一并表示衷心感谢!

高超声速飞行器技术研究方兴未艾,性能优良的热结构与热防护系统是改善空间任务飞行器头部气动阻力及气动加热、突破高超声速飞行器应用壁垒的关键。本书内容只是高超声速防热与热结构技术领域沧海一粟,再加上作者学术水平有限,书中难免存在不足与疏漏,恳请读者批评指正。

作　者

2020 年 4 月于湘江河畔

高超声速出版工程

目 录

丛书序
前言

第1章　绪　　论

第2章　基本理论与数值方法验证

第5章　新型逆向射流方案在临近空间高超声速飞行器中的应用

176

第6章　逆向脉冲射流及其组合体在空间任务飞行器中的应用

第 1 章

绪　　论

本章重点介绍高超声速飞行器所面临的关键问题和高超声速流动中减阻防热技术研究进展,并对该领域的发展提出展望。

1.1　空间任务飞行器高超声速流动中所面临的关键问题

"高超声速"一词最早由中国著名空气动力学家钱学森于 1946 年提出,虽然说法不一,但一般以来流马赫数大于 5 为界定[1],并具有以下特点:① 激波层很薄;② 激波层内黏性干扰严重;③ 存在熵层;④ 激波层内温度高并存在真实气体效应;⑤ 存在严重的气动加热问题[2]。

发展高超声速飞行器具有可预见的重大意义,一般意义上的飞船返回舱、卫星、空天飞机再入大气层时都会经历高超声速飞行状态[3]。图 1.1 给出在一定时间范围内高超声速飞行器比传统飞行器,在实现快速到达和纵深打击方面,具有无与伦比的优势。

高超声速技术存在三大障碍,即音障、黑障和热障。机体在高超声速条件下,强烈的激波会大大增加气动阻力,相应地增加控制难度并降低有效载荷[4]。在高马赫数下,气体黏性阻滞作用会使再入飞行器的壁面温度明显攀升,这一现象在前缘更加严重。高温高压气体通过壳体将热量传递到内部,导致电子电路运行稳定性变差,这个问题对再入飞行器挑战很大[5]。飞行器是高超声速但大气是静止的,因此,巨大的速度差引起了其前部的强激波,造成飞行器周围气体强烈的加热和压缩。一旦进入大气环境,飞行器遇到一个非常复杂的热化学流动环境,由于流动温度很高,向飞行器的热传导和辐射就十分严重。研究表明,超过 55% 的电子设备失效是由高温引起的[6]。高超声速飞行器能否应用于工程实际的关键之一,就是设计用于保护飞行器表面的合理气动加热防护和减阻系统[7-9]。

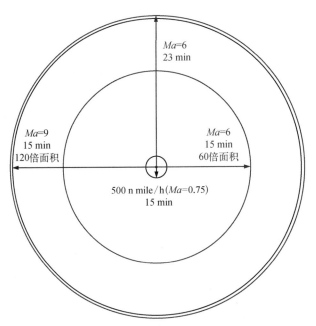

图 1.1   高超声速飞行器与传统飞行器的覆盖范围对比

航天飞机、宇宙飞船返回舱属于再入飞行器。当它们再入大气层时,具有的总能量 $E_{t,i}$ 可以用轨道高度 H_i 和初始速度 v_i 表示:

$$E_{t,i} = m\left(gH_i + \frac{1}{2}v_i^2\right) \tag{1.1}$$

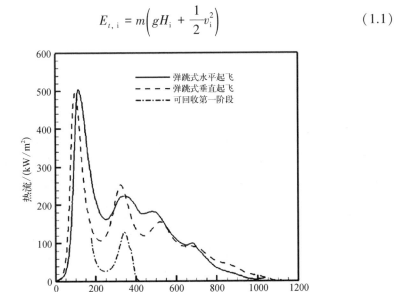

图 1.2   三种再入飞行器热流环境对比[10]

其中, m 为飞行器质量; g 为重力加速度。该能量唯一的消耗途径是空气阻力。Huang[10]将三种典型再入飞行器热流进行对比[11],见图 1.2,可见再入过程的热流峰值约为 $500 \, kW/m^2$,大部分时间热流为 $100 \sim 200 \, kW/m^2$。所以,对高超声速再入飞行器头部进行减阻防热方案设计具有重要意义[12]。

1.2 高超声速流动中减阻防热技术现状与趋势

1.2.1 高超声速流动中减阻防热机理

高超声速飞行器减阻防热问题一直受到国内外学者关注。根据实施方案的可控性,热防护方法分为主动冷却与被动热防护[13,14]。被动热防护技术是使用耐热材料烧蚀达到隔热目的,其发展主要依托新材料研发[15]。但是表面材料烧蚀必然影响气动外形,难以长时间保护飞行器。Tahsini[16]对高超声速金属球头表面的高温烧蚀进行了数值模拟,其阻力系数减小了约 20%,但是由烧蚀带来的热流增加是难以控制的。主动冷却技术是向可能的高温区域加注冷却物质或者设计特定构型,旨在改变流场以实现减阻和防热效果。目前,常用的主动减阻防热方法有[10]迎风凹腔、能量投放、逆向射流、加装减阻杆和底部排气[17],以及它们的组合构型等。

实验研究是验证理论分析的最基本方法,也是数值模拟可靠性的评价标准,更是创新减阻防热方案的重要基础。限于高超声速风洞实验的高成本与长周期,已开展的实验模型种类十分有限[18]。由于算法和计算能力的飞速发展,采用计算流体力学(computational fluid dynamics,CFD)方法进行研究的成本为许多小的科研团队所承受,尤其是当商业软件(ANSYS FLUENT、FASTRAN、XFlow)大量兴起后,可以获得几乎任何需要的数据。值得注意的是,许多实验者在实验后都会对结果进行数值模拟,通常结果和实验吻合较好。除了首要的可信度之外,数值仿真还可以进行许多在风洞实验中因流动工作条件和尺寸外形难以实现而进行不了的研究。此外,减阻防热机理研究属于飞行器设计的一部分,优化设计也理应成为核心,而这一过程需要海量数据积累以完成方案评估。除了极少数进行了工作状态[19]和几何尺寸[20]的性能参数分析外,风洞实验方法很难完成这一任务。因此,数值模拟研究已经成为且未来将一直是减阻防热机理研究中不可缺少的工具。本章将对高超声速流动中减阻防热技术现状与趋势进行综述。

1.2.2 传统减阻防热技术

1. 迎风凹腔

1）基本原理

陆海波等[21]对迎风凹腔进行了简单介绍。Burbank首先提出使用迎风凹腔结构实现高超声速飞行器头部的热防护[22,23]，见图1.3。高超声速来流在凹腔中产生振荡造成能量耗散，可以降低表面热流。唇口烧蚀情况虽然严重，但是也低于原始驻点。一个具有重要意义的几何参数是凹腔长度与直径的比值 L/D。对于浅腔，振荡受自由来流噪声的影响较大；对于深腔，流动会自发振荡。这种强度高、频率不连续的振荡，即"Hartmann Whistle"[24]，不但增加了预测流场的难度，也在一定程度上造成了结构的振动和控制的困难。此外，使用迎风凹腔不一定可以获得减阻效果，但一些组合方案可以改善这一情况。

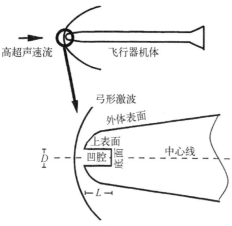

图1.3 迎风凹腔减阻防热构型方案示意[22]

2）实验研究

自"Hartmann Whistle"被提出后，国外学者对迎风凹腔开展了广泛的实验研究。Saravanan等[25]在马赫数7.96来流条件下对导弹表面（图1.4）进行了减阻

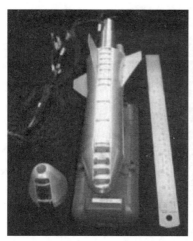
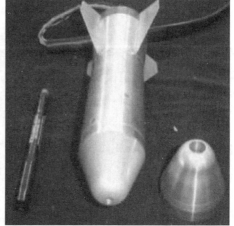

图1.4 导弹实验件[25]

防热性能实验,并给出了壁面不同位置斯坦顿数(St)分布,St的定义为

$$St = \frac{q_w}{(T_{aw} - T_w)\rho_\infty c_{p\infty} u_\infty} \tag{1.2}$$

$$T_{aw} = T_\infty \left\{ 1 + \sqrt[3]{Pr} \left[(\gamma - 1)/2 \right] Ma_\infty^2 \right\} \tag{1.3}$$

其中,q_w是壁面热流密度;T_{aw}是绝热壁面温度;T_w是壁面温度;ρ_∞、u_∞、T_∞和Ma_∞分别是来流的密度、速度、温度和马赫数;Pr是普朗特数;$c_{p\infty}$是比热容;γ是比热比。

通过对比,带凹腔构型的表面最大传热率降低了 35%~40%。在零攻角下,L/D 为 4 的构型阻力系数降低了 5.12%,而 L/D 为 2 的构型增加了 8.88%,即迎风凹腔可以实现防热但不一定能减阻。同时,Saravanan 等在实验中观察到唇口压强的正弦振荡现象,证实了这一流场是非定常的。

根据 Helmholtz 共鸣概念,Yuceil 等[26-29]对马赫数 4.9 的球头圆柱进行了风洞实验(图 1.5),将 0.4 作为"浅"腔和"深"腔的界限,将 0.7 作为"深"腔和"很深"腔的界限,并给出了凹腔底面和球头壁面上温度、压强等随时间变化的曲线[26]。对于大直径的"浅"腔,鼻区附近 $\Delta\varphi = 5° \sim 6°$ 区域会产生稳定的"冷环"现象,当 L/D 超过 0.5 时将不复存在,Yuceil 等也用热沉理论对这一现象加以解释。"冷环"现象与鼻区唇口附近的流动分离有关。根据文献中压强和温度随时间变化的曲线可知,对于"浅"腔和"很深"腔,腔底形状对温度变化过程影响不大[29]。"深"腔的腔底压强呈现无规律变化,且壁面温度分布也是非对称的,其变化历程也随腔底形状改变而大不相同。此外,还对尖唇缘、平底面凹腔进行了 L/D 为 0.235~2 的实验[27],发现 $L/D = 2$ 的构型具有最佳防热效果且流场相对稳定。根据管元理论[3],加长凹腔能降低振荡频率和阻尼,但是实验研究的凹

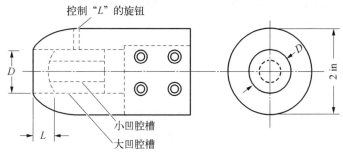

图 1.5 实验件结构[26-29]

1 in ≈ 2.54 cm

腔 L/D 仍然不超过 2,所以值得进一步探索。

Engblom 等[30,31]对上述构型进行唇口钝化,并指出唇口钝化的凹腔消除了原来尖唇缘附近的回流,减轻了两侧的气动加热,且当凹腔 L/D 较大时,由于强烈的自振荡效应,产生了更为明显的"冷环"现象。

为了研究上述前缘凹腔减缓烧蚀的效应,Silton 等用冰制作了凹腔直径为 $7.62 \sim 17.78$ mm、长径比 L/D 为 2 和 4 的大量模型[32,33],并指出,加长凹腔深度或者钝化唇口半径都可以延缓鼻区烧蚀[33]。但对于唇口钝化半径较小的模型,实验测试的结果受加工缺陷影响较大。在讨论的实验模型中,延迟烧蚀的最佳构型是凹腔直径为球头直径一半、凹腔深度为凹腔直径四倍、唇口半径为球与腔直径差的四分之一[32]。

有些实验是针对激波及凹腔振荡特性及其与几何参数的关系开展的。Ladoon 等[34]使用来流马赫数为 4 的静风洞,对可变深度的凹腔构型进行了实验,为了研究振荡衰减的特性,使用激光对来流产生干扰。在无干扰的静来流中,浅腔流动基本是静态的,但深腔会发生自激振荡。Ladoon 等提出凹腔内振荡衰减的阻尼常数 γ 可以 $\gamma/2 = A\omega_1^m$(其中 A 和 m 是可标记的常数,ω_1 是测得的腔内振荡频率)的形式给出;此外,使用数据拟合外推的方式预测出外加干扰下,产生稳定振荡的 L/D 临界值是 2.7,但由于模型凹腔深度的限制没有进行实验验证。Chou 等[35,36]利用来流马赫数为 6 的静风洞对相似模型进行了实验,L/D 为 $0 \sim 5$。通过对比发现,L/D 是振荡阻尼的重要参数,相同的 L/D 下振荡衰减率相同。此外,测量得到 $L/D = 1.2$ 是振荡稳定的临界值[36],并将稳定振荡的特性曲线和二阶欠阻尼振荡进行了类比,这对模拟凹腔激波振荡具有参考意义。Marquart 等[37]对高超声速来流下唇口钝化、带凹腔的钝锥体进行了风洞实验,并将测试得到的激波振荡频率与理论推导进行了对比,结果较吻合。

部分实验是针对凹腔底面的气动加热情况进行的。Seiler 等[38]制作了如图 1.6 所示的三种模型,并于凹腔底面布置了图示的热流密度测量点。凹腔 L/D 分别是 0.085 和 0.266。在风洞中,模拟海拔分别为 0、5 km 和 20 km,来流马赫数为 4.5 的气流条件,通过热流密度分布曲线可知,随海拔降低,凹腔底面加热更加剧烈。对于小凹腔,在 0 和 5 km 海拔条件下,热流密度峰值出现在距离圆心 20 mm 处;对于大凹腔,底面各处热流密度较小且大致相等。可见当凹腔足够深时,底面的气动加热呈现低且均匀的状态。此外,Sambamurthi 等[39]指出钝化唇口的凹腔,底面压强也是低且近似均匀的。这类实验对研究凹腔底面热流密度分布具有参考意义。

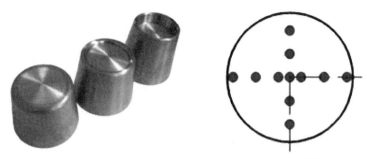

图 1.6　凹腔底面气动加热测量模型及测量点分布[38]

除了以上研究外,Xiao 等[40]进行了高超声速类型 IV 的激波干扰实验,在斜激波入射下观察到带前缘凹腔的二维钝头体周围流场中,前后高频振荡和上下低频振荡的现象。Mizukaki 等[41]对马赫数为 3 的来流中半球形迎风凹腔的脱体激波形状进行了观察,并给出凹腔底部压强的低压区。Bazyma 和 Kuleshov[42]对超声速来流中 L/D 为 0.3~1.6 的凹腔进行了风洞实验,观察到 L/D 为 0.4 时激波的双向脉动,且 L/D 大于 0.8 时可以产生振荡但是对称的激波。Huebner 等[43]观察到类似模型在马赫数为 10 的来流中腔口激波近似为平面构型,测量了激波平衡位置,并且当以很小的质量流率从腔口壁注入空气时,激波振荡的振幅减小 70%,大大提升了激波的稳定性,此外,根据激波振荡滞后于凹腔底部的压强振荡,推断出激波振荡是由凹腔内振荡驱动的。

迎风凹腔作为较早提出的改进驻点气动加热环境的方案,操作简单但是并不一定产生减阻效能,且凹腔内气体振荡特性导致流场大多数时候是非定常的,这将引起飞行器结构设计和控制的困难。此外,L/D 是一个重要的几何参数。迎风凹腔部分实验研究信息总结见表 1.1。

表 1.1　迎风凹腔部分实验研究信息

研　究　者	Ma_∞	基本构型	L/D	唇口钝化半径	重要问题分类	数值模拟
Saravanan 等[25]	7.96	球-锥	2, 4		减阻和外壁面防热	[25][44]
Yuceil 等[26-29]	4.9	球-柱	0.235~2		L/D 对防热和流场影响	
Engblom 等[22,30,31]	4.9	球-柱	0~2.25	0.1~6 mm	唇口钝化对防热影响	[22,30]
Silton 等[32,33]	4.91	球-柱	2, 4	1.19~4.445 mm	鼻区烧蚀、凹腔构型优化	[32,33]

（续表）

研 究 者	Ma_∞	基本构型	L/D	唇口钝化半径	重要问题分类	数值模拟
Ladoon 等[34]	4	球-柱	0~1.984		腔内流场振荡	
Chou 等[35,36]	6	球-柱	0~5		腔内流场振荡	
Seiler 等[38]	4.5	柱面	0~0.266	√	凹腔底面气动加热	[38]
Bazyma 等[42]	3	柱面	0.3~1.6		凹腔前缘激波构型	[42]

3）数值仿真

Saravanan 等[25]在进行实验后,使用非结构网格对凹腔直径为 6 mm 和 12 mm 的弹体模型开展了稳态状况的数值模拟,获得的表面热流分布和实验高度一致,但是压强分布、力系数等稍有偏差,Saravanan 等还指出,用有限体积方法处理几何模型并且用有限差分方法求解,可以快速获得精确的全流场。陆海波等[3,23,44]随后对这一实验模型进行了深入的数值模拟研究,作为减阻防热组合方案的研究基础。使用三维结构网格,引入 $k\text{-}\varepsilon$ 湍流模型,并进行稳态假设,也观察到了唇口的冷环现象[21]。忽略凹腔内部波系振荡,陆海波等以飞行器优化设计为目标,重点研究凹腔几何参数对减阻防热性能的影响,指出壁面热流值随凹腔长度增加而下降,且凹腔底面的气动加热轻微。

Silton 和 Goldstein[33]对凹腔延缓烧蚀进行实验的同时,对唇口钝化模型进行了数值模拟。其划分结构网格,使用商业软件 FLUENT 进行了非稳态模拟。在计算流场时使用层流假设,在捕捉壁面热流分布时使用 $k\text{-}\varepsilon$ 湍流模型。数值模拟结果与实验吻合较好,能近似预测烧蚀开始时间。Silton 等指出利用前缘钝化方法,可以使材料达到均匀烧蚀,这是优化设计的一个目标。当然,稳态假设只对方案评估有用,但为揭示腔内复杂流动机理仍需要记录瞬态流动参数和非定常气动力,且在构型改变时更为重要。基于实验研究,Silton 和 Goldstein[33]使用 FLUENT 求解器进行非定常计算,采用层流假设而不是引入湍流模型可以更好地捕捉烧蚀起始点,这种模拟方法基于流动未发生转捩,可以节约模拟时间。一个有启发性的结论就是优化外形可以实现同时烧蚀,达到性能最优[32]。

目前,对于传统凹腔构型已有学者提出了创新。Huang 等[45]通过引入倾角改变了凹腔后缘形状(图1.7),并通过优化获得最优方案。Yadav 和 Guven[46]对马赫数为 6.2 来流中的球头设计了一个抛物线形的前缘凹腔,其设计思想是利用前缘抛物线凹腔产生涡团,避免气流直接撞击壁面。在划分网格时,控制壁面 y+ 约

为 1,并且引入 Spalart-Allmaras 湍流模型。数值
模拟结果表明,与传统凹腔类似,凹腔长轴与短
轴比值越大,减阻防热效果越好,但唇口加热情
况十分严重。Yadav 和 Guven[47] 还增加了模型
的凹腔深度,并且模拟了来流马赫数为 10.1 的
流动情况,同时考虑了高温气体化学反应。当凹
腔长短轴之比为 1.5 时,产生了 19% 的防热效
果,但是唇口内壁附近的热流峰值是原始构型的
3.5 倍,这将影响该方案的实际使用。

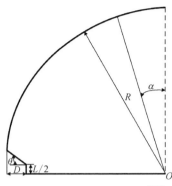

图 1.7 带后缘倾角的凹腔[45]

值得注意的是,k-ε 和 SST k-ω 是两种常用的湍流模型,我们也在研究中对
比了两者对迎风凹腔流动的影响,且无疑 k-ε 模型更加适用[见文献[48]中的
图 6(a)和(b)]。因为流动主要附着于外形表面,SST k-ω 模型解析涡团的能力
就没有优势了。迎风凹腔部分数值模拟信息总结于表 1.2 中。

表 1.2 迎风凹腔部分数值模拟信息

研 究 者	Ma_∞	基本构型	L/D	唇口钝化半径	重要问题分类	数值技术细节
Saravanan 等[25]	7.96	球-锥	2, 4		外表面热防护	CFX-ANSYS 5.7,非结构网格,定常
Lu 等[44]						FASTRAN,k-ε 模型,定常
Sun 等[48]			2		湍流模型选择	FLUNET,定常
Engblom 等[22,31]	4.9	球-柱	0~2.25	0.1~2 mm	唇口钝化的外表面冷却,凹腔底面的压力脉动	非定常和定常模拟
Silton 等[32,33]	5	球-柱	2, 4	1.19~4.445 mm	烧蚀起始和表面均匀受热	FLUENT,k-ε 模型
Huang 等[45]	3.98	球	1~4		含尾缘凹腔的减阻防热	FLUENT,k-ω 模型
Yadav 等[46,47]	6.2, 10.1	球-锥	3, 2, 1.5		流动中的椭圆形凹腔	FLUENT,S-A 模型
Seiler 等[38]	4.5	圆柱表面	0~0.266	不明确	与实验相互验证	FLUENT,层流
Seiler 等[38]	3	圆柱表面	0.3~1.6			二维

2. 逆向射流

1) 基本原理

逆向射流方案的提出是为了解决飞行器表面被动防热结构不能重复使用的问题。从飞行器头部喷射逆于来流的工质(目前以冷却气体居多),可以将激波推离物面,降低飞行器表面载荷,而且冷却工质也可以在物面上通过传热降低表

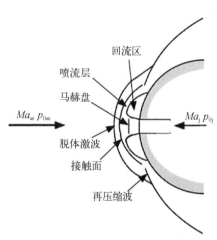

图 1.8   逆向射流流场结构示意图[19]

面温度。图 1.8[19] 显示了带逆向射流流场的复杂结构,流体喷出后与来流相互平衡形成一个马赫盘结构。在壁面处,射流由于阻挡形成了回流区。自由来流向周围流动并形成再压缩波。自由来流、射流层和壁面附着区域交汇形成三叉点。自由来流不直接撞击壁面,且驻点区域位于回流内部,可以有效降低表面载荷,减少气动加热。当射流和来流的总压比超过一个临界值时,流场才会呈现出定常结果。但实施逆向射流方案时,需要较为复杂的喷射装置,这将大大增加飞行器质量。

2) 实验研究

Hayashi 等[19,49]对来流条件为马赫数 3.98、直径 50 mm 的球头构型 [图 1.9(a)]进行了逆向射流防热方案的研究,射流工质是氮气,文献中定义射流的总压比 PR:

$$PR = \frac{p_{0j}}{p_{0\infty}} \tag{1.4}$$

其中,p_{0j}为逆向射流的总压;$p_{0\infty}$为来流总压。

通过文献中给出的表面不同位置处斯坦顿数分布[图 1.9(b)]可以得出,带逆向射流的流场壁面斯坦顿数大大下降且峰值大多出现在圆心角 θ 为 40°~50°的位置,且当 PR = 0.8 时壁面吸收的总热量减小了50%。通过纹影图观察,发现 PR 大于 0.2 时流场是稳定的,可以看到清晰的马赫盘、再附激波等结构;PR 小于0.2时流场不稳定,激波结构被破坏,有时自由来流直接撞击物面,没有防热效果。自由来流总温越高,壁面斯坦顿数越大[49]。Hayashi 等在测量时没有给出定常流场的 PR 临界值,而这对数值仿真很有意义。

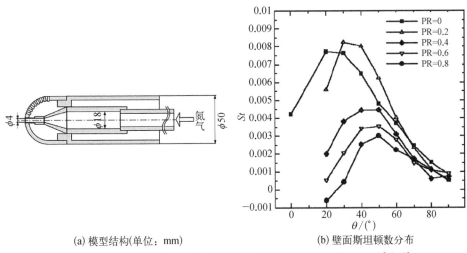

(a) 模型结构(单位：mm)　　　　　　　　(b) 壁面斯坦顿数分布

图 1.9　实验件模型与逆向射流产生示意图及壁面斯坦顿数分布[19,49]

Imoto 等[50]对马赫数为 6.6 高焓来流中直径为 60 mm 的球头进行了风洞实验。使用氮气和氦气作为冷却工质,PR 为 0.010 3~0.043 2。通过测量发现,在驻点附近氮气的冷却效果强于氦气,当 PR 升高时它们都可以产生 80% 以上的降热率;对于远离驻点的区域,逆向射流对热流分布几乎不产生影响。Imoto 等指出,氦气由于相对分子量小,在相同质量流量下防热效果更好,更利于实际应用。高焓来流可能带来流动的化学反应,但是 Imoto 等在实验中并没有通过测量温度等物理量,指出是否发生化学反应。

Venukumar 等[51]利用 HST2 高焓风洞对马赫数为 8 来流条件下,锥角为 120°的球头钝锥进行了逆向射流减阻性能的研究(图 1.10)。实验中 PR 为 20~75,远大于稳态临界条件 6.5。当 PR 为 75 时, 阻力系数下降约 45%。随后,Venukumar 和 Reddy 使用超声速氮气和氢气作为逆喷气体[52],测量了不同状况下的阻力系数,发现当射流压强大于一个特定值 2 bar(1 bar = 100 kPa)后,阻力系数和减阻比率几乎不变。Kulkarni 和 Reddy[53]对此构型做了进一步研究,对比了来流驻点焓为 5 MJ/kg 和 2 MJ/kg 情况下的减阻情况,发现相同逆向射流总压比下高焓来流中(5 MJ/kg)的减阻情况较好。大逆喷总压比下可以获得较为稳定的流场,但临界条件 PR = 6.5 及以下的情况也值得做实验,以观察是否也有减阻效果。

Shang 等[54]研究了马赫数为 5.8 的情况下,逆向射流导致的球头前方激波分叉现象。实验选用的球头直径是 3.81 mm。图 1.11 是实验中获得的不同自由来流驻点压强下,阻力随 PR 变化的曲线。从中可以看出,总体上阻力随 PR 升

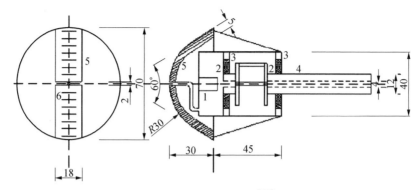

图 1.10 120°球头钝锥实验件模型[51](单位：mm)

1. 阻力加速计；2. 橡胶垫；3. 不锈钢环；4. 中心支杆；5. 大粗糙条；6. 铂质薄膜传感器

高而下降,但在 PR 为 0.8~1.05 有一个反上升过程,文中用激波分叉解释这一现象,在激波分叉点后的工况流场是稳定的。所以,优化减阻方案时 PR 并不是越大越好。这一结论在 Tatsumi 和 Hiroshima[55]的实验中也得到了证实,其观察了不同来流下随 PR 从 1~29 变化时的射流模式变化。

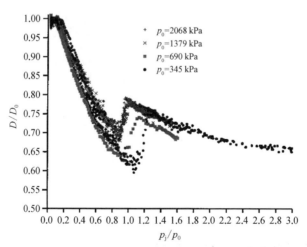

图 1.11 阻力(D)随逆喷总压比变化曲线[54]

Finley[56]对超声速来流条件下,逆向射流出口马赫数为 1 的球头进行了风洞实验,并测量了不同射流总压比下球头表面压强。表面压强的峰值出现在圆心角为 40°~50°的位置,且获得稳定流场的临界总压比(P_{crit})随喷口直径变大而变小的结论。此文发表时数值计算的发展并不成熟,Finley 应用修正牛顿理论(图1.12),将带射流的流场等效为钝头体,采用无量纲参数分析,获得与实验较吻合的结果,且分析了当射流出口压强增大时,正规反射向马赫反射转化的现象。这一理论分析过程是值得研究的。

目前对逆向射流方案结果的创新,以改变单一喷孔构型为主。Sriram 和 Jagadeesh[57]对多孔逆向射流方案进行了来流马赫数为 5.9 的风洞实验。单一喷孔直径有 2 mm 和 0.9 mm 的,多喷孔模型(图 1.13)直径为 300 μm。实验中考察了冷却效能的几个影响因素,即射流总压比(1.2 和 1.45)、冷却气体(氮气和氢气)相对分子量、喷孔排布距离等。多喷孔模型在全表面上的防热效果都优于单一喷孔,且密集

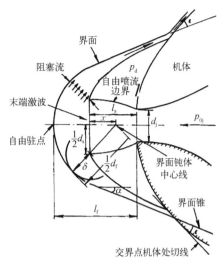

图 1.12　Finley 进行理论分析的示意图[56]

排布的孔更加有利于减小热流,其原因是小孔射流的动量较小,易于覆盖整个表面,且密集排布情况中有利于减小射流之间的黏性影响。值得注意的是,尽管氢气在远离驻点区的冷却效果更好,但综合结果不如氮气,这与有的学者对相似条件下数值仿真得到的结论不同[58],所以有关气体相对分子量的防热性能比较受工作状态的影响,需要进一步研究。

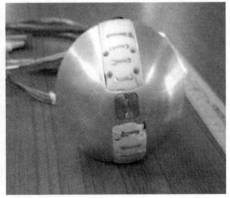

图 1.13　多喷孔模型实物图[57]

除了以上实验外,Warren[59]对马赫数为 5.8 来流下的钝头体进行了压强和表面热流的测量,且使用了氢气和氮气作为逆向射流工质,发现氮气产生稳定流场的临界射流系数较高。Daso 等[60]对 2.6%阿波罗返回舱缩比模型进行了风洞

实验。自由来流马赫数为 3.48 和 4.0，模型出口马赫数为 1、2.44 和 2.49，结果发现即使在 9° 攻角来流中，逆向射流也能起到较好的防护效果。根据长射流模式（long penetration mode，LPM）下需要的射流总压比短射流模式（short penetration mode，SPM）小，Zheng 和 Ahmed[61] 设计采用 25~70 psi（1 psi = 6 894.76 Pa）的长射流模式逆向射流进行防热，并使用阿波罗飞船缩比模型进行了流场观察。除了以上实验使用的常规冷却气体之外，等离子气体也被广泛使用作为逆向射流工质[62-66]，且获得了更为明显的减阻效果。对这一现象的解释是等离子流体携带巨大能量，喷射后可以加速膨胀[64]，如同投放了一个能量源，起到类似能量投放效果。当逆喷总压比较大[65]，达到 1 000 以上时这一现象尤为明显。等离子气体和热气体可以在亚声速、跨声速、超声速实现减阻，有利于飞行器突破音障[66]。但是，目前数值计算难以实现对等离子体的准确模拟。

逆向射流方案可以同时实现减阻和防热，但是又将加重结构质量，所以流场定常和非定常的临界 PR 值很重要。此外，目前实验中对射流流场的长射流模式和短射流模式机理分析并不多见，这是目前部分数值仿真研究的重点。逆向射流部分实验研究信息总结见表 1.3。

表 1.3　逆向射流部分实验研究信息

研 究 者	Ma_∞	基本构型	PR	射流分子种类	射流出口 Ma_{opp}	重要问题讨论	数值模拟
Hayashi 等[19,49]	3.98	球-柱	0~0.8	氮气	1	壁面防热	[67-71]
Imoto 等[50]	6.6	球	0.010 3~0.043 2	氮气，氦气	1	高焓来流下壁面热流	
Venukumar 等[51,52]	8	球-锥	20~75	氮气，氦气	超声速	高焓来流下减阻性能	
Shang 等[54]	5.8	球-柱	0~3.0	空气	2.84	减阻随 PR 变化	[54]
Finley[56]	2.5	球	1~12.5	空气	1,2.6	壁面压强分布和流场	
Sriram 等[57]	5.9	球-锥	1.2,1.45	氮气，氦气		多孔逆喷和射流种类的影响	[72]
Warren[59]	5.8	球-锥	射流动量决定	氮气，氢气	1	壁面压强和热流	

3）数值仿真

逆向射流研究现状已由 Huang[10] 进行了详细总结，国内外许多学者对这一问题进行过数值仿真[73-79]。值得注意的是，Barzegar Gerdroodbary 等[72] 在前人实验[57]的基础上用数值模拟方法论证了多孔逆喷的减阻防热效能强于单一喷孔,其原理是小喷孔提供的射流能量较低,使得冷却工质易于在钝头体表面扩散,这是对目前逆向射流技术的一大创新。

Hayashi 等[67]在进行实验后对结果进行了数值模拟,根据实验结果设定逆向射流总压比为 0.4、0.6、0.8。根据对称性采用轴对称二维网格,引入 k-ω 湍流模型。值得注意的是,数值模拟时使用的冷却气体是压缩空气,而实验中使用的是氮气,这是由于它们具有相似的相对分子量。数值模拟密度云图与实验非常接近,观察到如马赫盘、再附激波等现象,壁面斯坦顿数计算值相比于实验明显偏低,但是变化趋势类似。这一构型随后被广泛研究,作为改进减阻防热方案的基础。戎宜生等[13,68,69,80]对这一构型进行了深入的数值模拟研究,用氮气作为射流工质,与实验一致;在划分网格时采用二维轴对称结构网格,对激波可能出现的位置进行了人为加密,并且引入 k-ε 湍流模型。仿真结果与实验测量结果吻合较好,并提出 $R_{\mathrm{PA}} = (p_{0j}/p_{0\infty})(A_j/A_{\mathrm{Base}})$ 作为表征流场性质比值参数,相同 R_{PA} 值有相似的激波位置和阻力系数、传热量结果。此外。陆海波等[3,71]使用三维结构网格对这一球头进行了不同来流攻角下的数值模拟,当逆向射流总压比为 0.4、攻角为 10° 时迎风母线上热流密度的峰值就与原始球头基本一致,即失去防热效果。这表明有攻角时逆向射流防热效能将大大下降。值得注意的是,王振清等[81,82]也对此构型进行了数值仿真。王振清等[81]对这一问题的仿真考虑更为细致,模拟射流出口管道流动,并采用理想气体理论修正了氮气和空气使用造成的差别。

关于数值模拟方法,Lu 等[71]、Rong 等[68]采用 k-ε 湍流模型求解,获得了满意的结果。而文献[48]中图 6(c)和(d)表明 SST k-ω 模型更适宜。Huang 等[83]指出湍流模型对壁面压强模拟影响不大,但采用轴对称假设时 SST k-ω 模型更合适。但是,轴对称假设的合理性也值得思考,读者可以参看文献[48]、[84]的数值模拟方法验证部分。另一个比较易忽视的问题是,FLUENT 软件中对 St 的定义与式(1.2)不同,具体而言,参考温度差在 FLUENT 帮助文档中显示为 $T_{\mathrm{wall}} - T_{\mathrm{ref}}$,所以对结果需要引入修正。

Meyer 等[79]用二维结构网格对直径为 7.5 mm 的球头,在 30 km 高度马赫数为 6.5 的来流中进行了数值模拟。选用不同直径喷口(d/d_j 取 21、31.5、63)和射流马赫数(2.0~3.0)进行参数研究,获得最大减阻率为 55%,热流密度也大大下降,甚至出现壁面(假定为 500 K 的恒温)向气流加热的情况。Meyer 等详细研究了射流对壁面摩擦阻力的减小效应。Josyula 等[85]对逆向射流减阻防热进行了广泛的参数化数值研究。飞行器的头部有半球形和尖拱顶形,来流马赫数有 5.85、4 和 3,逆向射流压比有 1.4 和 2.6。采用的湍流模型是 Spalart-Allmaras 方程模型。研究发现逆向射流技术会对尖顶构型产生更大比例的黏性阻力,而对球形头部构型更加有效,并且研究指出,在高马赫数($Ma > 4$)下逆向射流技术对钝头体可以发挥更大优势。

通常情况下,PR 值越高流动越稳定,那么寻求转捩临界值及其内在机理就更为重要。之前提到,Finley[56] 从理论上指出当喷流产生的激波在末端的总压与喷流单元内桶状激波的第一个交叉点值一致时会发生转捩。这个理论被Fujita[86] 证实了,采用轴对称 N-S 方程求解了马赫数为 2.5 来流中半球鼻锥的声速射流流场。对于较高 PR 值 1.633,流场呈现相对稳定的长射流模式。何琨等[75] 也研究了转捩现象,指出喷流流量的增加会导致更高的反作用力和较低的波阻力,所以需要一个较优的 PR 值。事实上,转捩是逆向射流研究的关键问题,Daso 等[60,87] 也指出长/短射流模式的机理不清晰,无法准确把握其在减阻防热中的作用。Deng 等[88] 研究了超声速来流中逆向射流减阻的优势,并与减阻杆的流场进行对比,并分析了长/短射流模式[89]。近期 Zhang 等[90,91] 也提出脉冲喷流,并得到了典型的周期性和迟滞现象。这一方法对防热有效,但减阻作用不大。

Tamada 等[92,93] 用数值模拟方法研究了超声速($Ma_\infty = 3.98$)和高超声速($Ma_\infty = 8$)流动中,带逆向射流的球头和钝化尖拱顶形的流场特性,并引入Wilcox k-ω 湍流模型,采用二维轴对称结构网格,控制壁面的 $y+$ 小于 1。文献[92] 根据仿真结果对流动参数进行了深入探索,提出了 $SPR = p_j/p_{stag, \infty}$(射流出口静压与来流驻点压强)作为衡量激波脱体距离 d_{SF} 的参数,发现 d_{SF} 和 lgSPR 有正比关系;提出射流动量和来流动量的比值,并拟合出无量纲激波脱体距离与该比值的幂函数关系;还发现壁面斯坦顿数峰值和再附点雷诺数的正比关系。文献[92] 用提出的参数解释了为何马赫数为 8 尖拱顶构型算例在小 PR 时就能产生稳定的防热结果,有的方案可以使壁面热流接近于 0 甚至出现反传热现象。Tamada 等对数据处理以及参数探索的方法值得学习。虽然程序已得到验证,但是,在验证代码有效性时仅仅将计算结果与无逆向射流的结果进行了对比,所以这一过程是不完整的,需要和逆向射流流场的实验结果对比。

尽管圆形孔易于加工且在数值模拟中易于划分网格,Li 等[94] 提出了许多新形状的孔,喷口会产生非常严重的非轴对称效应,需求解三维流场。其中,方形孔对表面减阻和热流峰值降低效果最为明显。在研究时,孔的面积保持一定,保证相同的喷流质量流率,使算例之间有可比性。

　　基于目前广泛研究的单孔喷流,Barzegar Gerdroodbary 等[72]关注了高超声速流动中的多孔喷流(图 1.14)。当总喷流面积相同时,多孔喷流展示了比单孔喷流更好的减阻防热效能。虽然各个孔的喷流强度都较弱,穿透能力较弱,但可以更好地附着于钝头体表面。在后续研究中,Li 等[95]将多孔喷流引入高超声速飞行器表面,大大提升了减阻防热性能。在后续优化中,孔的数量、间距和半径都是关键参数。

　　逆向射流数值模拟研究报道较多,部分数值模拟信息列于表 1.4 中。

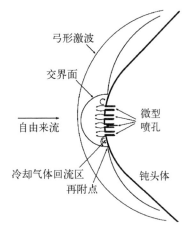

图 1.14　钝头体头部多孔喷流的流场示意图[72]

表 1.4　逆向射流部分数值模拟信息

研　究　者	Ma_∞	基本构型	PR	射流种类	射流出口马赫数	重要问题分类	数值技术细节
Hayashi 等[19,49]			0.2~0.8			壁面防热	轴对称假设
Lu 等[71]			0.4	空气		攻角下的效能	FASTRAN, k-ε 模型
Rong 等[68,69]	3.98	球-柱	0.4~0.8		1	提出参数 R_{PA}	轴对称假设
Huang,Sun 等[48,58,83,84,96]			0.4, 0.6	氮气		湍流模型选择,方法验证	FLUENT, k-ω 模型/k-ε 模型
Li 等[94]			0.4	空气		喷口形状影响	
Meyer 等[79]	6.5	球-柱	0.122	未明确	2.0~3.0	减阻贡献组成	轴对称假设
Josyula 等[85]	3~5.85	半球-柱,尖顶拱形	1.4, 2.6	空气	2.84	减阻效能性能参数分析	三维,S-A 模型
Fujita[86]	2.5	球	0.816~1.633	未明确	1.0	射流模式和稳定性	二维,TVD 格式
何琨等[75]	4.0, 2.5, 2.0	球,截锥	射流和波后压比决定	空气	1.0		非平衡流动
Daso 等[60,87]	2.0~4.0	锥-柱截断构型,阿波罗返回舱模型	0.249~19.8	空气	1.0~2.94	射流模式对减阻的影响	USA code,CFL3D

（续表）

研 究 者	Ma_∞	基本构型	PR	射流种类	射流出口马赫数	重要问题分类	数值技术细节
Deng 等[88,89]	8.0	升力体	1.02 ~ 15.65	空气	2, 2.94	带攻角的长射流模式和减阻杆效能对比	三维非定常
Zhang 等[90,91]	3.98	球	0.6 ~ 1.0	氮气	1.0	脉冲射流	FLUENT, k-ω 模型
Tamada 等[92,93]	3.98, 8	球, 尖顶拱形	0 ~ 3.2	空气	1.0	性能参数研究	k-ω 模型
Barzegar Gerdroodbary 等[72]	5.9	钝锥	0.1 ~ 1.5	空气, 氦气, 氮气	5.9, 1.0, 1.0	微小喷孔的防热	剪应力输运模型
Li 等[95]	6.0	乘波体	0.4	空气	1.0	多孔逆向射流	FLUENT, k-ω 模型

3. 加装减阻杆

1）基本原理

在钝头体前缘加装一根杆件,可以将弓形激波推得远离物面,且在头部可以形成回流区,起到防热和减阻的综合效果。从图 1.15[97] 可以看出,回流区和主流区之间有一个剪切层,飞行器肩部还有一道再压缩附着激波。这一方案结构简单且效果明显,已被运用到美国"三叉戟"导弹上。但是,由于杆的头部处于严重的气动加热环境中,所以需要经常更换。同样,组合减阻防热方案可以改善这一情况。此外,许多学者也对杆件的头部

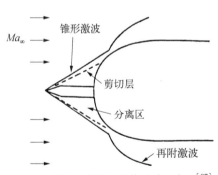

图 1.15　带减阻杆的钝头体流动示意图[97]

形状和截面构型给出许多创新设计。图 1.16 给出了几种典型减阻杆形状(尖头、球头和带帽形)的特征流场形态。

2）实验研究

Ahmed 和 Qin[98] 对加装减阻杆(激波针)的研究进展进行了十分详细的论述,该文献附录中给出了 77 篇文献的风洞实验和数值模拟情况,可以详细查询实验或模拟的条件(来流马赫数和攻角),带减阻杆方案的几何构型(钝体形状、

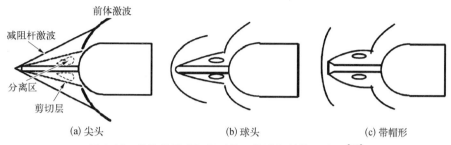

图 1.16　几种典型减阻杆形状下的流场结构示意图[18]

减阻杆头部构型和长度等)及关注的气动特性。此外,该文献综述部分对实验研究的情况已进行了详细总结,可以看出,杆长和钝体直径的比值(L/D)是具有重大意义的几何参数。且值得注意的是,文献[99]~[103]的实验结果被较为广泛地用于验证数值模拟的准确性。这里在总结时以其没有涵盖的文献为主。

很多实验是针对不同减阻杆形状进行研究的,包括杆件长度、直径和头部构型。Khurana 等[20]使用雷诺数为 3170 水洞设备对加装减阻杆的钝头体进行了流场观察实验,测量了不同减阻杆长度和形状(图 1.17,其中 d 为杆件直径)产生的钝体鼻区和尾部涡的尺度,其中各类杆件具有相同的横截面积。球头构型的减阻杆在钝体鼻区产生较大的涡,是减阻的最佳选择,且 L/D 越大,产生的涡尺度越有利。但是,实验的流体是不可压缩的水流,与高超声速流动现象还是有

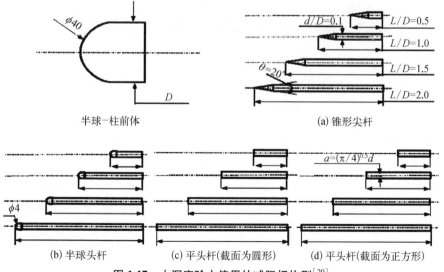

图 1.17　水洞实验中使用的减阻杆构型[20]

所差异。Sahoo 等[104]对马赫数为 2 的来流中尖头、钝头和圆盘构型减阻杆的流场进行了钝头体壁面测压实验,指出带减阻杆时钝头表面,尤其是前缘的压力系数明显下降,且钝头和圆盘构型的减阻效能优于尖头。

姜维等[105]对来流马赫数为 4.937 下,减阻杆导致的钝头体减阻特性进行了风洞实验,见图 1.18。杆长和圆盘直径越大,减阻效果越明显,最大可达 60%。姜维等指出,有攻角时减阻效率会急剧下降;减阻杆通过重构流场,增加了等效长细比,提升升阻比但影响了稳定性。

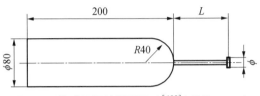

图 1.18 带减阻杆的模型尺寸[105](单位: mm)

有的实验针对减阻杆对不同原始构型的影响开展。Fernandes 和 Stollery[106]对如图 1.19 所示的三种模型进行了来流马赫数为 8.2 的风洞实验。实验结果指出,加装相同减阻杆后各模型阻力系数相似。其还研究了 70°钝头体加装减阻杆时激波的振荡特性,通过纹影观察到了激波的振荡模态。对于相同减阻杆带来的相似阻力系数,可以用等效锥体来解释,从图 1.19 中也可以看出三种模型具有相似等效外形。有关流场稳定的减阻杆临界长度的实验和理论估算,可以参看文献[107]。

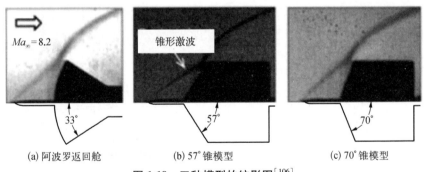

(a) 阿波罗返回舱   (b) 57°锥模型   (c) 70°锥模型

图 1.19 三种模型的纹影图[106]

有关减阻杆防热效能的实验并不多见。Srinath 和 Reddy[108]对普通减阻杆、伸缩式减阻杆和不带减阻杆的钝头体(图 1.20)进行了高超声速来流风洞实验,综合考察了减阻和防热两方面的效果。在测量阻力系数时可以发现,伸缩式减阻杆效能优于普通减阻杆,在攻角为 6°时产生 54%的减阻效果。在测量壁面热流时可以发现,两种减阻杆可以在根部驻点区产生防热效果,但在远离根部的位置会导致较大的热流,大大超过原钝头体的峰值,这一现象可以用激波再附现象解释,证实了减阻杆具有减阻效果但未必有防热效果。

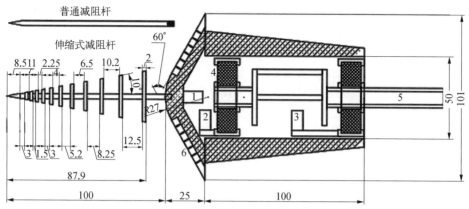

图 1.20 普通和伸缩式减阻杆示意图[108]（单位：mm）

为了改善有攻角时减阻杆性能下降问题，耿云飞和阎超[109]提出自适应减阻杆的概念并采用数值模拟方法加以研究。与之十分相像的是，Wysocki 等[110]设计了自适应空气盘（图1.21），并在超声速来流下进行了实验。运动状态有静止和受迫俯仰旋转（模拟剧烈变化的来流）。即使在大攻角下，也会产生约 5% 的减阻效果。但是，自适应空气盘在静态和动态测试中会滞后于来流迎角

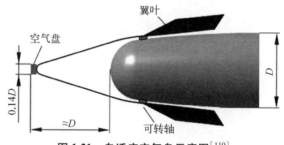

图 1.21 自适应空气盘示意图[110]

的变化，这需要改进自适应系统的重心位置。而且，随着马赫数提高，可以预见配平舵面的突出部分和连接细杆必然受到严重的气动加热。

此外，文献[111]对 120° 锥角的钝头体加装尖杆和圆盘杆时的减阻效能进行了风洞实验，观测到称为"buzz"的激波振荡现象，但没有观察到脉动现象，并指出在小攻角范围内两种方案可以产生 40%~55% 的减阻效果；之后，文献[112]对相似模型在高焓风洞下使用减阻杆时的减阻效果进行了实验研究，在马赫数为 5.75 来流中可以产生 57% 的减阻。文献[113]主要研究讨论彩色纹影的流场显示技术，基于马赫数为 3 来流下加装在平壁面上的尖杆展开的，给出了 8 个时间点的波系变化，可以清晰地看出激波从贴体附着到向外扩张的过程；相似构型流场的实验结果可以参看 Panaras 等的研究[114]。

减阻杆在实现减阻效能方面简单有效，但是会对杆件头部和钝头体肩部带

来严重的气动加热问题。目前,有关减阻杆构型的优化、获得定常流场的课题是研究的一个热点。加装减阻杆部分实验研究信息总结见表 1.5。

表 1.5　加装减阻杆部分实验研究信息

研 究 者	Ma_∞	基本构型	L/D	杆头部构型	重要问题讨论	数值仿真
Khurana 等[20]	$v = 0.08$ m/s 的水洞	球-柱	$0.5 \sim 2.0$	尖锥,半球,平面	杆件几何形状对涡构型的影响	
Sahoo 等[104]	2	球-柱	1	尖锥,钝头,圆盘	杆件头部形状对减阻的影响	[104]
姜维等[105]	4.937	球-柱	$0.5 \sim 1$	圆盘	杆件几何形状对减阻的影响	[115]
Fernandes 等[106]	8.2	钝头,锥-柱	$0 \sim 2.75$	尖锥	不同基本构型的减阻效能	
Srinath 等[108]	$5.75, 7.9$	钝头	1	尖锥,伸缩套管	杆件构型对减阻和防热的影响	
Wysocki 等[110]	2.2	球-锥	空气盘 $L/D = 1$	圆盘	空气盘的自适应减阻效能	[116, 117]
Gopalan 等[111]	6.99	钝头	1	尖锥,圆盘	流场的激波振荡	
Leopold 等[113]	3	平面	1.2	尖锥	彩色纹影技术	[114]

3）数值仿真

Ahmed 和 Qin[118]对来流条件为海拔 60 km、马赫数 6、零攻角下加装减阻杆的球头进行三维数值模拟,其中减阻杆长度选为 1/2 的球头直径和 1.5 倍的球头直径,分别产生非稳定流场和稳定流场,以探索理论上轴对称流场采用轴对称假设的正确性。对杆件和球头不同位置切片观察云图,可以看出轴对称假设在主流区(包括激波和剪切层、球头表面)是较为合理的,云图大体上是轴对称的;但是对于分离区,流动是明显非对称的。对于非定常流动,云图是极度不对称的。彭磊等[119]模拟了高超声速来流中带攻角的弹体,指出了减阻杆对升力和力矩没有影响,而减阻率几乎不变。

除了上述研究,传统的尖顶点或柱形杆的研究已不多见,通常各种各样的头部构型被用于流动控制[120]。Huang[10]也给出大量减阻杆构型的数值模拟研究,其中文献[121]给出了数值模拟详细的网格生成方法、控制方程以及边界条件设定;文献[122]使用标准 k-ε 湍流模型,获得了 40% 的减阻结果;文献[123]对减阻杆前部的半球头放置方式进行了研究,比较得出球头圆盘的减阻防热效能更好;耿云飞等[109,124]为了解决带攻角时减阻防热性能的急剧下降,提出了自适应激波针概念。许多文献给出了减阻杆(激波针)的数值模拟研究。涂伟和金东海[125]将带圆盘的减阻杆构型划分成三维网格,进行了有攻角的数值模拟,得出攻角大大降低其性能的结论;彭磊等[119]采用了 k-ω 湍流模型进行研究,指出当马赫数大于 6 后减阻率基本不变;侯文新等[120]对带减阻杆构型的飞行器进行了多目标优化。Mehta[121]给出了详细的网格分布、方程离散方法和边界条件,指出杆端平盘不仅能提高减阻效能,也能减轻头部加热[123]。Rajarajan 等[126]使用 FLUENT 软件,对加装带圆盘的减阻杆在马赫数为 5 来流中的效能进行了数值模拟。圆盘直径从 10 mm 到 90 mm 不等,其他有关模型和数值模拟的条件及求解设置在文中已清晰地列出。相对于无减阻杆的球体,使用以上构型可以带来最大 80% 的减阻率。涂伟和金东海[125]也模拟了带盘帽的减阻杆流场,发现有攻角时,减阻作用只在小攻角时有用。

尽管采用减阻杆可以容易地实现飞行器减阻,许多学者也指出由再附流动导致的气动加热不容忽视,显然杆的形状对此产生重要影响[127]。Yadav 等[122]在高超声速反应流动中研究了减阻杆,并建议采用中间和头部含两个节点的杆件形状(图 1.22),可以同时提高减阻并减轻气动加热。Elsamanoudy 等[128]的模拟条件为海拔 25 km 的高空,来流马赫数为 6、8 和 10,在 $L/D=2$ 的尖杆基础上,加装头部半球和带小尖杆的圆盘,获得了更加优越的减阻性能;最终增加了一个再附环(图 1.23),其不但减小了再附激波附近的压力和热流分布,还通过扩大回流区大大减小了阻力(相比于带尖杆的圆盘构型阻力下降了 27.12%)。当加长再附环时热流继续下降但阻力上升,所以最佳的环长需要优化。需要注意的是,当来流雷诺数增加时,分离更加困难,减阻效果越来越不明显。当然,文中并没有研究再附环头部加热情况,很明显其头部面临和减阻杆头部相似的严峻环境。

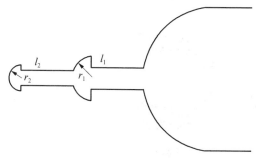

图 1.22 含两个节点的杆件形状[122]   **图 1.23 新型减阻杆再附环和模型示意图**[128]

为了解决带攻角时减阻杆性能下降的问题,耿云飞和阎超[109]将自适应概念应用于钝头体头部减阻杆(图 1.24),并对几个攻角状态下的稳态流场进行仿真,可见自适应概念可以保证即使在大攻角下也有明显的减阻效果。Schnepf等[116,117]在自适应减阻杆的基础上,提出了自适应空气盘的概念(图 1.25),并在来流马赫数为 1.41 的情况下进行了数值模拟,其使用的模拟软件耦合了飞行机理方程,即采用了混合非结构网格离散飞行器表面,并采用耦合飞行方程的 DLR TAU 代码进行仿真。结果表明,即使在 20°攻角下,空气盘也能带来 6.5%的减阻效果。但是,Schnepf 等也指出自适应是有滞后性的,且下偏过程的阻力系数略大于上扬过程。结构中舵面起到调整作用,所以也应当对舵面的气动加热情况进行研究。除了自适应概念外,韩桂来和姜宗林[129]采用"军刺"挡板改善气动特性(图 1.26),可助于形成迎风侧回流区和剪切层,减轻背风侧的气动载荷。

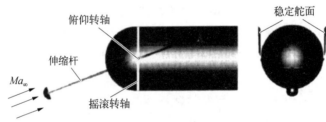

图 1.24　自适应减阻杆概念[109]

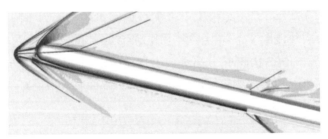

图 1.25　自适应空气盘数值仿真的波系结构[117]

图 1.26　带"军刺"挡板的减阻杆[129]

表 1.6 中给出了加装减阻杆数值模拟部分信息。

表 1.6　加装减阻杆数值模拟部分信息

研　究　者	Ma_∞	基本构型	L/D	杆尖形状	重要问题分类	数值技术细节
Ahmed 等[118]	6	球	0.5, 1.0	尖头	非对称假设合理性	三维, 层流
彭磊等[119]	2~8	钝锥	0.5	球头	有攻角下的减阻效能研究	动态通量分解模型, k-ω 模型
Mehta[121,123]	6	球-柱	0.5	球头/圆盘帽	球头或圆盘头的尖杆阻力和热流分布	非轴对称假设
涂伟等[125]	4.5	球-柱	1	圆盘	攻角下平盘尖杆效能研究	FLUENT, k-ε 模型
Huang 等[127]	4.937	球-柱	0.5~1.0	圆盘	减阻和壁面温度参数研究	FLUENT, k-ω 模型
Yadav 等[122]	10.1	球-柱	0~1.5	球头, 双结	双杆构型防热	FLUENT, 二维, 反应流动
Elsamanoudy 等[128]	6~10	球	2	尖杆	含再附环的壁面防热	FLUENT, 非轴对称假设
耿云飞等[109]	6.8	球-钝体	0.5~2.0	球盖	攻角下的自适应概念	稳态流动
Schnepf 等[116,117]	1.41, 2.2	圆盘	1	空气盘	攻角下动态自适应过程	DLR TAU-code, 飞行方程

4. 能量投放

1）基本原理

在飞行器头部前方,用激光、微波等方式投放能量,产生等离子体区域,形成类似于减阻杆的等离子针,可以将激波推离物面并达到减阻效果,见图 1.27[130]。能量投放会造成气动力的剧烈波动,对热流的影响难以估计,所以主要停留在理论阶段,距离付诸实践还有很长的研究过程。一个较为有意义的几何参数是投放点与钝头体驻点距离和特征直径尺寸的比值 L/D。

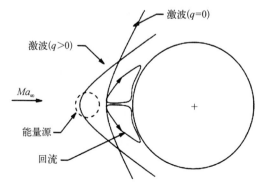

图 1.27　能量投放对流场影响示意图[130]

2）实验研究

目前能量投放减阻防热研究以实验居多,数值模拟的研究未能广泛开展。Knight[130]于 2008 年发表论文,对能量投放减阻效能研究进行了十分详细的总结,将产生能量投放的方式分为单一脉冲能量源、持续脉冲和间歇脉冲。文中分别讨论了超声速流动中能量投放的效应和在简单外形头部上游投放能量的减阻效能。实验部分同时考虑了定常和非定常的能量投放对流场构型的影响。同时,指出真实气体效应和能量投放设备、控制系统是未来使用的极大挑战。以下在总结时以其没有涵盖的文献为主。

能量投放效率 η 定义为

$$\eta = \frac{U_\infty(-\Delta D)}{fE} \tag{1.5}$$

其中,U_∞ 是来流速度;ΔD 是阻力变化值;f 是加注能量频率;E 是单脉冲能量。

Sakai 等[131]对超声速来流中圆柱前方进行能量投放的减阻效能进行了风洞实验,圆柱的端面为直径 17 mm 的圆,能量投放方式为单一脉冲激光。实验给出驻点处压力测量值如图 1.28 所示,文中计算出 250 μs 内平均阻力降低了 14%。能量投放不可避免带来端面的加热,虽然不能采用理想气体假设对温度进行数值模拟,但对于气动力可以采用。节约激光能量和减小阻力需要进行多目标优化。

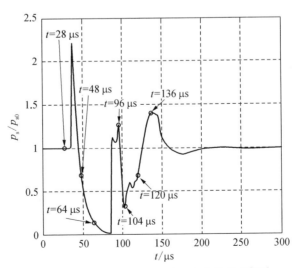

图 1.28　能量投放过程中驻点压力变化曲线[131]

Sasoh 等[132]使用的模型是锥度较小的截锥,可以近似视为圆柱,激光能量源直接从柱体内释放,投放点离端面距离与直径之比 L/D 为 1.06,来流马赫数为 2。文献[133]中给出单个脉冲对流场影响过程的纹影图。能量频率为 5 kHz 时效率为 1 410%。但是,后续投放的能量源发生了明显的散射,Sasoh 等推测被激光加热的激波层会对光路产生影响,削弱能量投放效果。

Hong 等[133]对来流条件为马赫数 5 时的单频脉冲激光对超声速球头减阻效能进行了风洞实验。驻点压力测量结果表明,尽管能量投放带来了 21% 的减阻效果,但是在能量初到壁面时产生了约 2 倍于原始驻点压力的瞬态值,且后续力的测量值是脉动的,这暗示着单脉冲能量投放可能带来飞行器难控制的困难。文献[134]对能量投放位置进行了优化,驻点处的压力和热流都有所降低。但这里的总比例是随时间的积分结果,即总热流的降低并不意味着没有突跃,对防热更为关键的还是热流密度的峰值。

Kim 等[135]在风洞外添加能量源。在来流马赫数为 1.94 的风洞中,对投放重频激光时横置圆柱的减阻特性进行了实验研究。激光投放位置 $L/D=2$,圆柱迎风平面的压力也随频率上升而下降,且减阻比率与激光频率近似成正比,当频率为 50 kHz 时产生准稳态减阻比例约为 21%。激光频率越高对减阻越有利,且不会出现压力大尺度突增。在之后的研究中[136]证实了降低激光脉冲能量 E 会大大降低减阻效能。Kim 等[137]还详细研究了重频能量源产生减阻效能的机理,指出当能量点经过斜激波后会形成涡环(图 1.29),且当能量源频率过高时,相邻涡环会发生引力作用,形成类似激波针的结构。

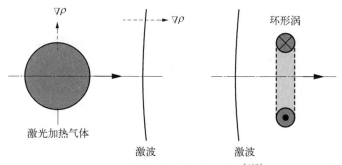

图 1.29　激波后涡环产生示意图[137]

Erdem 等[138-140]比较了单脉冲和复频脉冲能量的减阻效果。根据截锥具有较高能量效率的结论,对来流条件为马赫数 5,图 1.30(a)所示的模型在头部不同位置投放能量后的减阻效果进行了风洞实验测量。对迎风面直径和后部圆柱

直径之比 d_t/d_b 为 0.75 的截断模型,投放激光的能量仅占来流的 0.03%。实验结果表明,当单脉冲能量源投放位置 l/d_t 小于 1.5 时,阻力系数随距离 l 增加而下降,但能量投放位置过远,达到 1.8 时起不到减阻效果。采用稳定重频能量源时,文献[140]给出了两种模型的减阻比例随能量投放位置的变化曲线[图 1.30(b)],可以看出 d_t/d_b 为 0.5 的截锥尽管在投放距离较近时较大,但随着距离增大迅速下降。Erdem 等指出投放少量能量可以产生明显的减阻效果,但会对头部带来未可知的加热。

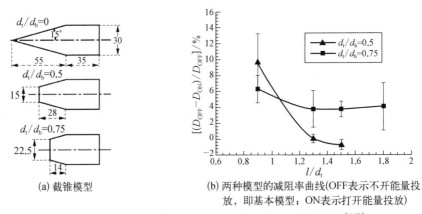

(a) 截锥模型　　(b) 两种模型的减阻率曲线(OFF表示不开能量投放,即基本模型;ON表示打开能量投放)

图 1.30　截锥模型与减阻比例随能量投放位置变化曲线[140]

此外,Yang 等[141]用幂函数形式 $r_s = a + bt^c$ 给出静止空气中激光源的波半径与时间关系的精确拟合结果。文中给出了激光点演化过程中在不锈钢平板上的烧蚀痕迹,证实其会带来局部高温。Oliveira 等[142]对不同来流马赫数(7.2、7.0 和 5.6)、不同焓值(1.0~7.5 MJ/kg)的高超声速来流中,球头的单一能量投放点变化过程进行了观察,并给出壁面压力信号随时间的变化曲线;Salvador 等[143]对直接能量空气杆(directed energy air spike,DEAS)的概念进行了详细综述,同时对球头进行了实验,在投放能量源后尽管波阻力减小 40%,但壁面热流明显上升且呈现较大幅度的振荡。

能量投放的减阻效率通常较高。单频脉冲的能量源往往会产生压力突跃,多频脉冲需要消耗更多能量但可以获得稳定的减阻效果。烧蚀效应是制约其实际应用的一大因素。目前在高超声速来流下的实验较少。能量投放部分实验研究信息总结见表 1.7。

3) 数值仿真

目前关于能量投放的数值模拟,Knight[130]的综述中已进行了详细总结。以

表 1.7　能量投放部分实验研究信息

研 究 者	Ma_∞	基本构型	L/D	能量频率	重要问题讨论	数值模拟
Sakai 等[131]	3	平面	1.7	单脉冲	单一脉冲能量下壁面压力变化	[131]
Sasoh 等[132]	2	柱-锥	1.06	单脉冲,5 kHz	复频脉冲的减阻效果	
Hong 等[133,134]	5	球头	0.5~2.5	单脉冲	单一脉冲能量投放位置优化	[133]、[134]
Kim 等[135-137]	1.94	平面	2	0~60 kHz	外加能量的减阻效果	
Erdem 等[138-140]	5	截锥	0.9~1.9	单脉冲	能量投放对截锥的减阻效能	[140]
Yang 等[141]	0			单脉冲	静止空气中能量源扩散和激波干扰	
Salvador 等[143]	6.43~9.39	球面			DEAS	

下列出的文献多数为其中没有出现的。由于模拟高能流动的困难很大,数值仿真工作进行得不如实验多。为简化工作,常用无黏 Euler 方程替代 N-S 方程进行流场求解。Sakai 等[131] 采用数值模拟分析了同样的测量过程,证实了尽管理想气体假设在计算温度时必然和实验结果不同,但通过阻力曲线对比发现在计算气动力(不涉及能量计算)时与实验吻合较好。在后续研究[144]中,对如图 1.31

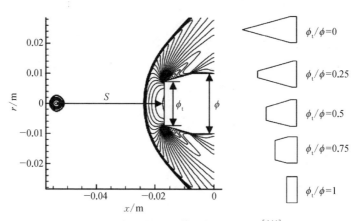

图 1.31　数值模拟的截断模型示意图[144]

所示的几何构型进行了数值模拟,来流为马赫数为 2 的无黏气体。文中式(1)~式(3)给出了如何用给出能量源等效热量的计算方法。仿真结果发现,能量频率越高,减阻率越大,且流场越趋于定常。此外,Sakai 等提出截锥在高频能量源下钝头前缘会产生一对涡团,其阻力小于同锥角下的尖锥,所以此类构型的能量效率较高。在节约激光能量和减小阻力需要的多目标优化时,截锥是推荐构型。

　　除了上述研究外,能量投放参数研究非常重要,可以给出定量结论,且重频能量比单脉冲更值得关注。Hong 等[133]和方娟等[145]对单脉冲激光的减阻效能进行了数值模拟,指出投放能量时激波平衡距离增加为基准构型的 4 倍;方娟等[146]对高重频能量投放的减阻效能进行了数值模拟,指出 $L/D = 1.5$ 是投放能量的最佳位置。Yu 等[147]对来流条件为马赫数 8 中能量投放的非稳态流场进行了数值仿真,采用无黏假设,模型是半径 38 mm 的球头。文中指出,尽管投放能量的过程包括电子释放、气体电离、等离子体形成等复杂过程,但在研究激波和减阻效能时可以用爆炸波替代。仿真结果表明,对于单脉冲能量源,当投放的激

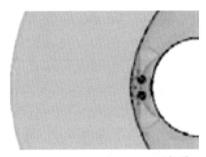

光能量大幅提升时,壁面压力分布并没有明显下降,且在 4/3 半径范围内,驻点处压力峰值随能量投放距离增长而略有增加;对重频能量,提升频率可以带来稳定的减阻效果,当频率为 100 kHz 时可以减阻 33%。壁面压力曲线表明,驻点附近有两个压力的极小值,文中用图 1.32 中的一对涡团进行解释。

图 1.32　数值纹影图中的涡团[147]

　　钝头体几何构型和外加能量强度也受到了关注。Azarova 对超声速来流中,球头表面进行激光投放产生的减阻效能进行了数值仿真。来流马赫数为 3.45 时[148],以加热灯丝产生稀薄气体管和点状能量源($L/D = 1$)进行能量投放,使用加热稀薄气体管时有可能通过管的尺寸实现对阻力大小的控制。后续研究中[149]实验来流马赫数为 2.1 和 3.45,使用组合灯丝获得稀薄度不均匀的能量束(图 1.33),且投放能量有 13 mJ、127 mJ 和 258 mJ。仿真结果表明,用于减阻的等离子气体越稀薄,产生的减阻效应越明显。文献[150]给出了组合灯丝产生稀薄能量源的密度和压力云图过程,并且指出组合灯丝可以产生稀薄度不均匀的能量束,可以更好地利用能量,即使较小的能量点(13 mJ)也能产生明显的减阻效果。文献[151]还对球锥进行了相似的数值模拟过程,关注了超声速流动中由附加电能导致的激光和微波干扰。

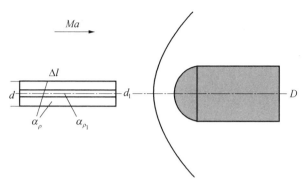

图 1.33 组合灯丝激光能量束示意图[149]

此外,作为激光和气动的学科交叉,飞秒激光是一种非常有前景的减阻技术。付宁等[152]通过数值模拟论证了飞秒激光减阻的可行性,并指出其性能优于纳秒激光,0.06 mJ 的能量就可以带来 98% 的减阻效果。付宁等还指出飞秒激光的脉冲宽度很小,产生的等离子体流将保持较好的减阻效能,但需要引入多目标优化用于防热技术。目前能量投放的数值模拟非常有限,相关工作已总结于表 1.8。

表 1.8 能量投放部分数值模拟信息

研 究 者	Ma_∞	基本构型	L/D	能量频率	重要问题分类	数值技术细节
Sakai 等[131,144]	3.0	平面	2.0~4.0	单脉冲,10~100 kHz	减阻性能参数研究	欧拉方程,轴对称假设
方娟等[145,146]	2.0, 5.0	圆柱平面,球	2.0	单脉冲,10~200 kHz	减阻的脉动参数研究	欧拉方程,轴对称假设
Yu 等[147]	8.04	圆柱平面	0.5~0.95	单脉冲,10~100 kHz	能量投放位置和强度优化	FLUENT,欧拉方程,轴对称假设
Azarova 等[148-151,153]	2.1, 3.45	球,锥	1	单脉冲	脉冲强度和基本构型	欧拉方程,轴对称假设
付宁等[152]	5	球-柱	0.5	1.0×10^{11} kHz	飞秒激光脉冲	欧拉方程,轴对称假设

1.2.3 组合式减阻防热技术

尽管单一原理的方案仍有巨大的应用前景,但是将多种机理结合起来,会起到扬长避短的作用,如逆向射流与减阻杆组合[154]、迎风凹腔与逆向射流组合[155]、能量投放与前缘凹腔结合[156]方案等。由于很多条件和模型在风洞实验中难以实现,数值模拟在这方面发挥了巨大作用。

1. 实验研究

1)迎风凹腔与逆向射流组合

目前公开文献中对迎风凹腔与逆向射流组合构型的实验非常少。陆海波[3]以 Hayashi 等[19]在实验中以球头模型为基础,在马赫数为 2.67 的超声速风洞中

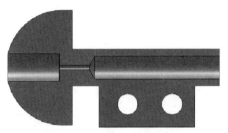

图 1.34 组合结构鼻锥试验件剖面图($D=12\ mm$)[3]

进行了单纯迎风凹腔、逆向射流构型及迎风凹腔与逆向射流组合方案(图 1.34)实验。组合构型的逆向射流总压取 1.5 MPa、2.0 MPa 和 2.5 MPa,所得的流场结构是定常的。将实验纹影图和数值仿真结果对比,可以明显观察到激波脱体距离吻合较好。对于组合构型,实验观测到了弓形激波、再压缩激波等现象,且激波脱体距离随逆喷总压增大而增大。但是,文中缺乏阻力系数、壁面热流分布等定量数据。

2)逆向射流与减阻杆组合

许多学者对逆向射流与减阻杆组合构型进行了实验。Jiang 等[157,158]提出了一种逆向射流与减阻杆组合构型的减阻防热方案,即在减阻杆头部侧向开小的射流孔,实现无烧蚀的热防护系统(non-ablative thermal protection system,NaTPS)。在高超声速来流中,组合方案的实验结果见图 1.35,可以发现射流消除了肩部的激波/激波干扰,减缓了肩部的气动载荷。Liu 和 Jiang[159]在进一步研究中指出,除了降低肩部压强,射流对减阻杆头部也有很好的防热效能。文中用压强测量结果推测出激波阻力减小了 33%,并且指出这一组合方案克服了单纯逆向射流在有攻角情况下效能迅速下降的弊端,且有效实现了减阻杆的无烧蚀。

Zheng[160]对超声速来流中逆向

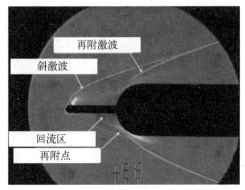

图 1.35 实验结果纹影图(上半部分)[157,158]

射流与减阻杆组合构型的流场进行了观察,对比了原始钝头体与加装减阻杆和组合方案的实验纹影图,发现当逆向射流总压超过 2 atm(1 atm＝101.325 kPa)之后,激波脱体距离逐渐减小,指出对于组合方案有一个逆喷压强最优结果。

Naoki 等[161]研究了来流马赫数为 6.6 的带氮气逆向射流与减阻杆组合构型的减阻防热效果。射流出口在减阻杆的前端[图 1.36(a)]。实验中测量了圆心角为 30°、40°、50°、60°处的热流密度。在杆长为球头直径的 2/4 和 3/4 下,使用 40 kPa 射流时壁面斯坦顿数低于无减阻杆时 80 kPa 射流的测量结果,证明了组合构型的防热效果优于单一逆向射流方案。文献中给出了从不同时刻测得的壁面温度求斯坦顿数的方法,其中 T_{aw} 定义如下:

$$T_{aw} = T_\infty \left(1 + \sqrt{Pr} \, \frac{\gamma - 1}{2} Ma_\infty^2 \right) \tag{1.6}$$

可以看出与公式中所取的复温因子不同。复温因子 $(Pr)^{1/2}$ 是在层流边界层使用的,文中的数值模拟也采用层流假设,其判断依据是雷诺数为 6 600,远小于转捩值。但是从文中数值仿真部分结果[图 1.36(b)]来看,温度测量点处明显产生了复杂的涡系结构,所以当地的层流假设正确性需要进一步讨论。

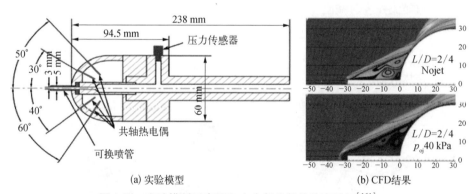

(a) 实验模型　　　　　　　　　(b) CFD 结果

图 1.36　实验模型示意图和文中部分数值仿真结果[161]

2. 数值仿真

1) 迎风凹腔与逆向射流组合

陆海波和刘伟强[155,162,163]、Huang 等[58,96]的研究已在文献[48]中得到综述,事实上凹腔的作用是对射流进行膨胀加速。这类组合构型在仿真时没有可以参考的定量实验,可以用单一逆向射流的结果进行数值模拟方法验证,因为两者的流场有许多共性。

Sun 等[48,84]用喷管构型替代传统的凹腔,本希望能获得更好的减阻防热效能。事实上,在研究射流参数、来流攻角/侧滑角、几何尺寸等因素的影响后,我们发现激波脱体距离加长了、壁面压强分布降低了,但总体的阻力和壁面热流没有降低。这是由于逆向射流的能量由于没有经历喷管内激波仍然保持较高,由此提出进行多目标优化设计的重要性,这一工作将在后续章节中详细介绍。

2) 逆向射流与减阻杆组合

逆向射流与减阻杆的组合可以相互促进。减阻杆的防热问题需要通过冷却射流来实现,而射流依托减阻杆后就可以实现方向自适应,解决攻角下性能大幅下降的问题。

射流从杆件何处喷出已有多种方案,耿云飞和阎超[164]、Jiang 等[157,158]分别提出在减阻杆端前向和侧向喷射冷却气体(图 1.37),降低杆和鼻锥表面的气动加热并产生更好的减阻效果,并且 Geng 等[124]尝试将自适应激波针和逆向射流进行组合,改善来流有攻角时的效能。Barzegar Gerdroodbary[165]提出,在加装减阻杆的同时,从杆的根部喷射逆着来流的冷却气体,可以极大地改善鼻区的热环境。为优化轴向射流和减阻杆组合体,Huang 等[154]模拟了大量算例用于研究杆件形状和喷流强度对减阻的影响,Ou 等[166]比较了一种新的组合体构型,即喷口直径、杆件长径比和喷流压比等对流场的影响。Barzegar Gerdroodbary[165]也提出从杆件根部喷射冷却流体,可以大大降低高超声速来流中空气盘和钝头体表面鼻锥处热载荷。

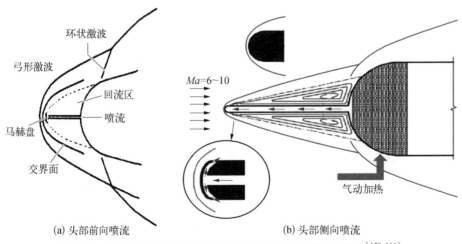

(a) 头部前向喷流   (b) 头部侧向喷流

图 1.37 典型射流位置对射流与减阻杆组合构型的流场影响[158,164]

Naoki 等[161]在进行实验后,采用层流假设对逆向射流与减阻杆组合构型的流动情况进行数值模拟,发现在无射流时杆长为球头半径时总的热载荷最大,但有射流时杆长越长防热效果越好。从阻力构成图中可以看出,黏性阻力和射流反作用阻力的比重很小。Zheng 等[14]在观察纹影图后,对流场进行了数值仿真,结果与实验获得规律一致。但是两者对射流强度的结论略有不同,Naoki 等指出射流越强越好,而 Zheng 等提出有一个最优值。两人的结论未必是矛盾的,主要是数值模拟方法不同导致结论不同,在这一问题上高保真的物理模型 LES、DNS、DES 等希望能用于复杂流动的数值模拟。

3）迎风凹腔/逆向射流与能量投放组合

Bazyma 等[156]采用数值模拟方法对迎风凹腔与能量投放的组合方案(图 1.38)进行了数值模拟,使用二维轴对称结构网格,来流条件为马赫数 3,使用高重频率且能量密度不同的能量源。数值结果表明,高频高能的能量点可以将原本较深凹腔($L/D>0.7$)内正弦振荡的压强转变为几乎常量;球形能量源相比于椭圆形的减阻效能更好。与单一能量投放和迎风凹腔的构型相比,组合方案中鼻区压强没有出现较大跃升,所以更易控制,具有很好的应用前景。

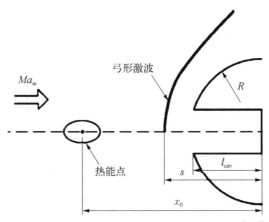

图 1.38　迎风凹腔与能量投放组合方案示意图[156]

事实上目前暂时没有逆向射流和能量投放的组合方案,但我们认为高温等离子体的逆向射流从严格意义上说是一个例子。Shang 等[54,63,64]将来流设为量热完全气体而射流是微反应的高温离解气体。由于对射流附加能量,可以实现 6.1%~13.4%的减阻效果,且等离子流动能降低激波由射流相互干扰引起的振荡。

3. 本节小结

正如前文所述,组合式减阻防热方案主要集中于射流及其组合体,而减阻杆、凹腔的几何形状设计也是研究热点。事实上,数值模拟方法验证是关键步骤,高保真方法对非定常、非平衡流动十分关键。图 1.39 给出了该领域的研究内容与研究展望,其中圈内词条是目前已涉及的内容,而一些值得进一步研究的内容分布于圈上。

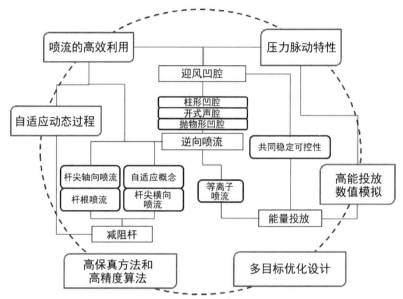

图 1.39 组合式减阻防热方案的研究内容和展望[167]

1.2.4 减阻防热优化设计技术

正如前文所说减阻防热是设计的一部分,优化必不可少。许多文献中尽管没有采用优化理论,但也进行了详细的性能参数分析[154]。严格意义上说,性能参数分析只是优化设计的前奏,以挑选出值得优化的有较大影响力的参数。这一过程中正交试验设计、拉丁超立方设计都是常用的试验设计方法,以保证选取样本点的均匀分布充满试验空间。

Ahmed 和 Qin[168]、Seager 和 Agarwal[169,170]、Huang 等[171] 在减阻防热优化中的工作已在文献[172]中列出。值得注意的是,Kriging 模型常用于建立近似代理模型,而 NSGA-Ⅱ多目标算法和遗传算法是常用的优化设计方法。

Huang 等[173-175]在飞行器内流动优化试验设计中积累了大量工作,其中文献

[172]图 1 的流程图十分值得借鉴。Sun 等[172]以减阻和防热为目标,选取射流总压比及几何构型参数为设计变量,用最优拉丁超立方算法生成样本点,并用CFD 方法进行采样;用 Isight 5.5 软件集成的 Kriging 模型建立近似代理模型,并用多岛遗传算法进行优化求解,生成热流-阻力系数的 Pareto 最优前沿线。经多目标设计优化,取 Pareto 最优前沿线上的工况参数,在 PR 较小时,可以获得比传统构型更优的减阻防热效能。

1.3　本章小结

　　减阻防热问题是高超声速飞行器设计中的关键问题,本章关注了迎风凹腔、逆向射流和组合方案的研究进展,主要对实验和数值仿真研究进展进行综述,重点给出实验模型和流动条件,并对气动力、气动热测量和仿真结果加以分析,为进行数值仿真研究和方案创新工作的学者提供检验数值模拟精度的依据。其性能比较见表 1.9。减阻防热方案的提出可能又会带来新的问题,除了减阻和防热有时不能同时实现之外,还有如逆向射流发射装置将带来额外重量等问题,所以进行多目标设计优化是个必要的过程。

表 1.9　各类方案减阻防热性能比较

技　　术	减 阻 效 能	防 热 效 能
迎风凹腔		√
逆向射流	√	√
减阻杆	√	
能量投放	√	
组合方案	√	√

　　目前我国在高超声速减阻防热方案方面的实验研究情况在公开文献中并不多见,且大多是组合方案。对单一构型机理的深入分析是组合方案研究的基础,在这一方面还需要国内的相关学者更加努力。

　　这里提出一些对实验研究的意见,以便更好理解机理、进行数值仿真。

　　(1) 在防热减阻方案中,流场定常和非定常变化的临界参数值对数值仿真具有重要意义,如希望能在实验中给出逆向射流总压比 PR。

　　(2) 目前对组合方案的实验研究尚不多,且多数文献是定性的,不利于数值仿真检验结果。

（3）攻角对防热减阻效能的影响很大，但是目前带攻角的实验研究不多。

（4）减阻杆和能量投放方案是针对减阻展开的，但是可能带来严重的气动加热问题，目前实验中壁面热流的测量并不多，不利于为减阻防热多目标优化设计提供数据样本。

（5）目前对于逆向射流和能量投放，实验还没有完全解决冷却工质、能量源的携带问题，这需要进一步研究。

对数值模拟研究，提出以下几点意见：

（1）数值模拟方法的验证很重要，需要与实验比或进行网格无关性分析（对RANS方法），且在进行防热分析时需要对热流计算的准确度进行说明。

（2）非定常的迎风凹腔流动模拟较少，腔内压力脉动过程可以用于揭示深腔和浅腔的减阻机理。

（3）逆向射流中分子种类的影响目前尚存争议，数值模拟方法也可以用于求解稳态到非稳态转换的临界 PR 值。

（4）减阻杆易于使用和实现自适应，未来在进行自适应研究时可以结合飞行器动态特性对 N-S 方程和运动方程耦合求解。

（5）目前人们对能量投放研究不多，是因为高能流动的仿真能力不足，如何解决加热和压强突变会是其应用于实际的最大障碍。

（6）组合方案的优势已得到公认，我们认为高保真的物理模型，如 LES、DNS、DES 等应用于复杂流动数值模拟中是非常有必要的。

参考文献

[1] 陆志良.空气动力学[M].北京：北京航空航天大学出版社,2011.

[2] 瞿章华,刘伟,曾明,等.高超声速空气动力学[M]. 长沙：国防科技大学出版社,2001.

[3] 陆海波.迎风凹腔与逆向喷流组合强化防热结构复杂流场和传热特性研究[D].长沙：国防科学技术大学,2012.

[4] Schmisseur J D. Hypersonics into the 21st century：A perspective on AFOSR-sponsored research in aerothermodynamics[J]. Progress in Aerospace Sciences, 2015, 72：3 - 16.

[5] Viviani A, Pezzella G. Aerodynamic and aerothermodynamic analysis of space mission vehicles[M]. Switzerland：Springer International Publishing, 2015.

[6] 彭文杰. 高超声速弹头气动热工程算法与数值传热[D].南京：南京理工大学, 2010.

[7] Yang Y Z, Yang J L, Fang D N. Research progress on thermal protection materials and structures of hypersonic vehicles[J]. Applied Mathematics and Mechanics-English Edition, 2008, 29(1)：51 - 60.

［8］ 张志刚.高超声速飞行器热防护系统设计方法［D］.哈尔滨：哈尔滨工业大学,2014.

［9］ Liu S, Zhang B M. Experimental study on a transpiration cooling thermal protection system ［J］. Science China-Technological Sciences, 2010, 53(10)：2765－2771.

［10］ Huang W. A survey of drag and heat reduction in supersonic flows by a counterflowing jet and its combinations ［J］. Journal of Zhejiang University-Science A（Applied Physics & Engineering）, 2015, 16(7)：551－561.

［11］ Pezzella G. Aerodynamic and aerothermodynamic design of future launchers preparatory program concepts［J］. Aerospace Science and Technology, 2012, 23(1)：233－249.

［12］ 陆海波,刘伟强.从头部外形的变迁看高超声速飞行器热防护系统的发展［J］.飞航导弹,2012,(4)：88－92.

［13］ 戎宜生.飞行器迎风前缘逆向喷流与发汗防热机理及复杂流动算法研究［D］.长沙：国防科学技术大学,2012.

［14］ Zheng Y Y, Ahmed N A. Thermal protection systems in spacecraft re-entry-a brief overview ［J］. Journal of Heat and Mass Transfer, 2013, 8(1)：99－118.

［15］ 王浚,王佩广.高超声速飞行器一体化防热与热控设计方法［J］.北京航空航天大学学报, 2006, 32(10)：1129－1134.

［16］ Tahsini A M. Heat release effects on drag reduction in high speed flows［J］. International Journal of Heat and Mass Transfer, 2013, 57(2)：657－661.

［17］ 卓长飞,武晓松,封锋.超声速流动中底部排气形式对减阻性能的影响［J］.航空学报, 2014,35(8)：2144－2155.

［18］ Wang Z G, Sun X W, Huang W, et al. Experimental investigation on drag and heat flux reduction in supersonic/hypersonic flows：A survey［J］. Acta Astronautica, 2016, 129：95－110.

［19］ Hayashi K, Aso S, Tani Y. Experimental study on thermal protection system by opposing jet in supersonic flow［J］. Journal of Spacecraft and Rockets, 2006, 43(1)：233－236.

［20］ Khurana S, Suzuki K, Rathakrishnan E. Effect of vortex-size around spike root and body base on possible hypersonic drag reduction［C］. Shanghai：The 7th International Colloquium on Bluff Body Aerodynamics and Applications, 2012.

［21］ 陆海波, 田世英. 迎风凹腔——一种有效的高超声速飞行器热防护选择［J］.飞航导弹, 2015,(6)：11－15, 26.

［22］ Engblom W A, Goldstein D B, Ladoon D, et al. Fluid dynamics of hypersonic forward-facing cavity flow［J］. Journal of Spacecraft and Rockets, 1997, 34(4)：437－444.

［23］ 陆海波, 刘伟强. 高超声速飞行器鼻锥迎风凹腔结构防热效能研究［J］. 宇航学报, 2012, 33(8)：1013－1018.

［24］ Hartmann J, Troll B. On a new method for the generation of sound waves［J］. Physical Review, 1922, 20(6)：719－727.

［25］ Saravanan S, Jagadeesh G, Reddy K P J. Investigation of missile-shaped body with forward-facing cavity at Mach 8［J］. Journal of Spacecraft and Rockets, 2009, 46(3)：577－591.

［26］ Yuceil B, Dolling D S. A preliminary investigation of the Helmholtz resonator concept for heat flux reduction［C］. Orlando：The 28th Thermophysics Conference, AIAA, 1993.

［27］ Yuceil B, Dolling D S. IR imaging and shock visualization of flow over a blunt body with a nose cavity［C］. Reno: The 34th Aerospace Sciences Meeting and Exhibit, AIAA, 1996.

［28］ Yuceil B, Dolling D S. Nose cavity effects on blunt body pressure and temperatures at Mach 5 ［J］. Journal of Thermophysics and Heat Transfer, 1995, 9(4): 612 – 619.

［29］ Yuceil B, Dolling D S. Effects of a nose cavity on heat transfer and flowfield over a blunt body at Mach 5［C］. Colorado Springs: The 6th Joint Thermophysics & Heat Transfer Conference, AIAA/ASME, 1994.

［30］ Engblom W A, Yuceil B, Goldstein D B, et al. Experimental and numerical study of hypersonic forward-facing cavity flow［J］. Journal of Spacecraft and Rockets, 1996, 33(3): 353 – 359.

［31］ Engblom W A, Yuceil B, Goldstein D, et al. Hypersonic forward-facing cavity flow-An experimental and numerical study［C］. Reno: The 33rd Aerospace Sciences Meeting and Exhibit, 1995.

［32］ Silton S I, Goldstein D B. Use of an axial nose-tip cavity for delaying ablation onset in hypersonic flow［J］. Journal of Fluid Mechanics, 2005, 528: 297 – 321.

［33］ Silton S I, Goldstein D B. Ablation onset in unsteady hypersonic flow about nose tip with cavity［J］. Journal of Thermophysics and Heat Transfer, 2000, 14(3): 421 – 434.

［34］ Ladoon W D, Schneider P S, Schmisseur D J. Physics of resonance in a supersonic forward-facing cavity［J］. Journal of Spacecraft and Rockets, 1998, 35(5): 626 – 632.

［35］ Chou A, Schneider S P, Collicott S H. Measurements of the interaction of an upstream laser perturbation with a forward-facing cavity［C］. Grapevine: The 51st Aerospace Sciences Meeting including the New Horizons Forum and Aerospace Exposition, AIAA, 2013.

［36］ Chou A, Schneider S P. Measurements of resonance in a forward-facing cavity at Mach six ［J］. Journal of Spacecraft and Rockets, 2015, 52(5): 1486 – 1494.

［37］ Marquart E J, Grubb J, Utreja L R. Bow shock dynamics of a forward-facing nose cavity［C］. Sunnyvale: The 11th Aeroacoustics Conference, AIAA, 1987.

［38］ Seiler F, Srulijes J, Gimenez Pastor M, et al. Heat fluxes inside a cavity placed at the nose of a projectile measured in a shock tunnel at Mach 4.5［M］//Tropea C, Jakirlic S, Heinemann H J, et al. New Results in Numerical and Experimental Fluid Mechanics VI. Berlin: Springer, 2008: 309 – 316.

［39］ Sambamurthi J K, Huebner L D, Utreja L R. Hypersonic flow over a cone with nose cavity ［C］. Honolulu: The 19th Fluid Dynamics, Plasma Dynamics and Lasers Conference, 1987.

［40］ Xiao F S, Li Z F, Zhu Y J, et al. Experimental and numerical study of hypersonic type IV shock interaction on blunt body with forward facing cavity［C］. Glasgow: The 20th International Space Planes and Hypersonic Systems and Technologies Conference, AIAA, 2015.

［41］ Mizukaki T, Hatanaka K, Saito T, et al. Experimental investigation of unsteady shock oscillation by a forward-facing hemisphere at Mach 3［C］. San Diego: The 54th Aerospace Sciences Meeting, AIAA, 2016.

［42］ Bazyma L, Kuleshov V. Numerical and experimental investigation of cylinder cavity flows［J］.

Proceedings of the Institution of Mechanical Engineers, Part G: Journal of Aerospace Engineering, 2007, 221(2): 253－258.

[43] Huebner L D, Utreja L R. Mach 10 bow-shock behavior of a forward-facing nose cavity[J]. Journal of Spacecraft and Rockets, 1993, 30(3): 291－297.

[44] Lu H B, Liu W Q. Numerical simulation in influence of forward-facing cavity on aerodynamic heating of hypersonic vehicle[J]. Procedia Engineering, 2012, 29: 4096－4100.

[45] Huang W, Zhao Z T, Yan L, et al. Parametric study on the drag and heat flux reduction mechanism of forward-facing cavity on a blunt body in supersonic flows[J]. Aerospace Science and Technology, 2017, 71: 619－626.

[46] Yadav R, Guven U. Aerothermodynamics of a hypersonic vehicle with a forward-facing parabolic cavity at nose[J]. Proceedings of the Institution of Mechanical Engineers, Part G: Journal of Aerospace Engineering, 2014, 228(10): 1863－1874.

[47] Yadav R, Guven U. Aerodynamic heating of a hypersonic projectile with forward-facing ellipsoid cavity at nose[J]. Journal of Spacecraft and Rockets, 2015, 52(1): 157－165.

[48] Sun X W, Guo Z Y, Huang W, et al. Drag and heat reduction mechanism induced by a combinational novel cavity and counterflowing jet concept in hypersonic flows[J]. Acta Astronautica, 2016, 126: 109－119.

[49] Hayashi K, Aso S. Effect of pressure ratio on aerodynamic heating reduction due to opposing jet[C]. Orlando: The 33rd Fluid Dynamics Conference and Exhibit, 2003.

[50] Imoto T, Okabe H, Aso S, et al. Enhancement of aerodynamic heating reduction in high enthalpy flows with opposing jet[C]. Orlando: The 49th Aerospace Sciences Meeting including the New Horizons Forum and Aerospace Exposition, AIAA, 2011.

[51] Venukumar B, Jagadeesh G, Reddy K P J. Counterflow drag reduction by supersonic jet for a blunt body in hypersonic flow[J]. Physics of Fluids, 2006, 18(11): 118104.

[52] Venukumar B, Reddy K P J. Experimental investigation of drag reduction by forward facing high speed gas jet for a large angle blunt cone at Mach 8[J]. Sadhana-Academy Proceedings in Engineering Sciences, 2007, 32(1/2): 123－131.

[53] Kulkarni V, Reddy K P J. Enhancement in counterflow drag reduction by supersonic jet in high enthalpy flows[J]. Physics of Fluids, 2008, 20(1): 016103.

[54] Shang J S, Hayes J, Wurtzler K, et al. Jet-spike bifurcation in high-speed flows[J]. AIAA Journal, 2001, 39(6): 1159－1165.

[55] Tatsumi K, Hiroshima F. An experimental study of a retrorocket with a cylindrical body in supersonic free streams[C]. Kanagawa: The 24th International Congress of the Aeronautical Sciences, 2004.

[56] Finley P J. The flow of a jet from a body opposing a supersonic free stream[J]. Journal of Fluid Mechanics, 1966, 26(2): 337－368.

[57] Sriram R, Jagadeesh G. Film cooling at hypersonic Mach numbers using forward facing array of micro-jets[J]. International Journal of Heat and Mass Transfer, 2009, 52(15/16): 3654－3664.

[58] Huang W, Yan L, Liu J, et al. Drag and heat reduction mechanism in the combinational

opposing jet and acoustic cavity concept for hypersonic vehicles[J]. Aerospace Science and Technology, 2015, 42: 407 – 414.

[59] Warren C H E. An experimental investigation of the effect of ejecting a coolant gas at the nose of a bluff body[J]. Journal of Fluid Mechanics, 1960, 8(3): 400 – 417.

[60] Daso E O, Pritchett V E, Wang T S, et al. Dynamics of shock dispersion and interactions in supersonic freestreams with counterflowing jets [J]. AIAA Journal, 2009, 47 (6): 1313 – 1326.

[61] Zheng Y Y, Ahmed N A. A novel means of dissipation of shock wave induced heat in a high speed flow[C]. San Diego: The 43rd Fluid Dynamics Conference, 2013.

[62] Fomin V M, Maslov A A, Malmuth N D, et al. Influence of a counterflow plasma jet on supersonic blunt-body pressures[J]. AIAA Journal, 2002, 40(6): 1170 – 1177.

[63] Shang J S, Hayes J, Menart J. Hypersonic flow over a blunt body with plasma injection[J]. Journal of Spacecraft and Rockets, 2002, 39(3): 367 – 375.

[64] Shang J S. Plasma injection for hypersonic blunt-body drag reduction[J]. AIAA Journal, 2002, 40(6): 1178 – 1186.

[65] Zeng X J, Li J, Cao C, et al. Effect of a counterflow plasma jet on aerodynamics characteristic of a blunted cone [C]. Manchester: The 28th International Symposium on Shock Waves, 2012.

[66] Ganiev Y C, Gordeev V P, Krasilnikov A V, et al. Aerodynamic drag reduction by plasma and hot-gas injection [J]. Journal of Thermophysics and Heat Transfer, 2000, 14 (1): 10 – 17.

[67] Hayashi K, Aso S, Tani Y. Numerical study of thermal protection system by opposing jet [C]. Reno: The 43rd Aerospace Sciences Meeting and Exhibit, AIAA, 2005.

[68] Rong Y S, Sun J, Liu W Q, et al. Heat flux reduction research in hypersonic flow with opposing jet[J]. International Journal of Aerospace and Mechanical Engineering, 2012, 6 (8): 1786 – 1790.

[69] Rong Y S. Drag reduction research in supersonic flow with opposing jet [J]. Acta Astronautica, 2013, 91: 1 – 7.

[70] Rong Y S, Wei Y C, Zhan R J. Research on thermal protection by opposing jet and transpiration for high speed vehicle [J]. Aerospace Science and Technology, 2016, 48: 322 – 327.

[71] Lu H B, Liu W Q. Numerical investigation on properties of attack angle for an opposing jet thermal protection system[J]. Chinese Physics B, 2012, 21(8): 289 – 294.

[72] Barzegar Gerdroodbary M, Imani M, Ganji D D. Investigation of film cooling on nose cone by a forward facing array of micro-jets in Hypersonic flow[J]. International Communications in Heat and Mass Transfer, 2015, 64: 42 – 49.

[73] 周超英,纪文英,张兴伟,等.球头体逆向喷流减阻的数值模拟研究[J].工程力学,2013, 30(1): 441 – 447.

[74] 周超英,纪文英,张兴伟,等.超声速钝体逆向喷流减阻的数值模拟研究[J].应用力学学报,2012,29(2): 159 – 163,238.

[75] 何琨,陈坚强,董维中.逆向喷流流场模态分析及减阻特性研究[J].力学学报,2006,38 (4):438-445.

[76] 王兴,裴曦,陈志敏,等.超声速逆向喷流的减阻与降热[J].推进技术,2010,31(3): 261-264.

[77] Aruna S, Anjalidevi S P. Computational study on the influence of jet on reduction of drag over cone flare bodies in hypersonic turbulent flow [J]. Procedia Engineering, 2012, 38: 3635-3648.

[78] Chen L W, Wang G L, Lu X Y. Numerical investigation of a jet from a blunt body opposing a supersonic flow[J]. Journal of Fluid Mechanics, 2011, 684: 85-110.

[79] Meyer B, Nelson H F, Riggins D W. Hypersonic drag and heat-transfer reduction using a forward-facing jet[J]. Journal of Aircraft, 2001, 38(4):680-686.

[80] 戎宜生,刘伟强.再入飞行器鼻锥逆向喷流对流场及气动热的影响[J].航空学报,2010, 31(8):1552-1557.

[81] 王振清,吕庆红,雷红帅.钝体前缘喷流热防护数值分析[J].宇航学报,2010,31(5): 1266-1271.

[82] 田婷,阎超.超声速场中的反向喷流数值模拟[J].北京航空航天大学学报,2008,34(1): 9-12.

[83] Huang W, Zhang R R, Yan L, et al. Numerical experiment on the flow field properties of a blunted body with a counterflowing jet in supersonic flows[J]. Acta Astronautica, 2018, 147: 231-240.

[84] Sun X W, Guo Z Y, Huang W, et al. A study of performance parameters on drag and heat flux reduction efficiency of combinational novel cavity and opposing jet concept in hypersonic flows[J]. Acta Astronautica, 2017, 131: 204-225.

[85] Josyula E, Pinney M, Blake W B. Applications of a counterflow drag reduction technique in high-speed systems[J]. Journal of Spacecraft and Rockets, 2002, 39(4):605-614.

[86] Fujita M. Axisymmetric oscillations of an opposing jet from a hemispherical nose[J]. AIAA Journal, 1995, 33(10):1850-1856.

[87] Daso E O, Beaulieu W, Hager J O. Prediction of drag reduction in supersonic and hypersonic flows with counterflow jets[C]. Orleans: The 11th International Space Planes and Hypersonic Systems and Technologies Conference, 2002.

[88] Deng F, Xie F, Qin N, et al. Drag reduction investigation for hypersonic lifting-body vehicles with aerospike and long penetration mode counterflowing jet [J]. Aerospace Science and Technology, 2018, 76: 361-373.

[89] Deng F, Xie F, Huang W, et al. Numerical exploration on jet oscillation mechanism of counterflowing jet ahead of a hypersonic lifting-body vehicle[J]. Science China Technological Sciences, 2018, 61(7):1056-1071.

[90] Zhang R R, Huang W, Yan L, et al. Numerical investigation of drag and heat flux reduction mechanism of the pulsed counterflowing jet on a blunt body in supersonic flows[J]. Acta Astronautica, 2018, 146: 123-133.

[91] Zhang R R, Huang W, Li L Q, et al. Drag and heat flux reduction induced by the pulsed

counterflowing jet with different periods on a blunt body in supersonic flows[J]. International Journal of Heat and Mass Transfer, 2018, 127: 503 − 512.

[92] Tamada I, Aso S, Tani Y. Reducing aerodynamic heating by the opposing jet in supersonic and hypersonic flows [C]. Orlando: The 48th Aerospace Sciences Meeting and Exhibit, AIAA, 2010.

[93] Tamada I, Aso S, Tani Y. Numerical study of the effect of the opposing jet on reduction of aerodynamic heating with different nose configurations [C]. Anchorage: The 26th International Congress of the Aeronautical Sciences, 2008.

[94] Li S B, Wang Z G, Huang W, et al. Effect of the injector configuration for opposing jet on the drag and heat reduction[J]. Aerospace Science and Technology, 2016, 51: 78 − 86.

[95] Li S B, Huang W, Lei J, et al. Drag and heat reduction mechanism of the porous opposing jet for variable blunt hypersonic vehicles [J]. International Journal of Heat and Mass Transfer, 2018, 126: 1087 − 1098.

[96] Huang W, Jiang Y P, Yan L, et al. Heat flux reduction mechanism induced by a combinational opposing jet and cavity concept in supersonic flows[J]. Acta Astronautica, 2016, 121: 164 − 171.

[97] Mansour K, Khorsandi M. The drag reduction in spherical spiked blunt body[J]. Acta Astronautica, 2014, 99: 92 − 98.

[98] Ahmed M Y M, Qin N. Recent advances in the aerothermodynamics of spiked hypersonic vehicles[J]. Progress in Aerospace Sciences, 2011, 47(6): 425 − 449.

[99] Gnemmi P, Srulijes J, Roussel K, et al. Flowfield around spike-tipped bodies for high attack angles at Mach 4.5[J]. Journal of Spacecraft And Rockets, 2003, 40(5): 622 − 631.

[100] Daniel F, Ken J B, Bryan E R. Driving mechanisms of high-speed unsteady spiked body flows, part 1: Pulsation mode[J]. AIAA Journal, 2004, 42(1): 95 − 106.

[101] Calarese W, Hankey W L. Modes of shock-wave oscillations on spike-tipped bodies[J]. AIAA Journal, 1985, 23(2): 185 − 192.

[102] Motoyama N, Mihara K, Miyajima R, et al. Thermal protection and drag reduction with use of spike in hypersonic flow[C]. Kyoto: The 10th International Space Planes and Hypersonic Systems and Technologies Conference, 2001.

[103] Kalimuthu R, Mehta R C, Rathakrishnan E. Drag reduction for spike attached to blunt-nosed body at Mach 6[J]. Journal of Spacecraft and Rockets, 2010, 47(1): 219 − 222.

[104] Sahoo D, Das S, Kumar P, et al. Steady and unsteady flow over a spiked blunt body at supersonic speed [C]. Hanoi and Halong: The 14th Asian Congress of Fluid Mechanics, 2013.

[105] 姜维,杨云军,陈河梧.带减阻杆高超声速飞行器外形气动特性研究[J].实验流体力学,2011,25(6): 28 − 32,53.

[106] Fernandes R G, Stollery J L. Hypersonic flow past spiked bodies[C]. Cranfield: The 28th International Symposium on Shock Waves, 2012.

[107] Zorea C, Roms J. Effect of a spike on the drag and on the aerodynamic stability of blunt bodies in supersonic flow [J]. Journal of Spacecraft and Rockets, 1970, 7 (8):

1017 – 1019.

[108] Srinath S, Reddy K P J. Experimental investigation of the effects of aerospike geometry on aerodynamic drag and heat transfer rates for a blunt body configuration at hypersonic Mach numbers[J]. International Journal of Hypersonics, 2010, 1(2): 93 – 114.

[109] 耿云飞,阎超.高超声速自适应激波针数值研究[J].力学学报,2011,43(3):441 – 446.

[110] Wysocki O, Schülein E, Schnepf C. Experimental study on wave drag reduction at slender bodies by a self-aligning aerospike[M]//Dillmann A, Heller G, Wagner E, et al. New Results in Numerical and Experimental Fluid Mechanics IX. Switzerland: Springer, 2014: 583 – 590.

[111] Gopalan J, Menezes V, Reddy K P J, et al. Flow fields of a large-angle, spiked blunt cone at hypersonic mach numbers[J]. Transactions of the Japan Society for Aeronautical and Space Sciences, 2005, 48(160): 110 – 116.

[112] Kulkarni V N, Menezes V I, Reddy K P J. Effectiveness of aerospike for drag reduction on a blunt cone in hypersonic flow[J]. Journal of Spacecraft and Rockets, 2010, 47(3): 542 – 544.

[113] Leopold F, Ota M, Klatt D, et al. Reconstruction of the unsteady supersonic flow around a spike using the colored background oriented schlieren technique[J]. Journal of Flow Control, Measurement & Visualization, 2013, 1: 69 – 76.

[114] Panaras A G, Drikakis D. High-speed unsteady flows around spiked-blunt bodies[J]. Journal of Fluid Mechanics, 2009, 632: 69 – 96.

[115] 姜维.高超声速飞行器减阻杆气动特性研究[D].长沙:国防科学技术大学,2012.

[116] Schnepf C, Wysocki O, Schülein E. Wave drag reduction with a self-aligning aerodisk on a missile configuration[C]. Göttingen: The 6th European Conference for Aerospace Science, EUCASS Association, 2015.

[117] Schnepf C, Wysocki O, Schülein E. Wave drag reduction due to a self-aligning aerodisk [J]. Progress in Flight Physics, 2015, 7: 475 – 488.

[118] Ahmed M Y M, Qin N. Investigation of flow asymmetry around axi-symmetric spiked blunt bodies in hypersonic speeds[J]. The Aeronautical Journal, 2014, 118(1200): 169 – 179.

[119] 彭磊,王栋,许朋,等.带减阻杆的高超声速弹丸气动特性研究[J].科学技术与工程, 2015, 15(9): 142 – 147.

[120] 侯文新,吴颂平.带激波针的高超声速飞行器多目标优化设计[J].战术导弹技术, 2015,(2): 23 – 27,69.

[121] Mehta R C. Peak heating for reattachment of separated flow on a spiked blunt-body[J]. Heat and Mass Transfer, 2000, 36(4): 277 – 283.

[122] Yadav R, Velidi G, Guven U. Aerothermodynamics of generic re-entry vehicle with a series of aerospikes at nose[J]. Acta Astronautica, 2014, 96: 1 – 10.

[123] Mehta R C. Numerical heat transfer study around a spiked blunt-nose body at Mach 6[J]. Heat and Mass Transfer, 2013, 49: 485 – 496.

[124] Geng Y F, Yu J, Kong W X. Investigation on a new method of adaptive drag reduction and non-ablation thermal protection system for hypersonic vehicles[J]. Acta Aerodynamica

Sinica, 2012, 30(4)：492－501, 505.

［125］涂伟,金东海.导弹减阻杆减阻的数值仿真研究[J].计算机仿真,2014,31(4)：87－91.

［126］Rajarajan R, Sabik Nainar A, Karthikeyan A. Effect of aerodisk over a spiked blunt body in hypersonic flow[J]. The International Daily Journal, 2015, 37(166)：8－15.

［127］Huang W, Li L Q, Yan L, et al. Drag and heat flux reduction mechanism of blunted cone with aerodisks[J]. Acta Astronautica, 2017, 138：168－175.

［128］Elsamanoudy M, Ghorab A, Hendy M. Drag reduction using spiked-aerodisk & reattachment ring for hypersonic hemispherical bodies[C]. Cairo：The 15th International Conference on Aerospace Sciences & Aviation Technology, 2013.

［129］韩桂来,姜宗林.支杆-钝头体带攻角流场和"军刺"挡板作用研究[J].力学学报,2011, 43(5)：795－802.

［130］Knight D. Survey of aerodynamic drag reduction at high speed by energy deposition[J]. Journal of Propulsion and Power, 2008, 24(6)：1153－1167.

［131］Sakai T, Sekiya Y, Mori K, et al. Interaction between laser-induced plasma and shock wave over a blunt body in a supersonic flow[J]. Proceedings of the Institution of Mechanical Engineers, Part G：Journal of Aerospace Engineering, 2008, 222(5)：605－617.

［132］Sasoh A, Sekiya Y, Sakai T, et al. Drag reduction of blunt body in a supersonic flow with laser energy depositions[C]. Orlando：The 47th Aerospace Sciences Meeting Including The New Horizons Forum and Aerospace Exposition, AIAA, 2009.

［133］Hong Y J, Wang D K, Li Q, et al. Interaction of single-pulse laser energy with bow shock in hypersonic flow[J]. Chinese Journal of Aeronautics, 2014, 27(2)：241－247.

［134］王殿恺,洪延姬,李倩.激光能量沉积降低钝头体驻点压力机制分析[J].推进技术, 2014,35(2)：172－177.

［135］Kim J H, Matsuda A, Sakai T, et al. Drag reduction with high-frequency repetitive side-on laser pulse energy depositions[C]. Chicago：The 40th Fluid Dynamics Conference and Exhibit, 2010.

［136］Kim J H, Matsuda A, Sakai T, et al. Wave drag reduction with acting spike induced by laser-pulse energy depositions[J]. AIAA Journal, 2011, 49(9)：2076－2078.

［137］Kim J H, Matsuda A, Sasoh A. Interactions among baroclinically-generated vortex rings in building up an acting spike to a bow shock layer[J]. Physics of Fluids, 2011, 23 (2)：021703.

［138］Erdem E, Yang L C, Kontis K. Drag reduction studies by steady energy deposition at Mach 5[C]. Orlando：The 49th Aerospace Sciences Meeting including the New Horizons Forum and Aerospace Exposition, AIAA, 2011.

［139］Erdem E, Yang L C, Kontis K. Drag reduction by energy deposition in hypersonic flows [C]. Bremen：The 16th International Space Planes and Hypersonic Systems and Technologies Conference, AIAA/DLR/DGLR, 2009.

［140］Erdem E, Kontis K, Yang L. Steady energy deposition at Mach 5 for drag reduction[J]. Shock Waves, 2013, 23(4)：285－298.

［141］Yang L, Erdem E, Zare-Behtash H, et al. Single pulse laser energy deposition in quiescent air and hypersonic flows[C]. Tours: The 18th International Space Planes and Hypersonic Systems and Technologies Conference, AIAA/3AF, 2012.

[142] Oliveira A C, Minucci M A S, Toro P G P, et al. Drag reduction by laser-plasma energy addition in hypersonic flow[J]. Physics of Fluids, 2008, 997(1): 379 - 389.

[143] Salvador I I, Minucci M A S, Toro P G P, et al. Surface heat flux and pressure distribution on a hypersonic blunt body with DEAS[C]. Hawaii: The 5th International Symposium on Beamed Energy Propulsion, 2008.

[144] Sakai T. Supersonic drag performance of truncated cones with repetitive energy depositions [J]. International Journal of Aerospace Innovations, 2009, 1(1): 31 - 43.

[145] 方娟,洪延姬,李倩.单脉冲激光能量沉积对超声速钝头体波阻的影响[J].光电子激光,2012,23(6): 1057 - 1062.

[146] 方娟,洪延姬,李倩,等.高重复频率激光能量沉积减小超声速波阻的数值研究[J].强激光与粒子束,2011,23(5): 1158 - 1162.

[147] Yu X J, Yan H. Parametric study of laser energy deposition in Mach 8 bow shock[J]. International Journal of Flow Control, 2012, 4(1 - 2): 19 - 28.

[148] Azarova O A. Control of a flow past a Hemisphere-Cylinder via external energy deposition [C]. Moscow: International Workshop on Magneto-Plasma Aerodynamics, 2014.

[149] Azarova O A, Knight D D. Drag force control for hemisphere-cylinder under the action of laser energy deposition [C]. Cambridge: European Drag Reduction and Flow Control Meeting, 2015.

[150] Azarova O A, Knight D D. Numerical prediction of dynamics of interaction of laser discharge plasma with a hemisphere-cylinder in a supersonic flow[C]. Kissimmee: Proceedings of the 53rd Aerospace Sciences Meeting, AIAA, 2015.

[151] Azarova O A, Knight D D. Interaction of microwave and laser discharge resulting "heat spots" with supersonic combined cylinder bodies[J]. Aerospace Science and Technology, 2015, 43: 343 - 349.

[152] 付宁,徐德刚,张贵忠,等.飞秒激光等离子体在高超声速飞行器减阻中的应用[J].中国激光,2015,42(2): 22 - 29.

[153] Mortazavi M, Knight D, Azarova O, et al. Numerical simulation of energy deposition in a supersonic flow past a hemisphere [C]. Maryland: The 52nd Aerospace Sciences Meeting, 2014.

[154] Huang W, Liu J, Xia Z X. Drag reduction mechanism induced by a combinational opposing jet and spike concept in supersonic flows[J]. Acta Astronautica, 2015, 15: 24 - 31.

[155] Lu H B, Liu W Q. Investigation of thermal protection system by forward-facing cavity and opposing jet combinatorial configuration[J]. Chinese Journal of Aeronautics, 2013, 26(2): 287 - 293.

[156] Bazyma L A, Rashkovan V M. Stabilization of blunt nose cavity flows by using energy deposition[J]. Journal of Spacecraft and Rockets, 2005, 42(5): 790 - 794.

[157] Jiang Z L, Liu Y F, Han G L, et al. Experimental demonstration of a new concept of drag reduction and thermal protection for hypersonic vehicles[J]. Acta Mechanica Sinica, 2009,

25(3): 417-419.

[158] Jiang Z L, Liu Y F, Han G L. Conceptual study on non-ablative TPS for hypersonic vehicles [C]. San Francisco: The 17th International Space Planes and Hypersonic Systems and Technologies Conference, AIAA, 2011.

[159] Liu Y F, Jiang Z L. Concept of non-ablative thermal protection system for hypersonic vehicles[J]. AIAA Journal, 2013, 51(3): 584-590.

[160] Zheng Y Y. Supersonic flow field investigation of the effect of a mechanical spike with and without counterflow jet[J]. JP Journal of Heat and Mass Transfer, 2014, 10(1): 75-83.

[161] Naoki M, Aso S, Tani Y. Reduction of aerodynamic heating and drag with opposing jet through extended nozzle in high enthalpy flow[C]. Petersburg: The 29th Congress of the International Council of the Aeronautical Sciences, 2014.

[162] Lu H B, Liu W Q. Research on thermal protection mechanism of forward-facing cavity and opposing jet combinatorial thermal protection system[J]. Heat and Mass Transfer, 2014, 50 (4): 449-456.

[163] 陆海波,刘伟强.迎风凹腔与逆向喷流组合热防护系统冷却效果研究[J].物理学报, 2012,61(6): 372-377.

[164] 耿云飞,阎超.联合激波针-逆向喷流方法的新概念研究[J].空气动力学学报,2010,28 (7): 436-440.

[165] Barzegar Gerdroodbary M. Numerical analysis on cooling performance of counterflowing jet over aerodisked blunt body[J]. Shock Waves, 2014, 24(5): 537-543.

[166] Ou M, Yan L, Huang W, et al. Detailed parametric investigations on drag and heat flux reduction induced by a combinational spike and opposing jet concept in hypersonic flows [J]. International Journal of Heat and Mass Transfer, 2018, 126: 10-31.

[167] Sun X W, Huang W, Ou M, et al. A survey on numerical simulations of drag and heat reduction mechanism in supersonic/hypersonic flows[J]. Chinese Journal of Aeronautics, 2019, 32(4): 771-784.

[168] Ahmed M Y M, Qin N. Surrogate-based multi-objective aerothermodynamic design optimization of hypersonic spiked bodies[J]. AIAA Journal, 2012, 50(4): 797-810.

[169] Seager C, Agarwal R K. Hypersonic blunt-body shape optimization for reducing drag and heat transfer[J]. Journal of Thermophysics and Heat Transfer, 2015, 31(1): 47-55.

[170] Seager C, Agarwal R K. Shape optimization of an axisymmetric blunt body in hypersonic flow for reducing drag and heat transfer[C]. Kissimmee: The 53rd Aerospace Sciences Meeting, AIAA, 2015.

[171] Huang G Z, Gardner S, Zishka E, et al. Shape optimization of a blunt body in hypersonic rarefied and reacting flow for reducing both drag and heat transfer[C]. San Diego: The 54th Aerospace Sciences Meeting, AIAA, 2016.

[172] Sun X W, Huang W, Guo Z Y, et al. Multiobjective design optimization of hypersonic combinational novel cavity and opposing jet concept[J]. Journal of Spacecraft and Rockets, 2017, 54(3): 662-671.

[173] Huang W, Liu J, Yan L, et al. Multi-objective design optimization of the performance for

the cavity flameholder in supersonic flows[J]. Aerospace Science and Technology, 2013, 30: 246 – 254.

[174] Huang W. Design exploration of three-dimensional transverse jet in a supersonic crossflow based on data mining and multi-objective design optimization approaches[J]. International Journal of Hydrogen Energy, 2014, 39(8): 3914 – 3925.

[175] Huang W, Li S B, Yan L, et al. Multi-objective design optimization of a cantilevered ramp injector using the surrogate-assisted evolutionary algorithm [J]. Journal of Aerospace Engineering, 2015, 28(5): 319 – 326.

第2章

基本理论与数值方法验证

本书在研究中涉及对高超声速飞行器外流场以及逆向射流、减阻杆等三维流场的数值仿真。高超声速飞行器在临近空间飞行,既存在小尺度、大曲率的边缘特征,又涉及黏性效应、激波/附面层干扰等复杂流动现象;而对于逆向射流和减阻杆等三维流场来说,流场特性更为复杂,存在来流与射流之间的相互作用,流动分离带来的涡及脱体激波再附等复杂流动。为了对其流场结构、气动力/气动热进行准确预测,本章将从气动环境特征、流动控制方程、数值离散格式、数值计算网格划分等关键技术出发,为研究所涉及的复杂流动建立一套高效、高精度的数值分析方法,并对数值求解方法进行验证,为后续研究奠定基础。同时,本章对需要用到的试验设计方法和优化算法进行简要介绍。

2.1 试验设计方法

试验设计[1](design of experiments,DOE)最早由英国学者 Fisher 等为了进行多因素的农田试验发展起来。它以概率论和数理统计为理论基础,是科学地安排多因素试验一类实用性很强的数学方法,它是数理统计中一个很大的分支,它所研究的主要内容是如何合理地安排试验以使试验次数尽可能少,并能正确分析试验数据。

基于试验设计理论的试验设计方法[1]是有关如何合理安排试验的数学方法,它是多学科设计优化中代理模型的取样策略,决定了构造代理模型所需样本点的个数和这些点的空间分布情况。常用的试验设计方法主要有正交试验设计、均匀试验设计、拉丁超立方试验设计等。能够减小代理模型做曲面拟合时的噪声、改善设计空间表述,使用试验设计方法构造样本点的设计矩阵,通过设计矩阵的综合协调,使有限的设计点按最优的设计方式散布到整个设计空间中去。

正交试验设计是分式析因设计的主要方法,是利用一套现成的规格化的表(正交表)来安排多因素试验,并对试验结果进行统计分析,找出较优(或最优)试验方案的一种科学方法。能够同时研究多因素之间的作用,它根据正交性从全面试验组合中挑选出部分具有代表性的点进行试验,这些有代表性的点具备"均匀分散,齐整可比"的特点,因此该设计是一种高效、快速、经济的试验设计方法,常以类似 $L_9(3)^4$ 的形式来标记。以该标记为例,其中各符号含义如下所示:

L:正交表符号;

下标 9:正交表安排的试验次数,即正交表行数;

上标 4:正交表列数(最多可安排因素的个数);

括号内 3:每个因素的水平数。

生成正交表有两种类型:一种是以素数为水平数的正交表,其构造方法是利用拉丁方构造正交拉丁方,然后由正交拉丁方形成正交表;另一种是二水平正交表,采用 Hadamard 矩阵用直积运算就可以得到相应正交表。

在进行试验设计时,为了能计算出一阶或二阶响应面模型的系数,必须对所研究的问题进行试验,以获得足够响应量的观测值。为了提高逼近的精度,一般情况下采用有剩余自由度的试验计划,即试验次数大于待求系数个数。为了使试验次数适当,一般采用正交试验设计、中心组合设计和旋转设计等试验设计方法[2]。

试验设计方法具体如下:

(1)确定试验因素的个数及每个因素变化的水平数,确定准备进行的试验次数;

(2)按照以上条件,采用相应的正交表构造方法,生成正交表;

(3)对因素水平进行编码,由程序按正交表安排数值试验;

(4)对正交试验结果进行极差分析或方差分析,评定试验因素的重要性顺序,确定最佳参数组合,得到近似最优解。

正交试验设计是几乎所有试验设计方法的基础。其由于计算量少,方法简单,非常适于对优化变量进行初始估算,因此本书研究中广泛地采用了正交试验设计方法。此外,由于正交试验设计方法可以搜索整个设计空间,因此,它也有一定的全局寻优能力,当然,它找到的只是一个次优解。它的另一个突出优点是可以处理离散变量。

本书在采用正交试验设计的基础上,对一部分不符合约束条件的状态点进行略微的调整,通过人工控制,增加某一范围内的样本点,来人工导引试验的样本点,使优化结果与实际情况更加吻合。

2.2 优化算法

最优化问题就是求一个多元函数在指定区域内的极值,最优化问题的数学模型可表达为

$$\min_{\text{s.t.} \ x \in K} f(x) \tag{2.1}$$

即在给定可行集合 K 中寻找函数 $f(x)$ 的最小值(或最大值)。优化算法即求最优化问题的数学方法。从优化目标数量上可将优化算法分为单目标优化算法和多目标优化算法。从优化算法原理上又可分为传统优化算法和智能优化算法。传统优化算法包括单纯形法和梯度优化算法等。算法的选择也与多种因素有关,不同的优化算法往往在不同问题上有不同的适用性。在飞行器设计中,优化问题是设计的核心问题,因此算法上的正确选择与运用关乎设计结果的可靠性和实用性,需要加以比较和研究。

2.2.1 单目标优化算法

1. 梯度优化算法

梯度优化算法可以理解为以一定的方向和步长逐渐接近优化点的过程。因此如何确定搜索方向和步长,以及判别算法的收敛即该类算法需要考虑的问题。假设点的坐标为 X,搜索方向向量为 S,搜索步长为 δ,对应 X 的函数值为 $f(X)$,则梯度优化算法即要实现:

$$X^{(k+1)} = X^{(k)} + \delta^{(k)} S^{(k)}$$
$$f(X^{(k+1)}) < f(X^{(k)}) \tag{2.2}$$

即每一步点的更新均沿着函数值下降的方向。根据搜索方向的不同,梯度优化算法包含最速下降法、牛顿法、拟牛顿法、共轭梯度法等;根据搜索步长的不同选择方法,又出现了黄金分割法、多项式近似法等。

NLPQL 即非线性序列二次规划(sequential quadratic programming algorithms for nonlinear proramming），也是一种梯度优化算法。该算法将目标函数按照泰勒级数展开，并将约束条件进行线性化处理，通过二次规划得到下一设计点的搜索方向，通过减少价值函数获得步长。

2. 智能优化算法

智能优化算法是随着计算机技术蓬勃发展而兴起的一类全局优化算法。该类算法不同于传统"方法定向"性算法，而是面向实际需要的"问题定向"性算法[3]。智能优化算法的普遍特征为模拟自然界中的特定现象来进行算法的迭代求解。例如，通过模仿自然界中优胜劣汰、优势群体交配繁衍的现象产生了遗传算法（genetic algorithm，GA）；通过热力学退火过程中金属内部原子按照能量最低排列的现象产生了模拟退火算法；根据飞鸟群体觅食迁徙时集体协调一致且信息共享的机制产生了粒子群优化算法；根据蚂蚁群体利用信息树确定路线信息的机制产生了蚁群算法等。

遗传算法是智能优化算法中应用最广泛、发展最成功的一种算法。该算法首先根据优化问题确定一个适值函数，将每个解对应一个编码，称之为染色体，m 个染色体形成一个种群，m 也称为种群规模，通过适值函数对种群进行评估和选择确定个体的优劣顺序，并通过相应概率进行交叉繁殖，从而得到下一代个体，依此类推，直到若干代后种群收敛。遗传算法中的选择和交叉决定了算法向最优解收敛，变异的运用使得算法具有跳出局部最优解的能力。

多岛遗传算法（multi-island GA，MIGA）是在 GA 的基础上进行改进的一类算法，将解集首先划分为多个"岛"，每个岛则对应一个种群，种群之间独立进行遗传和进化，从而可以进一步探索出不同的极值点。岛与岛之间存在个体的迁徙，即进行多个种群之间的信息交流，从而帮助早熟的种群跳出局部最优解，进一步向全局最优解靠近。可见该算法相比于传统 GA 具有更强的鲁棒性，能够得到更加可靠的优化结果。

2.2.2　多目标优化算法

多目标设计优化是复杂系统研究的一个必然过程。设计者对于研究对象的性能指标往往有多方面要求，因此希望其在多方面均能达到较优的水平。典型的系统多目标优化过程包括前期的定义优化目标、设计参数和约束、设计空间，选取采样点，建立近似模型和优化期间寻找非劣解前沿、检验模型和前沿特性以及后期的数据挖掘过程[4]。

实际生活中的优化问题大多为多目标优化问题，该类问题的数学表达式为

$$\min_{\text{s.t.}} f_m(x), \quad m = 1, 2, \cdots, M$$

$$g_j(x) \leqslant 0, \quad j = 1, 2, \cdots, J$$

$$h_k(x) = 0, \quad k = 1, 2, \cdots, K \tag{2.3}$$

$$X_i^{(\text{L})} \leqslant X_i \leqslant X_i^{(\text{U})}, \quad i = 1, 2, \cdots, n$$

其中,M 为目标数目;J 为不等式约束数目;K 为等式约束数目;n 为设计变量总数。

多目标问题并不像单目标问题那样具有客观的最优值点,因为多个目标之间往往会相互冲突,不能同时达到最优,求解该类问题往往需要在各目标之间进行协调和折中处理,得到各目标均达到要求的解。

多目标问题中存在的两类关系为占优关系和不可比较关系。多目标算法要在解空间中求出所有不被其他解占优的解的集合,即非劣解集。法国经济学家Pareto 在经济学领域最早提出了 Pareto 解集的概念,即在多目标优化问题中因目标间相互冲突而存在的一系列非劣解构成的集合,而每个解对应的目标函数组成了 Pareto 前沿。Pareto 解集可为设计者提供参考,在各目标之间经过协调后从该解集中挑选符合设计要求的解。

多目标优化算法的关键在于使搜索方向朝向 Pareto 前沿逼近,搜索方法的不同产生了多种算法,如邻域培植多目标遗传算法(neighborhood cultivation genetic algorithm, NCGA)、非劣排序遗传算法(non-dominated sorting genetic algorithm, NSGA)、存档微遗传算法(archive-based micro Genetic algorithm, AMGA)等。在各学科的优化设计中,多目标优化算法扮演了重要角色。

2.3　数值方法

针对高超声速飞行器高速流动的数学模型,下面将围绕其数值求解涉及的流动控制方程、空间/时间离散格式、数值计算网格划分等问题开展研究[5]。

2.3.1　流动控制方程

对于高超声速乘波飞行器绕流流场,其控制方程为三维可压缩 N-S 方程。基于雷诺平均的无量纲守恒形式 N-S 方程在笛卡儿坐标系下的表达式为[6]

$$\frac{\partial \bar{\rho}}{\partial t} + \frac{\partial (\bar{u} - u_e)}{\partial x} + \frac{\partial (\bar{v} - v_e)}{\partial y} + \frac{\partial (\bar{w} - w_e)}{\partial z} = H \tag{2.4}$$

其中,

$$\bar{\boldsymbol{\rho}} = \begin{bmatrix} \rho \\ \rho u \\ \rho v \\ \rho w \\ \rho E \\ \rho Y_i \end{bmatrix}, \ \bar{\boldsymbol{u}} = \begin{bmatrix} \rho u \\ \rho u^2 + p \\ \rho uv \\ \rho uw \\ u(\rho E + p) \\ \rho u Y_i \end{bmatrix}, \ \bar{\boldsymbol{v}} = \begin{bmatrix} \rho v \\ \rho uv \\ \rho v^2 + p \\ \rho vw \\ v(\rho E + p) \\ \rho v Y_i \end{bmatrix}, \ \bar{\boldsymbol{w}} = \begin{bmatrix} \rho w \\ \rho uw \\ \rho vw \\ \rho w^2 + p \\ w(\rho E + p) \\ \rho w Y_i \end{bmatrix}$$

$$\boldsymbol{u}_e = \frac{1}{Re} \begin{bmatrix} 0 \\ \tau_{xx} \\ \tau_{xy} \\ \tau_{xz} \\ u\tau_{xx} + v\tau_{xy} + w\tau_{xz} - q_x \\ \rho D_{im} \dfrac{\partial Y_i}{\partial x} \end{bmatrix}, \ \boldsymbol{v}_e = \frac{1}{Re} \begin{bmatrix} 0 \\ \tau_{xy} \\ \tau_{yy} \\ \tau_{yz} \\ u\tau_{xy} + v\tau_{yy} + w\tau_{yz} - q_y \\ \rho D_{im} \dfrac{\partial Y_i}{\partial y} \end{bmatrix}$$

$$\boldsymbol{w}_e = \frac{1}{Re} \begin{bmatrix} 0 \\ \tau_{zx} \\ \tau_{yz} \\ \tau_{zz} \\ u\tau_{zx} + v\tau_{yz} + w\tau_{zz} - q_z \\ \rho D_{im} \dfrac{\partial Y_i}{\partial z} \end{bmatrix}, \ \boldsymbol{H} = \begin{bmatrix} 0 \\ 0 \\ 0 \\ 0 \\ 0 \\ w_i \end{bmatrix} \quad i = 1, 2, \cdots, N_s - 1$$

$$\tag{2.5}$$

ρ 为密度;u、v、w 为三个方向速度分量;p 为压强;D_{im} 为第 i 组分在混合物中质量扩散分数;m 为质量;N_s 为化学反应所涉及组分的数目;雷诺数 $Re = \rho_\infty U_\infty L_\infty / \mu_\infty$;$Y_i$ 为各组分密度分数,有 $\sum_{i=1}^{N_s} Y_i = 1$;E 为总能量,$E = \sum_{i=1}^{N_s} Y_i e_i + \frac{1}{2}(u^2 + v^2 + w^2)$,$e_i$ 为各组分的分子内能;τ_{ij} 是黏性应力分量,即

$$\tau_{xx} = -\frac{2}{3}\mu(\nabla \cdot \boldsymbol{U}) + 2\mu \frac{\partial u}{\partial x}, \ \tau_{yy} = -\frac{2}{3}\mu(\nabla \cdot \boldsymbol{U}) + 2\mu \frac{\partial v}{\partial y}$$

$$\tau_{zz} = -\frac{2}{3}\mu(\nabla \cdot \boldsymbol{U}) + 2\mu\frac{\partial w}{\partial z}$$

$$\tau_{xy} = \tau_{yx} = \mu\left(\frac{\partial u}{\partial y} + \frac{\partial v}{\partial x}\right),\ \tau_{yz} = \tau_{zy} = \mu\left(\frac{\partial w}{\partial y} + \frac{\partial v}{\partial z}\right),\ \tau_{xz} = \tau_{zx} = \mu\left(\frac{\partial w}{\partial x} + \frac{\partial u}{\partial z}\right)$$

q_x、q_y、q_z 表示热传导与组分扩散引起的能量通量,即

$$\begin{cases} q_x = -k\dfrac{\partial T}{\partial x} - \rho\sum_{i=1}^{N_s} h_i D_{im}\dfrac{\partial Y_i}{\partial x} \\[2mm] q_y = -k\dfrac{\partial T}{\partial y} - \rho\sum_{i=1}^{N_s} h_i D_{im}\dfrac{\partial Y_i}{\partial y} \\[2mm] q_z = -k\dfrac{\partial T}{\partial z} - \rho\sum_{i=1}^{N_s} h_i D_{im}\dfrac{\partial Y_i}{\partial z} \end{cases} \tag{2.6}$$

上式及后文使用的各物理量的参考量如下:

$$x,\ y,\ z \sim L_\infty,\ u,\ v,\ w \sim U_\infty,\ k \sim U_\infty^2,\ \rho \sim \rho_\infty,\ p \sim \rho_\infty U_\infty^2,\ T \sim T_\infty,\ e \sim U_\infty^2,$$

$$h_i \sim U_\infty^2,\ \mu_l,\ \mu_t \sim \mu_\infty,\ D_{im} \sim D_\infty,\ \omega \sim \frac{V_\infty}{L_\infty},\ C_p \sim \frac{U_\infty^2}{T_\infty},\ t \sim \frac{L_\infty}{U_\infty},\ \omega_i \sim \frac{\rho_\infty U_\infty}{L_\infty}\text{。}$$

黏性系数 μ 采用 Sutherland 公式计算,热传导系数 k 根据普朗特数确定:

$$\mu = 1.460\,5 \times 10^{-6}\frac{T^{1.5}}{T + 112} \tag{2.7}$$

$$k = \frac{\mu C_p}{Pr} \tag{2.8}$$

高超声速飞行器流场控制方程的定解条件包括:入口条件为压力远场;射流出口为压力入口条件,出口条件为线性外推条件;壁面采用无滑移壁面、法向压力梯度为 0。流场中节点信息采用来流参数进行初始化。

2.3.2 有限体积法

有限体积法[7]是将空间离散为许多个计算单元体,根据物理意义得到流场中每一个计算单元体的质量流、动量流和能量流的守恒关系式,采用积分形式写出控制方程组的表达式。同时,有限体积法对网格导数计算也比较精确合理,这有助于改善和提高计算程序的准确度,在数值计算中应用十分广泛。

本书采用有限体积法对控制方程组进行离散,具体步骤如下:

步骤 1　将控制方程在每一个控制单元上积分。

对于所研究的流场区域,有限体积法的基本思想是将计算区域划分为若干个控制体单元,在每个单元体内对 N-S 方程组进行积分得

$$\iiint_V \left[\frac{\partial \bar{\boldsymbol{\rho}}}{\partial t} + \frac{\partial (\bar{\boldsymbol{u}} - \boldsymbol{u}_e)}{\partial x} + \frac{\partial (\bar{\boldsymbol{v}} - \boldsymbol{v}_e)}{\partial y} + \frac{\partial (\bar{\boldsymbol{w}} - \boldsymbol{w}_e)}{\partial z} - \boldsymbol{H} \right] \mathrm{d}V$$

$$= \iiint_V \left[\frac{\partial \bar{\boldsymbol{\rho}}}{\partial t} + \mathrm{Div}(\boldsymbol{F}(\bar{\boldsymbol{\rho}})) - \boldsymbol{H} \right] \mathrm{d}V = 0 \tag{2.9}$$

其中, $\boldsymbol{F}(\bar{\boldsymbol{\rho}})$ 为流通矢量,表达式为

$$\boldsymbol{F}(\bar{\boldsymbol{\rho}}) = F_i(\bar{\boldsymbol{\rho}}) - F_v(\bar{\boldsymbol{\rho}}) \tag{2.10}$$

$$\boldsymbol{F}_i(\bar{\boldsymbol{\rho}}) = (\bar{\boldsymbol{u}})i + (\bar{\boldsymbol{v}})j + (\bar{\boldsymbol{w}})k \tag{2.11}$$

$$\boldsymbol{F}_v(\bar{\boldsymbol{\rho}}) = (\boldsymbol{u}_e)i + (\boldsymbol{v}_e)j + (\boldsymbol{w}_e)k \tag{2.12}$$

应用高斯定理可得

$$\iiint_V \left(\frac{\partial \bar{\boldsymbol{\rho}}}{\partial t} - \boldsymbol{H} \right) \mathrm{d}V + \iint_S \boldsymbol{F}(\bar{\boldsymbol{\rho}}) \cdot \mathrm{d}\boldsymbol{S} = 0 \tag{2.13}$$

其中, $\mathrm{d}\boldsymbol{S}$ 为单元体表面外法向单位矢量; V 为控制单元体积; S 为控制单元表面积。

步骤 2　将积分方程离散。

在三维流场中,将计算区域离散成 n 个具有六面体形状的结构网格单元,对每一个计算单元,如图 2.1 所示,单元中心点记为 (i, j, k) ,其八个顶点分别记为 $(i-1/2, j-1/2, k-1/2)$, $(i+1/2, j-1/2, k-1/2)$, $(i-1/2, j+1/2, k-1/2)\cdots$,六个平面的面积分别以 $\sigma_{i-1/2,j,k}$, $\sigma_{i+1/2,j,k}$, $\sigma_{i,j-1/2,k}\cdots$ 表示,六个面积的外法向向量分别用 $\boldsymbol{n}_{i-1/2,j,k} = (n_x, n_y, n_z)_{i-1/2,j,k}$, $\boldsymbol{n}_{i+1/2,j,k} = (n_x, n_y, n_z)_{i+1/2,j,k}\cdots$ 表示。

在每一个单元体 (i, j, k) 内,假设单元体内平均守恒变量 $\bar{\boldsymbol{\rho}}_{ijk}$ 与源项的平均值 $\bar{\boldsymbol{H}}_{ijk}$ 近似位于单元中心点上,即

$$\begin{cases} \bar{\boldsymbol{\rho}}_{ijk} \approx \dfrac{1}{V_{ijk}} \iiint_{V_{ijk}} \bar{\boldsymbol{\rho}}(x, y, z)\,\mathrm{d}x\mathrm{d}y\mathrm{d}z \\[3mm] \boldsymbol{H}_{ijk} \approx \bar{\boldsymbol{H}}_{ijk} = \dfrac{1}{V_{ijk}} \iiint_{V_{ijk}} \boldsymbol{H}(x, y, z)\,\mathrm{d}x\mathrm{d}y\mathrm{d}z \end{cases} \tag{2.14}$$

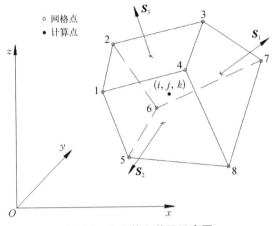

图 2.1 有限体积单元示意图

通量矢量 $\boldsymbol{F}(\bar{\boldsymbol{\rho}})$ 近似位于单元体表面元中心点,则方程(2.9)可离散为

$$\frac{\mathrm{d}}{\mathrm{d}t}(\bar{\boldsymbol{\rho}}_{i,j,k}) \cdot V = \boldsymbol{H}_{i,j,k}V_{i,j,k}$$

$$- \left[\boldsymbol{F}(\boldsymbol{Q})_{i+1/2} \cdot \boldsymbol{n}_{i+1/2}\sigma_{i+1/2} - \boldsymbol{F}(\boldsymbol{Q})_{i-1/2} \cdot \boldsymbol{n}_{i-1/2}\sigma_{i-1/2}\right]_{j,k}$$

$$- \left[\boldsymbol{F}(\boldsymbol{Q})_{j+1/2} \cdot \boldsymbol{n}_{j+1/2}\sigma_{j+1/2} - \boldsymbol{F}(\boldsymbol{Q})_{j-1/2} \cdot \boldsymbol{n}_{j-1/2}\sigma_{j-1/2}\right]_{i,k}$$

$$- \left[\boldsymbol{F}(\boldsymbol{Q})_{k+1/2} \cdot \boldsymbol{n}_{k+1/2}\sigma_{k+1/2} - \boldsymbol{F}(\boldsymbol{Q})_{k-1/2} \cdot \boldsymbol{n}_{k-1/2}\sigma_{k-1/2}\right]_{i,j}$$

$$= (\mathrm{RHS})_{i,j,k}$$

$$(2.15)$$

步骤 3 计算控制体单元的几何特征。

在空间任意给定一单元体 (i, j, k),如图 2.1 所示。

设点 1、2、3、4 确定的面的外法线矢量为 $\boldsymbol{S}_3$,即

$$\boldsymbol{S}_3 = \sigma_3\boldsymbol{n} = \sigma_3(n_x\boldsymbol{i} + n_y\boldsymbol{j} + n_z\boldsymbol{k}) \qquad (2.16)$$

其中,$\sigma_3 = |\boldsymbol{S}_3|$ 为该单元面的面积,在已知网格点 1、2、3、4 坐标值的条件下,近似有

$$\boldsymbol{S}_3 = \boldsymbol{S}_3(1, 2, 3, 4) = \frac{\boldsymbol{l}_{31} \times \boldsymbol{l}_{42}}{2} \qquad (2.17)$$

该单元体的体积 V_{ijk} 可以近似表示为

$$V_{ijk} = \frac{1}{3}(\mid S_1 \cdot l_{46} \mid + \mid S_2 \cdot l_{46} \mid + \mid S_3 \cdot l_{46} \mid) \tag{2.18}$$

其中,

$$l_{31} = (x_3 - x_1)\boldsymbol{i} + (y_3 - y_1)\boldsymbol{j} + (z_3 - z_1)\boldsymbol{k} \tag{2.19}$$

$$l_{42} = (x_4 - x_2)\boldsymbol{i} + (y_4 - y_2)\boldsymbol{j} + (z_4 - z_2)\boldsymbol{k} \tag{2.20}$$

$$l_{46} = (x_4 - x_6)\boldsymbol{i} + (y_4 - y_6)\boldsymbol{j} + (z_4 - z_6)\boldsymbol{k} \tag{2.21}$$

2.3.3 时间离散格式

时间离散格式包括显式时间格式和隐式时间格式两大类,每类格式均有各自的优缺点。其中,显式时间格式的优点是,每推进一个时间步,其计算量和存储量都相对较少,程序简单且易于实现向量运算和并行运算;其缺点在于时间推进的步长受到稳定性条件限制,需要保证 CFL 数很小,计算效率较低。目前,使用最多的显式时间格式为多步 Runge-Kutta 方法。

隐式时间格式的优点在于其对模型方程进行分析时,通常是无条件稳定的;在实际数值求解时,其计算步长较大,使得整体计算效率比显式时间格式高;其缺点在于每一个时间推进步都要对方程组进行求解,导致计算量和存储量很大。常用的隐式时间格式包括 MacCormack 方法、Beam-Warming 格式、近似因子分解法以及基于谱半径分裂的 LU-SGS 隐式迭代方法等。

对于离散方程(2.15),当采用显式时间格式方法进行时间迭代时,需要的计算量与存储量较小,而且程序实现也较为简单,但时间推进步长受稳定性条件限制,计算效率较低,而隐式时间格式可以放宽对时间步长的限制。一般而言,采用隐式时间格式方法对稳定性限制范围较宽,计算时间步长可以取很大,但是这样会相应增加求解难度和计算量。从对 N-S 方程的分析中人们发现黏性项对稳定性影响不大,因此通常的做法是只对无黏项作隐式求解,而对黏性项仍然采用显式求解方法。

LU-SGS 隐式迭代方法[8-12]能有效地加快收敛速度,且只需对角矩阵求逆,如果考虑湍流与化学源项的点隐式处理,其逆矩阵也并不复杂。使用 LU-SGS 隐式迭代方法效率较高,稳定性较好,适合复杂外形流场的定常流计算和各种有效算法的构造,但由于其并不满足时间方面的相容性要求,故不适合非定常流计算。

方程(2.15)的隐式离散方程为

$$\frac{\Delta \bar{\boldsymbol{\rho}}_{i,j,k}^{n}}{\Delta t} V_{i,j,k}$$

$$= \left[\boldsymbol{H}_{i,j,k}^{n} + \left(\frac{\partial \boldsymbol{H}}{\partial \bar{\boldsymbol{\rho}}} \right)_{i,j,k}^{n} \Delta \bar{\boldsymbol{\rho}}_{i,j,k}^{n} \right] V_{i,j,k}$$

$$- \left[\boldsymbol{F}_i(\bar{\rho}_{i+1/2,j,k}^{n+1}) \cdot \boldsymbol{n}_{i+1/2,j,k} \sigma_{i+1/2,j,k} - \boldsymbol{F}_i(\bar{\rho}_{i-1/2,j,k}^{n+1}) \cdot \boldsymbol{n}_{i-1/2,j,k} \sigma_{i-1/2,j,k} \right]$$

$$- \left[\boldsymbol{F}_i(\bar{\rho}_{i,j+1/2,k}^{n+1}) \cdot \boldsymbol{n}_{i,j+1/2,k} \sigma_{i,j+1/2,k} - \boldsymbol{F}_i(\bar{\rho}_{i,j-1/2,k}^{n+1}) \cdot \boldsymbol{n}_{i,j-1/2,k} \sigma_{i,j-1/2,k} \right]$$

$$- \left[\boldsymbol{F}_i(\bar{\rho}_{i,j,k+1/2}^{n+1}) \cdot \boldsymbol{n}_{i,j,k+1/2} \sigma_{i,j,k+1/2} - \boldsymbol{F}_i(\bar{\rho}_{i,j,k-1/2}^{n+1}) \cdot \boldsymbol{n}_{i,j,k-1/2} \sigma_{i,j,k-1/2} \right]$$

$$+ \left[\boldsymbol{F}_v(\bar{\rho}_{i+1/2,j,k}^{n}) \cdot \boldsymbol{n}_{i+1/2,j,k} \sigma_{i+1/2,j,k} - \boldsymbol{F}_v(\bar{\rho}_{i-1/2,j,k}^{n}) \cdot \boldsymbol{n}_{i-1/2,j,k} \sigma_{i-1/2,j,k} \right]$$

$$+ \left[\boldsymbol{F}_v(\bar{\rho}_{i,j+1/2,k}^{n}) \cdot \boldsymbol{n}_{i,j+1/2,k} \sigma_{i,j+1/2,k} - \boldsymbol{F}_v(\bar{\rho}_{i,j-1/2,k}^{n}) \cdot \boldsymbol{n}_{i,j-1/2,k} \sigma_{i,j-1/2,k} \right]$$

$$+ \left[\boldsymbol{F}_v(\bar{\rho}_{i,j,k+1/2}^{n}) \cdot \boldsymbol{n}_{i,j,k+1/2} \sigma_{i,j,k+1/2} - \boldsymbol{F}_v(\bar{\rho}_{i,j,k-1/2}^{n}) \cdot \boldsymbol{n}_{i,j,k-1/2} \sigma_{i,j,k-1/2} \right]$$

$$(2.22)$$

令

$$\boldsymbol{M}_{i,j,k}^{n} = \left(\frac{\partial \boldsymbol{H}}{\partial \bar{\boldsymbol{\rho}}} \right)_{i,j,k}^{n} \tag{2.23}$$

将无黏通量线性化:

$$\begin{cases} \boldsymbol{E}^{n+1} = \boldsymbol{E}^{n} + \left(\frac{\partial \boldsymbol{E}}{\partial \bar{\boldsymbol{\rho}}} \right)^{n} \Delta \bar{\boldsymbol{\rho}}^{n} = \boldsymbol{E}^{n} + \boldsymbol{A}^{n} \Delta \bar{\boldsymbol{\rho}}^{n} \\[2mm] \boldsymbol{F}^{n+1} = \boldsymbol{F}^{n} + \left(\frac{\partial \boldsymbol{F}}{\partial \bar{\boldsymbol{\rho}}} \right)^{n} \Delta \bar{\boldsymbol{\rho}}^{n} = \boldsymbol{F}^{n} + \boldsymbol{B}^{n} \Delta \bar{\boldsymbol{\rho}}^{n} \\[2mm] \boldsymbol{G}^{n+1} = \boldsymbol{G}^{n} + \left(\frac{\partial \boldsymbol{G}}{\partial \bar{\boldsymbol{\rho}}} \right)^{n} \Delta \bar{\boldsymbol{\rho}}^{n} = \boldsymbol{G}^{n} + \boldsymbol{C}^{n} \Delta \bar{\boldsymbol{\rho}}^{n} \end{cases} \tag{2.24}$$

其中, $\boldsymbol{A}$、$\boldsymbol{B}$、$\boldsymbol{C}$ 称为"Jacobi 通量矩阵",将式(2.24)代入式(2.22)得

$$\left(\frac{\Delta \bar{\boldsymbol{\rho}}_{i,j,k}^{n}}{\Delta t} - \boldsymbol{M}_{i,j,k}^{n} \Delta \bar{\boldsymbol{\rho}}_{i,j,k}^{n} \right) V_{i,j,k} + \left(\tilde{\boldsymbol{A}}_{i+1/2,j,k}^{n} \Delta \bar{\boldsymbol{\rho}}_{i,j,k}^{n} - \tilde{\boldsymbol{A}}_{i-1/2,j,k}^{n} \Delta \bar{\boldsymbol{\rho}}_{i-1,j,k}^{n} \right)$$

$$+ \left(\tilde{\boldsymbol{B}}_{i,j+1/2,k}^{n} \Delta \bar{\boldsymbol{\rho}}_{i,j,k}^{n} - \tilde{\boldsymbol{B}}_{i,j-1/2,k}^{n} \Delta \bar{\boldsymbol{\rho}}_{i,j-1,k}^{n} \right)$$

$$+ \left(\tilde{\boldsymbol{C}}_{i,j,k+1/2}^{n} \Delta \bar{\boldsymbol{\rho}}_{i,j,k}^{n} - \tilde{\boldsymbol{C}}_{i,j,k-1/2}^{n} \Delta \bar{\boldsymbol{\rho}}_{i,j,k-1}^{n} \right) = (\mathrm{RHS})_{i,j,k}^{n}$$

$$(2.25)$$

其中,

$$
\begin{cases}
\tilde{\boldsymbol{A}}^n_{i+1/2,\,j,\,k} = \left[\,\sigma\left(\boldsymbol{A}\cdot n_x + \boldsymbol{B}\cdot n_y + \boldsymbol{C}\cdot n_z\right)\,\right]^n_{i+1/2,\,j,\,k} \\[2mm]
\tilde{\boldsymbol{B}}^n_{i,\,j+1/2,\,k} = \left[\,\sigma\left(\boldsymbol{A}\cdot n_x + \boldsymbol{B}\cdot n_y + \boldsymbol{C}\cdot n_z\right)\,\right]^n_{i,\,j+1/2,\,k} \\[2mm]
\tilde{\boldsymbol{C}}^n_{i,\,j,\,k+1/2} = \left[\,\sigma\left(\boldsymbol{A}\cdot n_x + \boldsymbol{B}\cdot n_y + \boldsymbol{C}\cdot n_z\right)\,\right]^n_{i,\,j,\,k+1/2}
\end{cases}
\tag{2.26}
$$

令

$$
\begin{cases}
\tilde{\boldsymbol{A}}_{i+1/2,\,j,\,k} = \tilde{\boldsymbol{A}}^+_{i+1/2,\,j,\,k} + \tilde{\boldsymbol{A}}^-_{i+1/2,\,j,\,k} \\[2mm]
\tilde{\boldsymbol{B}}_{i,\,j+1/2,\,k} = \tilde{\boldsymbol{B}}^+_{i,\,j+1/2,\,k} + \tilde{\boldsymbol{B}}^-_{i,\,j+1/2,\,k} \\[2mm]
\tilde{\boldsymbol{C}}_{i,\,j,\,k+1/2} = \tilde{\boldsymbol{C}}^+_{i,\,j,\,k+1/2} + \tilde{\boldsymbol{C}}^-_{i,\,j,\,k+1/2} \\[2mm]
\tilde{\boldsymbol{A}}^+_{i+1/2,\,j,\,k} = \left[\,\tilde{\boldsymbol{A}}_{i,\,j,\,k} + \rho(\tilde{\boldsymbol{A}}_{i,\,j,\,k})\,\right]/2, \quad \tilde{\boldsymbol{A}}^-_{i+1/2,\,j,\,k} = \left[\,\tilde{\boldsymbol{A}}_{i+1,\,j,\,k} - \rho(\tilde{\boldsymbol{A}}_{i+1,\,j,\,k})\,\right]/2 \\[2mm]
\tilde{\boldsymbol{B}}^+_{i,\,j+1/2,\,k} = \left[\,\tilde{\boldsymbol{B}}_{i,\,j,\,k} + \rho(\tilde{\boldsymbol{B}}_{i,\,j,\,k})\,\right]/2, \quad \tilde{\boldsymbol{B}}^-_{i,\,j+1/2,\,k} = \left[\,\tilde{\boldsymbol{B}}_{i,\,j+1,\,k} - \rho(\tilde{\boldsymbol{B}}_{i,\,j+1,\,k})\,\right]/2 \\[2mm]
\tilde{\boldsymbol{C}}^+_{i,\,j,\,k+1/2} = \left[\,\tilde{\boldsymbol{C}}_{i,\,j,\,k} + \rho(\tilde{\boldsymbol{C}}_{i,\,j,\,k})\,\right]/2, \quad \tilde{\boldsymbol{C}}^-_{i,\,j,\,k+1/2} = \left[\,\tilde{\boldsymbol{C}}_{i,\,j,\,k+1} - \rho(\tilde{\boldsymbol{C}}_{i,\,j,\,k+1})\,\right]/2
\end{cases}
\tag{2.27}
$$

将式(2.27)代入式(2.25)得

$$
\left[\left(\frac{V}{\Delta t} - MV + \rho_{\tilde{A}} + \rho_{\tilde{B}} + \rho_{\tilde{C}}\right)\boldsymbol{I}\Delta\bar{\boldsymbol{\rho}}\right]_{i,\,j,\,k}
$$
$$
+ \left[\,\tilde{\boldsymbol{A}}^-_{i+1/2,\,j,\,k}\Delta\bar{\boldsymbol{\rho}}_{i+1,\,j,\,k} + \tilde{\boldsymbol{B}}^-_{i,\,j+1/2,\,k}\Delta\bar{\boldsymbol{\rho}}_{i,\,j+1,\,k} + \tilde{\boldsymbol{C}}^-_{i,\,j,\,k+1/2}\Delta\bar{\boldsymbol{\rho}}_{i,\,j,\,k+1}\right]
$$
$$
- \left[\,\tilde{\boldsymbol{A}}^+_{i-1/2,\,j,\,k}\Delta\bar{\boldsymbol{\rho}}_{i-1,\,j,\,k} + \tilde{\boldsymbol{B}}^+_{i,\,j-1/2,\,k}\Delta\bar{\boldsymbol{\rho}}_{i,\,j-1,\,k} + \tilde{\boldsymbol{C}}^+_{i,\,j,\,k-1/2}\Delta\bar{\boldsymbol{\rho}}_{i,\,j,\,k-1}\right] = (\text{RHS})_{i,\,j,\,k}
\tag{2.28}
$$

LU-SGS 隐式迭代方法的求解步骤如下所示。

第一步：

$$
\left[\left(\frac{V}{\Delta t} - MV + \rho_{\tilde{A}} + \rho_{\tilde{B}} + \rho_{\tilde{C}}\right)\boldsymbol{I}\Delta\bar{\boldsymbol{\rho}}^{\,*}\right]_{i,\,j,\,k}
$$
$$
= \left[\,\tilde{\boldsymbol{A}}^+_{i-1/2,\,j,\,k}\Delta\bar{\boldsymbol{\rho}}_{i-1,\,j,\,k} + \tilde{\boldsymbol{B}}^+_{i,\,j-1/2,\,k}\Delta\bar{\boldsymbol{\rho}}_{i,\,j-1,\,k} + \tilde{\boldsymbol{C}}^+_{i,\,j,\,k-1/2}\Delta\bar{\boldsymbol{\rho}}_{i,\,j,\,k-1}\right] + (\text{RHS})_{i,\,j,\,k}
$$
$$
i = 1 \to I_{\max}, \ j = 1 \to J_{\max}, \ k = 1 \to K_{\max}
\tag{2.29}
$$

第二步：

$$
\left[\left(\frac{V}{\Delta t} + \rho_{\tilde{A}} + \rho_{\tilde{B}} + \rho_{\tilde{C}}\right)\boldsymbol{I}\Delta\bar{\boldsymbol{\rho}}\right]_{i,\,j,\,k}
$$
$$
= - \left[\,\tilde{\boldsymbol{A}}^-_{i+1/2,\,j,\,k}\Delta\bar{\boldsymbol{\rho}}_{i+1,\,j,\,k} + \tilde{\boldsymbol{B}}^-_{i,\,j+1/2,\,k}\Delta\bar{\boldsymbol{\rho}}_{i,\,j+1,\,k} + \tilde{\boldsymbol{C}}^-_{i,\,j,\,k+1/2}\Delta\bar{\boldsymbol{\rho}}_{i,\,j,\,k+1}\right]
$$
$$
+ \left[\left(\frac{V}{\Delta t} + \rho_{\tilde{A}} + \rho_{\tilde{B}} + \rho_{\tilde{C}}\right)\boldsymbol{I}\Delta\bar{\boldsymbol{\rho}}^{\,*}\right]_{i,\,j,\,k}
\tag{2.30}
$$

$$i = I_{\max} - 1 \rightarrow 2, \ j = J_{\max} - 1 \rightarrow 2, \ k = K_{\max} - 1 \rightarrow 2$$

第三步:

$$\bar{\rho}_{i,j,k}^{n+1} = \bar{\rho}_{i,j,k}^{n} + \Delta \bar{\rho}_{i,j,k}^{n} \tag{2.31}$$

最后,只要求出方程(2.28)中的$(RHS)_{i,j,k}$即可进行迭代求解。在求解$(RHS)_{i,j,k}$中,对流项部分采用 AUSM+格式,黏性项部分采用二阶中心差分格式。

2.3.4　空间离散格式

针对可压缩流动三维 N-S 方程,常用空间离散格式可分为中心差分格式和迎风格式两大类。迎风格式在构造上体现了方程在波动和流量等传播方向的物理特性,适合对本书中高超声速流场进行数值求解[6]。

常用的迎风格式包括 Roe 格式、van Leer 格式和 AUSM(advection upwind splitting method)格式。

1. Roe 格式

Roe 格式[5]由 Godunov 方法发展而来,通过在每个网格界面求解线性化 Riemann 问题近似解获取全流场解,其关键步骤是将非线性 Riemann 问题转化成线性问题,通过构造线性化近似矩阵代替无黏通量的 Jacobi 矩阵。Roe 格式的数值耗散小,间断分辨率高。值得注意的是,当其无黏通量 Jacobi 矩阵的特征值很小时,Roe 格式会违反熵条件,产生非物理解,需要引入熵修正。熵修正的引入增加了额外耗散,同时其形式及系数也具有很强的经验性,导致 Roe 格式的计算精度和稳定性受到很大影响。

2. van Leer 格式

van Leer 格式是通量矢量分裂格式的典型代表。其基本思路是:借鉴对流通量特征分解的做法,按照当地马赫数进行分裂。van Leer 格式的突出优点是通量矢量的一阶导数在声速处连续。通量矢量分裂格式在捕捉非线性波(如激波)方面的能力很强,可靠性很高,理论上不会出现非物理解;该格式由于计算量小,计算效率高,被广泛应用于 Euler 方程求解。

3. AUSM 格式

AUSM 格式的基本思想是,认为对流波和声波是物理上的不同过程,因此将无黏通量分裂为对流通量项和压力通量项分别进行处理。AUSM 格式由于兼有 Roe 格式的高间断分辨率和 van Leer 格式的高计算效率,近年来得到广泛好评,并陆续发展了多个变种,如 AUSM+,AUSMPW,AUSMPW+等。

考虑到本书所研究问题的规模较大且涉及的方程、变量较多,计算量大,为了缩短计算时间没有采用高阶的 ENO、ENN 格式,而是选择了一种较好的 MUSCL 型通量分裂格式 AUSM 来离散无黏通量,黏性通量采用中心差分。AUSM 系列格式[13-15]最早是 Liou 于 1992 年提出的,以后经过不断改进,并于 1995 年[14]得到改进型 AUSM+格式[16]。AUSM 系列格式的出发点是认为对流波与声波是物理上的不同过程,将输运通量与压力通量分开,对线性场与非线性场分别处理。AUSM 格式鲁棒性较好,计算速度与 van Leer 格式相当,但捕捉激波的高分辨率与 Roe 格式相近,同时还具有标量(如密度)的正值保持性。另外它的实现比较简单,无须矩阵运算,容易推广到多维以及湍流化学非平衡流计算。本书所采用的是 AUSM+格式。

考虑一维理想气体守恒方程的初值问题:

$$\frac{\partial \bar{\rho}}{\partial t} + \frac{\partial \bar{u}}{\partial x} = 0, \quad t > 0 \tag{2.32}$$

$$\bar{\rho}(x, 0) = \bar{\rho}_0(x) \tag{2.33}$$

其中,$\bar{\rho} = (\rho, \rho u, \rho e)$;$\bar{u} = (\rho u, \rho u^2 + p, \rho u H)$,采用时间后差方法显式离散式(2.32):

$$\bar{\rho}_j^{n+1} = \bar{\rho}_j^{n+1} - \lambda(\bar{u}_{j+1/2}^n - \bar{u}_{j+1/2}^n) \tag{2.34}$$

其中,$\lambda = \Delta t / \Delta x$,则数值通量可以定义为

$$E(Q_{i+1/2}) = \frac{1}{2}[Ma_{1/2}a_{1/2}(\Phi_l + \Phi_r) - a_{1/2}|Ma_{1/2}|(\Phi_r - \Phi_l)] + P_{1/2} \tag{2.35}$$

$$Ma_{1/2} = Ma_l^+ + Ma_r^- \tag{2.36}$$

$$P_{1/2} = P_l^+ + P_r^- \tag{2.37}$$

$$Ma^{\pm} = \begin{cases} \dfrac{1}{2}(Ma \pm |Ma|), & \text{如果} |Ma| \geqslant 1 \\[2mm] \pm \dfrac{1}{4}(Ma \pm 1)^2 \pm \beta(Ma^2 - 1), \dfrac{1}{16} \leqslant \beta \leqslant \dfrac{1}{2}, & \text{其他} \end{cases} \tag{2.38}$$

$$P^{\pm} = \begin{cases} \dfrac{1}{2}\left[\,1\,\pm\mathrm{sign}(Ma)\,\right]\boldsymbol{P}, & |\,Ma\,|\geqslant 1 \\[3mm] \dfrac{1}{4}\,(Ma\pm 1)^2(2\mp Ma)\boldsymbol{P}\pm\alpha Ma\,(Ma^2-1)^2\boldsymbol{P}, & -\dfrac{3}{4}\leqslant\alpha\leqslant\dfrac{3}{16}, \quad \text{其他} \end{cases}$$

$$\tag{2.39}$$

本书取：

$$a_{1/2} = \frac{1}{2}(a_l + a_r), \quad \alpha = \frac{1}{8}, \beta = \frac{3}{16} \tag{2.40}$$

在计算三维化学反应流时 $\boldsymbol{\Phi} = (\rho, \rho u, \rho v, \rho w, \rho H, \rho_i, \rho k, \rho\omega)$，为了获得高阶精度格式选择 MUSCL 方法结合 Minmod 限制器，其中插值变量为原始变量 $\boldsymbol{W} = (\rho, u, v, w, p, \rho_i, k, \omega)$。

常用的迎风偏置 MUSCL 型格式可以写成：

$$\boldsymbol{W}_{i+1/2}^{l} = \boldsymbol{W}_i + \frac{1}{4}\left[\,(1-k)\tilde{\boldsymbol{\Delta}}_{-} + (1+k)\tilde{\boldsymbol{\Delta}}_{+}\,\right]_i \tag{2.41}$$

$$\boldsymbol{W}_{i+1/2}^{r} = \boldsymbol{W}_{i+1} - \frac{1}{4}\left[\,(1-k)\tilde{\boldsymbol{\Delta}}_{+} + (1+k)\tilde{\boldsymbol{\Delta}}_{-}\,\right]_{i+1} \tag{2.42}$$

$$k = \begin{cases} -1, & \text{二阶迎风格式} \\ 1/3, & \text{三阶迎风格式} \\ 1, & \text{二阶中心差分格式} \end{cases} \tag{2.43}$$

$$(\boldsymbol{\Delta}_{+})_i = \boldsymbol{W}_{i+1} - \boldsymbol{W}_i \tag{2.44}$$

$$(\boldsymbol{\Delta}_{-})_i = \boldsymbol{W}_i - \boldsymbol{W}_{i-1} \tag{2.45}$$

$$\tilde{\boldsymbol{\Delta}}_{+} = \min\mathrm{mod}(\boldsymbol{\Delta}_{+}, b\boldsymbol{\Delta}_{-}) \tag{2.46}$$

$$\tilde{\boldsymbol{\Delta}}_{-} = \min\mathrm{mod}(\boldsymbol{\Delta}_{-}, b\boldsymbol{\Delta}_{+}) \tag{2.47}$$

$$\min\mathrm{mod}(x, y) = 0.5 \cdot \left[\,\mathrm{sign}(x) + \mathrm{sign}(y)\,\right] \cdot \min(|\,x\,|, |\,y\,|) \tag{2.48}$$

$$1 \leqslant b \leqslant (3-k)/(1-k) \tag{2.49}$$

计算中取 $k = -1$，$b = 1.25$，当计算 $\boldsymbol{W}_{i+1/2}^{l}$ 时，需要知道 $\boldsymbol{W}_{i-1}$、$\boldsymbol{W}_i$、$\boldsymbol{W}_{i+1}$，当计算 $\boldsymbol{W}_{i+1/2}^{r}$ 时，需要知道 $\boldsymbol{W}_i$、$\boldsymbol{W}_{i+1}$、$\boldsymbol{W}_{i+2}$，如图 2.2 所示。因此，在实际计算中，需要将物理边界向外扩展。另外，在物理边界外虚拟两层计算点，以二维计算区

域为例,如图 2.3 所示。例如,在 i 方向共有 ID 个网格点,则计算单元只有 ID-1 个,实际计算点的范围为 $i=3\sim\text{ID}-3$,而 $i=1$,2,ID-2,ID-1 均为虚拟点,可根据边界条件对虚拟点进行赋值,这样就可以保持计算格式的统一性,无须对边界进行特殊处理。

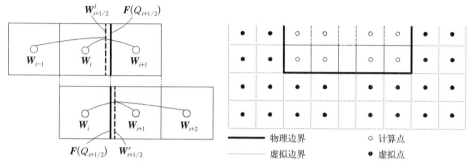

图 2.2　MUSCL 插值示意图　　　　　图 2.3　虚拟计算点示意图

2.3.5　SST 两方程湍流模型

本书采用的两方程湍流模型是 Menter[17] 提出的剪切应力输运模型(shear-stress transport-model),简称 SST 模型,该模型综合了 k-ε 模型在接近壁面处稳定性不好,但对来流参数不敏感,以及 k-ω 模型对来流参数敏感但在壁面处稳定性比较好的特点,在接近壁面区域应用 Wilcox 提出的原始 k-ω 模型,在远离壁面的自由剪切流动区域中自动切换到标准 k-ε 模型,可以适用于计算范围比较大的来流马赫数和逆压梯度导致的分离问题。

Menter 在近壁面区域使用 k-ω 模型,而在远离壁面区域通过一个函数 F_1 自动切换到 k-ε 模型,具体方程为

$$\frac{\partial(\rho k)}{\partial t} + \frac{\partial(\rho u_j k)}{\partial x_j} = \frac{1}{Re}P_k - \beta^*\rho\omega k + \frac{1}{Re}\frac{\partial}{\partial x_j}\left[\left(\mu_l + \sigma_k\mu_t\right)\frac{\partial k}{\partial x_j}\right]$$

$$(2.50)$$

$$\frac{\partial(\rho\omega)}{\partial t} + \frac{\partial(\rho u_j\omega)}{\partial x_j} = \frac{\rho\gamma}{Re\mu_t}P_k - \beta\rho\omega^2 + \frac{1}{Re}\frac{\partial}{\partial x_j}\left[\left(\mu_l + \sigma_\omega\mu_t\right)\frac{\partial\omega}{\partial x_j}\right]$$

$$+ \frac{2(1-F_1)\sigma_{\omega2}}{Re}\frac{\rho}{\omega}\frac{\partial k}{\partial x_j}\frac{\partial\omega}{\partial x_j}$$

$$(2.51)$$

SST 模型中常数的计算方法是：设 θ 是 SST 模型中的常数，θ_1、θ_2 分别是 k-ω 模型和 k-ε 模型中相对应的常数，则有

$$\theta = F_1\theta_1 + (1 - F_1)\theta_2 \tag{2.52}$$

k-ω 模型中常数的定义为

$$\sigma_{k1} = 0.85,\ \sigma_{\omega1} = 0.5,\ \beta_1 = 0.075,\ a_1 = 0.31,\ \beta^* = 0.09,\ \kappa = 0.41$$

$$\gamma_1 = \beta_1/\beta^* - \sigma_{\omega1}\kappa^2/\sqrt{\beta^*}$$

k-ε 模型中常数的定义为

$$\sigma_{k2} = 1.0,\ \sigma_{\omega2} = 0.856,\ \beta_2 = 0.082\,8,\ a_1 = 0.31,\ \beta^* = 0.09,\ \kappa = 0.41$$

$$\gamma_2 = \beta_2/\beta^* - \sigma_{\omega2}\kappa^2/\sqrt{\beta^*} \tag{2.53}$$

$$F_1 = \tanh(\arg_1^4),\ \arg_1 = \min\left[\max\left(\frac{\sqrt{k}}{0.09\omega y},\ \frac{500\nu}{\omega y^2}\right),\ \frac{4\rho\sigma_{\omega2}k}{\mathrm{CD}_{k\omega}y^2}\right] \tag{2.54}$$

$$\mathrm{CD}_{k\omega} = \max\left(2\rho\sigma_{\omega2}\frac{1}{\omega}\frac{\partial k}{\partial x_j}\frac{\partial \omega}{\partial x_j},\ 10^{-10}\right),\ \nu_t = \frac{a_1 k}{\max(a_1\omega,\ \Omega F_1)} \tag{2.55}$$

$$F_2 = \tanh(\arg_2^2),\ \arg_2 = \max\left(\frac{2\sqrt{k}}{0.09\omega y},\ \frac{500\nu}{\omega y^2}\right) \tag{2.56}$$

将式(2.50)和式(2.51)写成守恒形式为

$$\boldsymbol{Q} = \begin{Bmatrix} \rho k \\ \rho\omega \end{Bmatrix},\ \boldsymbol{E} = \begin{Bmatrix} \rho u k \\ \rho u\omega \end{Bmatrix},\ \boldsymbol{F} = \begin{Bmatrix} \rho v k \\ \rho v\omega \end{Bmatrix},\ \boldsymbol{G} = \begin{Bmatrix} \rho w k \\ \rho w\omega \end{Bmatrix},\ \boldsymbol{H} = \begin{Bmatrix} H_k \\ H_\omega \end{Bmatrix} \tag{2.57}$$

$$\boldsymbol{E}_v = \begin{Bmatrix} \mu_k\dfrac{\partial k}{\partial x} \\ \mu_\omega\dfrac{\partial \omega}{\partial x} \end{Bmatrix},\ \boldsymbol{F}_v = \begin{Bmatrix} \mu_k\dfrac{\partial k}{\partial y} \\ \mu_\omega\dfrac{\partial \omega}{\partial y} \end{Bmatrix},\ \boldsymbol{G}_v = \begin{Bmatrix} \mu_k\dfrac{\partial k}{\partial z} \\ \mu_\omega\dfrac{\partial \omega}{\partial z} \end{Bmatrix} \tag{2.58}$$

$$\begin{cases} H_k = \dfrac{1}{Re}P_k - \beta^*\rho\omega k \\[3mm] H_\omega = \dfrac{\rho\gamma}{Re\mu_t}P_k - \beta\rho\omega^2 + \dfrac{2(1 - F_1)\sigma_{\omega2}}{Re}\dfrac{\rho}{\omega}\dfrac{\partial k}{\partial x_j}\dfrac{\partial \omega}{\partial x_j} \end{cases} \tag{2.59}$$

$$P_k = \tau_{ij}^t \frac{\partial u_i}{\partial x_j} = \mu^t \left\{ \left(\frac{\partial u}{\partial y} + \frac{\partial v}{\partial x} \right)^2 + \left(\frac{\partial v}{\partial z} + \frac{\partial w}{\partial y} \right)^2 + \left(\frac{\partial w}{\partial x} + \frac{\partial u}{\partial z} \right)^2 \right.$$

$$+ 2 \left[\left(\frac{\partial u}{\partial x} \right)^2 + \left(\frac{\partial v}{\partial y} \right)^2 + \left(\frac{\partial w}{\partial z} \right)^2 \right] - \frac{2}{3} \left(\frac{\partial u}{\partial x} + \frac{\partial v}{\partial y} + \frac{\partial w}{\partial z} \right)^2 \right\}$$

$$- \frac{2}{3} \rho k Re \left(\frac{\partial u}{\partial x} + \frac{\partial v}{\partial y} + \frac{\partial w}{\partial z} \right) \tag{2.60}$$

$$\mu_k = \mu_l + \frac{\mu_t}{\sigma_k}, \quad \mu_\omega = \mu_l + \frac{\mu_t}{\sigma_\omega} \tag{2.61}$$

2.4　算例验证

　　针对本书后续章节研究内容所涉及研究对象的特点,结合高超声速流动特点及逆向射流、减阻杆等各自的流动特征,本节将分别对高超声速飞行器外流场与钝头体逆向射流和减阻杆流场来对本书所采用的数值方法进行验证,将数值仿真结果与实验结果进行对比,验证本书所采用数值方法的正确性和可信性。

2.4.1　高超声速飞行器外流场

文献[18]对空天飞机模型进行了风洞实验,风洞实验模型如图 2.4 所示。

空天飞机模型主要由三个部件组成: 机头、机身和机翼。机头由钝头圆锥修型得到,机身是"C"形柱,机翼具有 68°后掠角,双翼边缘具有反小翼,无立尾。模型全长 290 mm,宽 184.8 mm,高度为 58 mm。基于风洞实验模型,采用三维造型软件建立该空天飞机的几何模型,如图 2.5 所示。

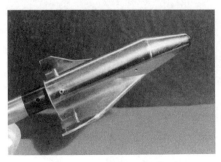

图 2.4　风洞实验模型

图 2.5　空天飞机的几何模型

风洞实验的边界条件为：$Ma_\infty = 8.04$，单位雷诺数为 $Re = 1.13 \times 10^7$，总压 $P_0 = 7.8$ MPa，总温 $T_0 = 892$ K。模型的参考面积为 10 000 mm²，参考长度为 290 mm，数值仿真条件和实验条件一致。

数值仿真了不同攻角条件下的气动性能，攻角分别为−5°、0°、5°、10°、15°、20°、25° 和 30°，并与实验结果进行了对比，如图 2.6 所示。

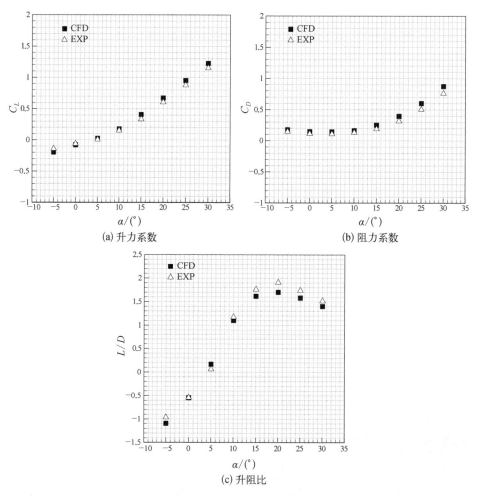

(a) 升力系数   (b) 阻力系数

(c) 升阻比

图 2.6　数值仿真(CFD)与实验结果(EXP)对比

很明显，升力系数 C_L、阻力系数 C_D 与实验数据吻合较好，如图 2.6(a) 和图 2.6(b)所示。当攻角不大于 10° 时，升阻比性能与实验数据[18]吻合得很好。当 $\alpha > 10°$ 时，升阻比的数值仿真结果略低于实验结果，升阻比随攻角的增加，先增加后减小,如图 2.6(c)所示。

图 2.7 给出了攻角为 10°条件下,密度纹影图的数值仿真结果与实验结果对比。很明显,数值仿真结果与实验结果吻合较好。数值仿真获取的激波位置和厚度几乎与实验结果一致。

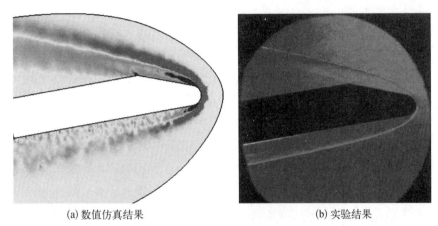

(a) 数值仿真结果　　　　　　　　　　　　　　(b) 实验结果

图 2.7　攻角为 10°条件下,密度纹影图的数值仿真结果与实验结果对比

从以上分析可知,本书采用的数值方法能够很好地模拟高超声速飞行器的外流场特性,数值结果可信度较高。

2.4.2　逆向射流

为了验证数值方法对逆向射流仿真结果的可信性,本节采用钝头体圆形喷孔逆向射流构型来开展数值验证工作。

实验模型来自文献[19],射流直径为 4 mm,钝头体直径为 50 mm,热电偶的分布位置如图 2.8 所示,间隔为 10°。

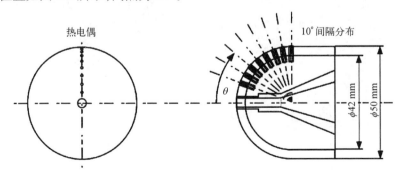

图 2.8　实验模型及热电偶位置

图 2.9 圆形喷孔物理模型

根据文献中的实验模型,采用 SOLIDWORKS 软件生成了圆形喷孔的物理模型,如图 2.9 所示。

采用网格生成软件 ICEM CFD 生成了用于数值仿真的圆形喷孔网格,如图 2.10 所示。网格类型为结构网格,网格数量为 100 万,壁面第一层网格高度为 10^{-6} m,用来保证数值仿真计算结果的精度。

采用本书的数值模型及方法对其进行了数值仿真,并与公开文献中的实验数据进行了对比。实验数据取自文献[19],选择能够形成稳定流场的射流总压比,其值为 0.4,此时马赫盘和激波清晰可见,流场稳定。实验中逆向射流采用氮气,而本节数值仿真采用的气体为理想空气,两种气体摩尔质量基本一致,不会对流场结构造成很大影响。本节选取密度云图与斯坦顿数(St)两个量与实验结果进行对比,来验证数值方法的可信性,其中:

$$St = \frac{Q_{\mathrm{w}}}{(T_{\mathrm{aw}} - T_{\mathrm{w}})\rho_\infty c_{p\infty} u_\infty} \tag{2.62}$$

$$T_{\mathrm{aw}} = T_\infty \left[1 + \sqrt[3]{Pr_{\mathrm{w}}} \left(\frac{\gamma - 1}{2} \right) Ma_\infty^2 \right] \tag{2.63}$$

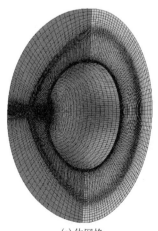

(a) 体网格

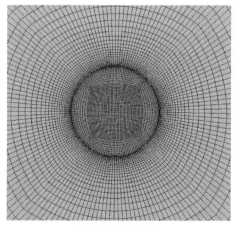

(b) 射流孔附近网格

图 2.10 数值仿真网格

　　图 2.11 给出了数值仿真结果与实验结果的对比。由图 2.11(a)可知,数值仿真结果与实验结果中马赫盘及激波的位置吻合较好,马赫盘清晰,分离激波明显。由图 2.11(b)可知,本节数值仿真结果与文献[19]中数值仿真结果在回流区内所得斯坦顿数有一定的差别,但其整体变化趋势基本一致,热流峰值的位置相同。当 θ 小于 38.5°时,数值仿真结果低于实验结果;当 θ 大于 54.5°时,数值仿真结果略小于实验结果;当 θ 位于两者之间时,数值仿真结果大于实验结果。

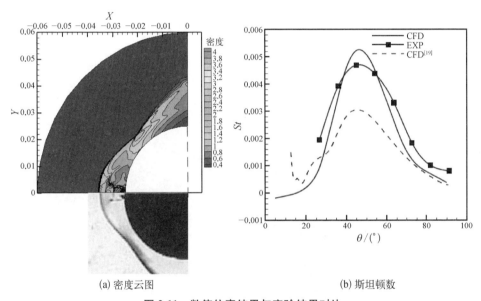

(a) 密度云图　　　　　　　　　　　(b) 斯坦顿数

图 2.11　数值仿真结果与实验结果对比

　　以实验中斯坦顿数的峰值为参考,定义参数误差:

$$E_q = \frac{St_{CFD} - St_{EXP}}{St_{EXP}} \times 100\% \tag{2.64}$$

　　在回流区内,由于静温低于壁面温度,因此斯坦顿数在此区域内为负值;另外,数值仿真最大热流与实验值最大热流相差 10%,这可能是因为两者所用冷却气体不同,所用模型的模型系数不同。虽说热流计算结果存在一定的误差,但根据总体趋势及密度云图的对比结果,可知本书所采用的数值方法能够较好地模拟流场特性及壁面热流分布,数值仿真结果具有一定的可信度。

　　另外,对网格无关性也进行了验证,采用三套网格进行模拟,并将模拟结果与实验数据进行对比。三套网格(粗糙、中等、精细)分别对应三个壁面网格雷诺数下的壁面第一层网格高度,壁面第一层网格高度选取及网格量如表 2.1 所示。

表 2.1　逆向喷流壁面第一层网格高度选取及网格量

特　征	Re_{grid}	$\Delta x/$mm	网 格 量
精细	1.21	0.000 03	274 941
中等	6.05	0.000 15	274 941
粗糙	12.1	0.000 3	274 941

为了节约计算资源及计算时间,仅对逆向喷流模型的 1/2 截面进行模拟,采用的二维轴对称结构网格如图 2.12 所示。

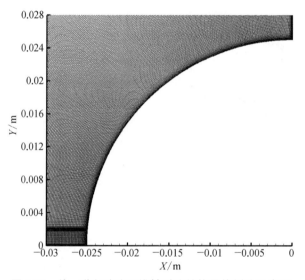

图 2.12　单一逆向喷流二维轴对称结构网格划分示意图

将三种不同壁面第一层网格高度的网格下不同湍流模型计算所得的壁面斯坦顿数分布与实验所得数值对比,对比结果如图 2.13 所示。

在壁面第一层网格高度 $\Delta x = 0.000\,15$ mm 及 $\Delta x = 0.000\,3$ mm 时,用标准 $k\text{-}\varepsilon$ 湍流模型模拟时计算结果没有收敛,故没有加入对比图中。由图 2.13 各子图可以看出,三种不同壁面第一层网格高度($\Delta x = 0.000\,03$ mm、$\Delta x = 0.000\,15$ mm、$\Delta x = 0.000\,3$ mm)下,采用 SST $k\text{-}\omega$ 湍流模型计算得到的壁面斯坦顿数与实验结果拟合得最好。对于单方程 S-A 湍流模型,第一层网格高度从 $\Delta x = 0.000\,03$ mm

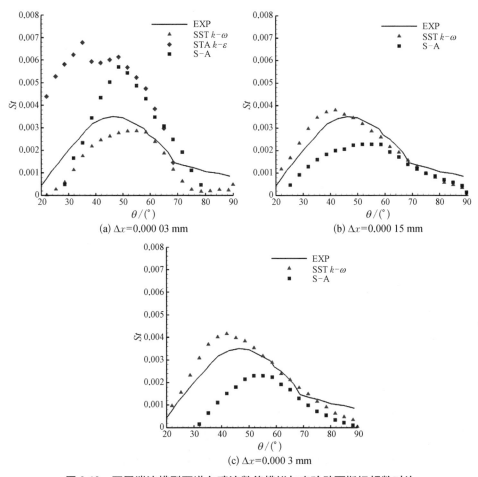

图 2.13　不同湍流模型下逆向喷流数值模拟与实验壁面斯坦顿数对比

变化到 $\Delta x = 0.000\,3$ mm 时，模拟结果从大于实验结果变为小于实验结果，这说明此模型在对逆向喷流进行模拟时不太稳定。而对于标准 k-ε 湍流模型，从 $\Delta x = 0.000\,03$ mm 时数值模拟所得的结果可以看出壁面斯坦顿数分布与实验值相差很大，且 $\Delta x = 0.000\,15$ mm 及 $\Delta x = 0.000\,3$ mm 时计算没有收敛，进而可以得出结论，标准 k-ε 湍流模型不适用于对逆向喷流流场的模拟。

　　由上面的分析可以看出，SST k-ω 湍流模型在对带有逆向喷流的钝头飞行器的模拟中精度最高，所以在对网格进行无关性验证时都基于 SST k-ω 湍流模型。将三种不同壁面第一层网格高度（粗糙、中等、精细）的网格计算得到的壁面斯坦顿数分布进行对比，结果如图 2.14 所示。

　　由图 2.14 可以看出，在 SST k-ω 湍流模型下，三种不同壁面第一层网格高度

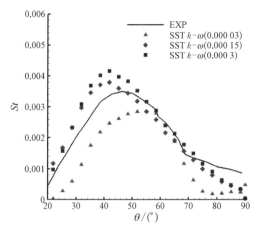

图2.14　SST k-ω 湍流模型下不同 Δx 时数值模拟与实验壁面斯坦顿数对比

下对钝头体壁面斯坦顿的数模拟结果均与实验结果趋势相同，这说明三种网格尺度均能正确地对逆向喷流流场进行捕捉。当壁面第一层网格高度 $\Delta x =$ 0.000 15 mm时，数值模拟所得的头部壁面斯坦顿数值与实验结果拟合得最好，此时壁面网格雷诺数为6.5。

2.4.3　减阻杆

本节主要针对公开文献中减阻杆的热防护系统实验算例采用数值方法进行验证，主要包括湍流模型、壁面第一层网格高度等方面。

Menezes 等[20]在不同减阻杆构型减阻防热效果对比研究实验中，给出了高超声速来流中大角度钝头体头部壁面阻力系数 C_D 及壁面斯坦顿数的测量结果。在对减阻杆减阻防热构型进行数值模拟方法验证时，采用的是此实验中未加装减阻杆的钝头体物理模型，钝头体头部顶角为120°，底部直径 $D = 100$ mm，实验几何模型如图2.15（a）所示、数值模拟简化模型如图2.15（b）所示。

自由来流条件的设置与实验中一致，来流总熵为 1.2 MJ/kg、静压为425 Pa、静温为140 K，来流马赫数为5.75，壁面温度假设为300 K。

根据网格雷诺数选取壁面第一层网格高度。Yang 等[21]对高超声速气动热数值计算时最佳壁面第一层网格高度及对应的网格雷诺数进行了研究，并得出壁面第一层网格高度对壁面热流的影响远大于对壁面力的影响，对壁面第一层网格高度的选择需要综合考虑来流条件及壁面温度才能合理模拟壁面热流的结论。壁面网格雷诺数的定义如式（2.65）所示：

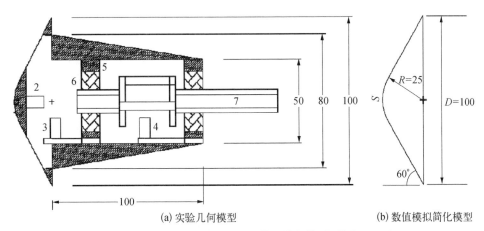

(a) 实验几何模型   (b) 数值模拟简化模型

图 2.15 单一减阻杆实验及数值模拟简化模型(单位: mm)

$$Re_{\mathrm{grid}} = \frac{\rho_\infty v_\infty \Delta x}{\mu_\infty} \qquad (2.65)$$

其中, ρ_∞ 、 v_∞ 、 μ_∞ 分别是来流密度、速度及黏性系数, 一般取来流条件; Δx 为壁面第一层网格高度。在对单一减阻杆构型进行数值方法验证时, 来流条件的设置如表 2.2 所示。

表 2.2 减阻杆实验来流条件

物 理 量	数 值
$\rho_\infty / (\mathrm{kg/m^3})$	0.010 6
$v_\infty / (\mathrm{m/s})$	1 363.36
$\mu_\infty / [\mathrm{kg/(m \cdot s)}]$	0.964×10⁻⁵

在进行网格无关性验证时, 对单一减阻杆采用三套网格进行模拟, 并将模拟结果与实验数据进行对比。三套网格(粗糙、中等、精细)分别对应三个壁面网格雷诺数下的壁面第一层网格高度, 壁面第一层网格高度选取及网格量如表 2.3 所示。

表 2.3 减阻杆壁面第一层网格高度选取及网格量

特 征	Re_{grid}	$\Delta x / \mathrm{mm}$	网 格 量
精细	0.46	0.000 3	140 751
中等	4.6	0.003	140 751
粗糙	46	0.03	140 751

Ahmed 等[22]通过对高超声速来流中加装减阻杆的钝头体进行研究得出结论:对于定常流场中、无攻角状态的轴对称模型,数值模拟时可采用轴对称假设。为了节约计算资源及计算时间,本节仅对模型的 1/2 截面进行模拟。此次验证中使用 SOLIDWORKS 软件得到几何模型,而网格划分及数值计算分别使用商业软件 ANSYS 集成的 ICEM 及 FLUENT 软件。单一减阻杆数值方法验证时采用的二维轴对称结构网格如图 2.16 所示。

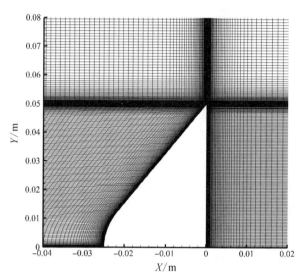

图 2.16 单一减阻杆二维轴对称结构网格划分示意图

为挑选出对黏性项模拟精度最高的湍流模型,本章在进行数值方法验证时,分别采用标准 k-ε 湍流模型、SST k-ω 湍流模型及单方程 S-A 湍流模型对流场进行模拟[23-25],并将数值模拟所得的流场云图、阻力系数 C_D 及壁面斯坦顿数的数值计算结果与实验所得纹影图及相应结果进行对比。CFL 数在整个计算过程中保持为 0.1 以确保计算稳定性,当监控的残差下降到 10^{-5} 时表示计算结果收敛。单一减阻杆方案下边界条件设置如表 2.4 所示。

表 2.4 单一减阻杆边界条件设置

边 界 类 型	参 考 值
压力远场	$p_\infty = 425\ \mathrm{Pa}$, $T_\infty = 140\ \mathrm{K}$, $Ma_\infty = 5.75$
压力出口	$T = 295\ \mathrm{K}$, $p = 0.000\,01\ \mathrm{Pa}$
壁面	$T = 300\ \mathrm{K}$

在计算收敛之后输出其密度云图与实验所得密度纹影图进行对比,并将数值模拟所得的钝头体壁面阻力系数、斯坦顿数与实验结果对比。

采用三种湍流模型对三种不同壁面第一层网格高度的网格进行数值模拟所得的密度云图显示的特点基本一致,所以挑选出 $\Delta x = 0.003$ mm 时,单方程 S-A 湍流模型计算得到的云图为代表与实验所得密度纹影图进行对比,如图 2.17 所示。

由图 2.17 可以看出,数值模拟所得的云图与实验所得密度纹影图激波出现位置、流场特征一致,拟合较好。

数值模拟得到的阻力系数值与实验得到的阻力系数值对比情况如表 2.5 所示。

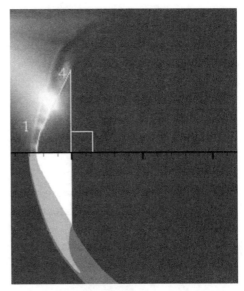

图 2.17　数值模拟云图与实验纹影图[20]对比(减阻杆)

表 2.5　减阻杆数值模拟阻力系数与实验对比

实验或模型(Δx)	阻力系数(C_D)	实验或模型(Δx)	阻力系数(C_D)
实验	1.462	标准 k-ε(0.003)	1.505
SST k-ω(0.03)	1.507 9	S-A(0.003)	1.510 3
标准 k-ε(0.03)	1.508 3	SST k-ω(0.000 3)	1.517 4
S-A(0.03)	1.512	标准 k-ε(0.000 3)	1.514 3
SST k-ω(0.003)	1.506 9	S-A(0.000 3)	1.517 2

由表 2.5 可以看出,三种湍流模型下计算得到的阻力系数值与实验值相差很小,其中 SST k-ω 湍流模型在三套网格下计算得到的阻力系数值相比其他两种模型所得结果与实验所得值更为接近。

不同湍流模型三种不同壁面第一层网格高度的网格下计算所得的壁面斯坦顿数分布与实验所得数值对比如图 2.18 所示。

由图 2.18 可知,三种不同壁面第一层网格高度($\Delta x = 0.000\ 3$ mm、0.003 mm、0.03 mm)下,采用单方程 S-A 湍流模型计算得到的壁面斯坦顿数与实验结果拟合得最好。而对于另外两种模型,SST k-ω 湍流模型计算的结果较标准 k-ε 湍流

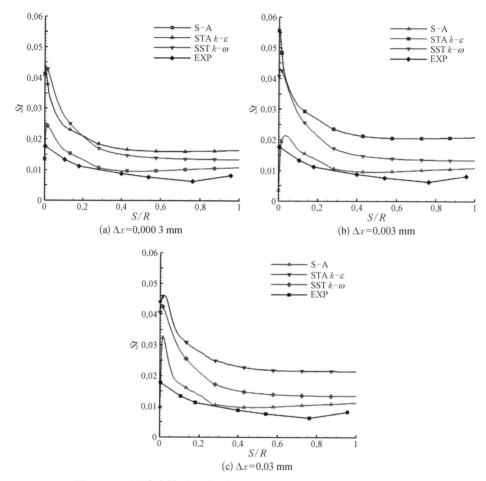

图 2.18 不同湍流模型下减阻杆数值模拟与实验壁面斯坦顿数对比

模型在三种不同壁面第一层网格高度（$\Delta x = 0.000\ 3$ mm、0.003 mm、0.03 mm）下更接近实验所得结果。其中，从对钝头体肩部斯坦顿数的模拟结果可以看出 SST k-ω 湍流模型模拟的结果明显比标准 k-ε 湍流模型更符合实验结果；而对于钝头体头部，两种湍流模型下的模拟结果较为接近，且值得注意的是，在壁面第一层网格高度 $\Delta x = 0.000\ 3$ mm 时，标准 k-ε 湍流模型较 SST k-ω 湍流模型的头部模拟结果与实验结果具有更高的拟合度。

由上面的分析可以看出，单方程 S-A 湍流模型在对加装减阻杆的钝头飞行器的模拟中精度最高，所以在对网格进行无关性验证时都基于单方程 S-A 湍流模型。将三种不同壁面第一层网格高度（粗糙、中等、精细）的网格计算得到的壁面斯坦顿数分布进行对比,结果如图 2.19 所示。

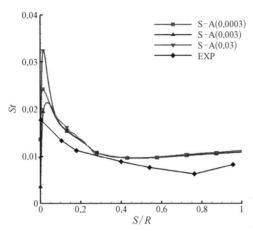

图 2.19 单方程 S-A 湍流模型下不同 Δx 时数值模拟与实验壁面斯坦顿数对比

由图 2.19 可以看出,总体而言,在单方程 S-A 湍流模型下,三种不同壁面第一层网格高度下对钝头体壁面斯坦顿数模拟结果较为接近,且均与实验结果拟合得较好,这说明不同的网格尺度对数值模拟结果的影响较小。三种网格尺度下,对钝头体肩部壁面斯坦顿数的模拟结果几乎相同;而对于钝头体头部壁面斯坦顿数的模拟则显示出一定的差异。可以看出,当壁面第一层网格高度 $\Delta x =$ 0.003 mm 时,数值模拟所得的头部壁面斯坦顿数值与实验结果拟合得最好,此时壁面网格雷诺数为 4.6,所以接下来在对组合热防护系统进行网格划分时均采用壁面第一层网格高度 $\Delta x = 0.003$ mm。

从对减阻杆及逆向喷流的数值方法及网格无关性验证结果可以看出,要想提高模拟的精确度,网格雷诺数不是越小越好,这与 Yang 等[21]所得的结论一致。对于本书中的情况,网格雷诺数为 5 左右时数值模拟结果与实验结果拟合得最好。

2.5 本章小结

本章对本书所采用的试验设计方法、优化算法、数值方法和模型分别进行了介绍,通过选取具有实验数据的物理模型,对其进行建模与仿真,验证了本书所采用数值方法的正确性。同时,对单一减阻杆及逆向喷流构型进行了数值方法

验证,研究了不同湍流模型、壁面第一层网格高度下数值方法对公开文献中实验结果的模拟精度。本章可得出以下几条结论:

(1) 对于减阻杆情况,宜采用单方程 S-A 湍流模型进行流场模拟,而对于逆向喷流情况,采用 SST k-ω 湍流模型时计算得到的壁面斯坦顿数与实验结果拟合得最好。

(2) 壁面第一层网格高度 $\Delta x = 0.003$ mm 时计算得到的减阻杆方案下钝头体壁面斯坦顿数与实验结果拟合得最好,壁面第一层网格高度 $\Delta x = 0.000\ 15$ mm 时逆向喷流数值模拟结果与实验结果最为接近。为了提高数值模拟的准确性,网格雷诺数应设置为一个适当的值,这个值约为 5。

研究表明,本书所采用的数值方法能够很好地用来模拟高超声速复杂流场和不同减阻防热方案的流场特性。

参考文献

[1] 方开泰,马长兴.正交与均匀试验设计[M].北京: 科学出版社,2001.
[2] 陈小前.飞行器总体设计理论与应用研究[D].长沙: 国防科学技术大学,2001.
[3] Chen Y, Lv L. The multi-objective optimization of combustion chamber of DI diesel engine by NLPQL algorithm[J]. Applied Thermal Engineering, 2014, 73: 1332 - 1339.
[4] Liao Y, Oyama A, Liou M S. Progress in design optimization using evolutionary algorithms for aerodynamic problems[J]. Progress in Aerospace Sciences, 2010, 46(5-6): 199-223.
[5] 金亮.高超声速飞行器机体/发动机一体化构型设计与性能研究[D].长沙: 国防科学技术大学,2008.
[6] 刘建霞.高超声速非一致边缘钝化乘波构型气动力/热基础问题研究[D].长沙: 国防科学技术大学,2013.
[7] Deepu M, Gokhale S, Jayaraj S. Numerical modeling of scramjet combustor flow field using unstructured point implicit finite volume method[C]. Reno: The 44th AIAA Aerospace Sciences Meeting and Exhibit, AIAA, 2006.
[8] Shuen J S. Upwind differencing and LU factorization for chemical non-equilibrium Navier-Stokes equations[J]. Journal of Computational Physics, 1992, 99: 233 - 250.
[9] Gerlinger P, Stoll P, Brüggemann D. An implicit multigrid method for the simulation of chemically reacting flows[J]. Journal of Computational Physics, 1998, 146: 322 - 345.
[10] Tu S Z, Aliabadi S, Johnson A A, et al. A robust parallel implicit finite volume solver for high-speed compressible flows [C]. Reno: The 43rd Aerospace Sciences Meeting and Exhibit, AIAA, 2005.
[11] Tam L T. LU-SGS implicit scheme for entry vehicle flow computation and comparison with aerodynamic data[C]. Palo Alto: The 10th Applied Aerodynamics Conference, AIAA, 1992.
[12] Choi J Y, Oh S. Acceleration of LU-SGS scheme on latest microprocessors[C]. Reno: The 41st Aerospace Sciences Meeting and Exhibit, AIAA, 2003.

［13］ Lee R, Hosangadi A, Cavallo P, et al. Application of unstructured-grid methodology to scramjet combustor flowfields［C］. Reno: The 37th Aerospace Sciences Meeting and Exhibit, AIAA, 1999.

［14］ Liou M S. Progress towards an improved CFD method — AUSM+［C］. San Diego: The 12th Computational Fluid Dynamics Conference, AIAA, 1995.

［15］ Liou M S. Ten years in the making — AUSM-family［C］. Anaheim: The 15th Computational Fluid Dynamics Conference, AIAA, 2001.

［16］ Darracq D, Champagneux S, Corjon A. Computation of unsteady turbulent airfoil flows with an aeroelastic AUSM + implicit solver［C］. Albuquerque: The 16th Applied Aerodynamics Conference, AIAA, 1998.

［17］ Menter F R. Two-equation eddy-viscosity turbulence models for engineering applications［J］. AIAA Journal, 1994, 32(8): 1598 - 1605.

［18］ 李素循. 典型外形高超声速流动特性［M］. 北京: 国防工业出版社, 2007.

［19］ Hayashi K, Aso S, Tani Y. Numerical study of thermal protection system by opposing jet ［C］. Reno: The 43rd Aerospace Sciences Meeting and Exhibit, AIAA, 2005.

［20］ Menezes V, Saravanan S, Jagadeesh G, et al. Experimental investigations of hypersonic flow over highly blunted cones with aerospikes［J］. AIAA Journal, 2003, 41(10): 1955 - 1966.

［21］ Yang J L, Liu M. A wall grid scale criterion for hypersonic aerodynamic heating calculation ［J］. Acta Astronautica, 2017, 136: 137 - 143.

［22］ Ahmed M Y M, Qin N. Investigation of flow asymmetry around axi-symmetric spiked blunt bodies in hypersonic speeds［J］. Aeronautical Journal, 2014, 118 (1200): 169 - 179.

［23］ Huang W, Li S B, Yan L, et al. Performance evaluation and parametric analysis on cantilevered ramp injector in supersonic flows［J］. Acta Astronautica, 2013, 84: 141 - 152.

［24］ Huang W, Liu W D, Li S B, et al. Influences of the turbulence model and the slot width on the transverse slot injection flow field in supersonic flows［J］. Acta Astronautica, 2012, 73: 1 - 9.

［25］ Huang W. Design exploration of three-dimensional transverse jet in a supersonic crossflow based on data mining and multi-objective design optimization approaches［J］. International Journal of Hydrogen Energy, 2014, 39(8): 3914 - 3925.

第 3 章

头部减阻防热技术在高超声速 再入飞行器中的应用

对于高超声速再入飞行器,头部是非常关键的减阻防热部位,可以直接决定飞行器的气动性能。基于第 1 章所涉及的减阻防热方案,许多新方案被不断提出,本章旨在介绍基于新构型迎风凹腔和逆向射流组合减阻防热方案的设计和优化过程,为该领域的飞行器设计提供参考。

3.1 迎风凹腔与逆向射流组合体减阻防热方案设计

本节将提出新构型迎风凹腔与逆向射流组合体,给出物理模型并进行数值方法验证,包括网格独立性分析、收敛判断条件、求解精度模型等,为后文的性能参数研究和多目标设计优化打下基础。

3.1.1 物理模型和数值模拟方法

1. 几何模型

陆海波[1]提出了迎风凹腔与逆向射流组合减阻防热方案,见图 3.1,其获得了远远比单一迎风凹腔构型[2]更优的减阻防热效果,且相比于单一逆向射流方案,较小的射流总压比就能获得稳定流场。在组合方案下,总压很小的逆向射流(PR=0.1)就能使头部热流下降到 0 附近,总阻力系数与原始钝锥相比下降51%。当逆向射流总压较小时,凹腔会阻碍射流,较大可以起到加速喷管的作用。从图 3.1 可以看出,射流喷出后,由于凹腔壁面的限制,形成了激波,造成能量损失。因此,将喷管构型引入组合方案理论上会改善这一情况。这一推测的正确性值得进行深入研究。

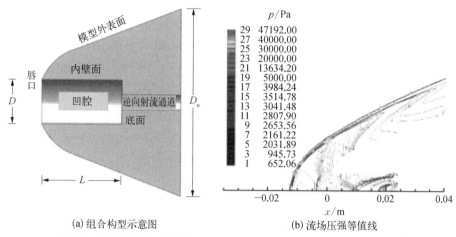

(a) 组合构型示意图　　　　　　　(b) 流场压强等值线

图 3.1　迎风凹腔与逆向射流组合减阻防热构型示意图及压强分布[1]

本节采用的原始几何模型为钝锥[3]，长度 L 和直径 D 分别为 51 mm 和 40.6 mm，喷口直径 d 为 4 mm，凹腔深度 L_1 为 24 mm，如图 3.2 所示，其中（a）为传统凹腔构型，（b）为喷管凹腔构型。使气流加速膨胀性能最佳的型面是最大推力喷管构型，可以用一种基于无黏流场求解的成熟理论方法生成[4]。但是，这一方法较为复杂，本节采用近似最大推力喷管构型，其型线的截面形状主要是抛物线，这一近似的误差不大于 3%[5]。在以下讨论中，称其为抛物形凹腔构型。

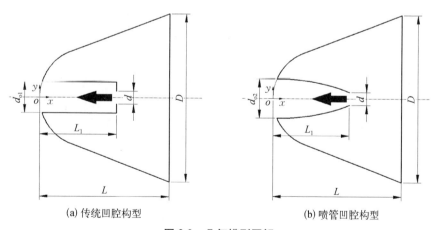

(a) 传统凹腔构型　　　　　　　　(b) 喷管凹腔构型

图 3.2　几何模型图解

图 3.2 给出了近似最大推力喷管曲线示意图。其中 R_t 为喷口半径，为 2 mm，R_f 为喷管初始膨胀圆弧的半径，β 和 θ 分别为初始膨胀附着角和尾部扩张角。根据常用最大推力喷管构型可以假设 R_f 为 1 mm，β 为 21°[6]。为了与传统

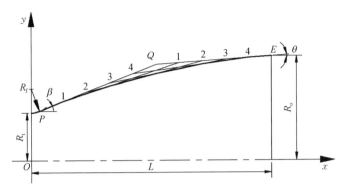

图3.3　作图法生成抛物形凹腔型面示意图

凹腔构型对比,尾部扩张角为0。曲线 PE 是一段抛物线。

作图法是生成抛物线形曲线的简便方法[5],如图3.3所示,从圆弧端点和喷管尾部分别以 β 和 θ 作切线,相交于 Q 点,将两条线段进行 n 等分,如图3.3标记,将相同序号的点连接,其包络线即所得抛物线型面。当 n 增大时,所得曲线越加趋近解析方法获得的最大推力喷管构型。此外,取 d_{o2} 为12 mm,对图3.2中两种构型,控制三维图形的凹腔体积相同,求得 d_{o1} 为9.46 mm。

这一方法简单直观,但是精度不足,且不利于进行优化时生成大量不同构型。这里给出解析法的结果,即通过求解抛物线方程中的待定参数,给出图3.3中 PE 段的曲线表达式。一般的抛物形方程为

$$\begin{cases} y^2 + 2bxy + cx^2 + 2dx + 2ey + f = 0 \\ b^2 = c \end{cases} \tag{3.1}$$

其中,待定参数用 P、E 点坐标和切线斜率求解,相应符号记录为 P 点纵坐标 m、P 处切线斜率 q、E 点坐标 (n, p),p 即凹腔出口半径 R_o。在使用 MATLAB 求解时,舍去直线解和无效解,获得方程中系数值为

$$\begin{cases} b = -\dfrac{mq - pq}{2m - 2p + nq} \\[2ex] c = b^2 \\[2ex] d = \dfrac{2m^2pq - nm^2q^2 - 4mp^2q + 3nmpq^2 + 2p^3q - 2np^2q^2}{4m^2 + 4mnq - 8mp + n^2q^2 - 4npq + 4p^2} \\[2ex] e = -\dfrac{2m^3 + 2m^2nq - 2m^2p + mn^2q^2 - 2mp^2 - 2np^2q + 2p^3}{4m^2 + 4mnq - 8mp + n^2q^2 - 4npq + 4p^2} \\[2ex] f = \dfrac{4m^3p + m^2n^2q^2 + 4m^2npq - 8m^2p^2 - 4mnp^2q + 4mp^3}{4m^2 + 4mnq - 8mp + n^2q^2 - 4npq + 4p^2} \end{cases} \tag{3.2}$$

需要注意的是,生成抛物线形的型面需要满足一个几何约束条件,即 P 点处切线斜率要大于 PE 连线的斜率,即

$$\frac{R_o - R_t - R_f(1 - \cos\beta)}{L - (R - \sqrt{R^2 - p^2}) - R_f\sin\beta} < \tan\beta \tag{3.3}$$

其中,R 是前部球头半径,为 15 mm。

2. 边界条件

表 3.1 包含了本章所需的所有边界条件,来流和射流条件参考了文献[3]中的实验条件。壁面采用等温和无滑移假设,出口采用外推方法求解[7]。根据 Lu 等[8]的研究结论,表中 PR 的选值可以获得定常流场。

表 3.1　边　界　条　件

名　　称	符　　号	单　位	数　　值
来流马赫数	Ma_∞	—	7.96
来流总压	$P_{0\infty}$	Pa	1 939 211
来流总温	$T_{0\infty}$	K	1 955
来流攻角	α	(°)	2, 3, 5, 7, 10
射流总压比	PR	—	0.07, 0.14, 0.28
射流种类	—	—	H_2, CH_4, N_2,空气,CO_2
射流马赫数	Ma_{opp}	—	0.5, 1, 2
射流总温	T_{0j}	K	300
壁面温度	T_w	K	300

3. 数值模拟方法

划分网格和数值计算分别使用 ANSYS 13.0 中集成的 ICEM 和 FLUENT 软件,三维网格见图 3.4,求解采用隐式、基于密度的双精度求解器求解 RANS 方程,引入 SST k-ω 湍流模型,并使用一阶或二阶空间精度的迎风格式、AUSM 通量矢量分裂格式加速收敛。根据 FLUENT 帮助文档,判定收敛的条件宜采用监测全局残差和变量相结合的方式。所以,当所有量的残差下降 4 个量级且出口和入口的质量流率差小于 0.001 kg/s 时可以认为结果收敛[9]。CFL 数在初始时设为 0.25,随着计算收敛进程逐渐增大到 1[10]。

3.1.2　网格独立性分析

由于目前公开文献中没有抛物形构型的定量实验结果,本节将对其三维网

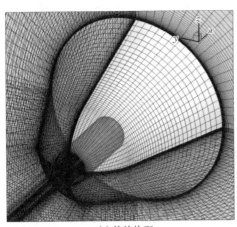 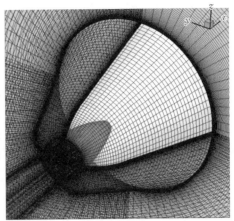

(a) 传统构型　　　　　　　　　　　(b) 抛物形构型

图 3.4　三维网格示意图

格流场进行网格独立性分析。由于来流条件参考了 Saravanan 等的实验[3],所以壁面网格高度选取见表 3.2,可以使得壁面 y+控制在较小的范围[10,11]。取 PR 为 0.28,逆向射流为压缩空气,射流出口马赫数为 1,来流无攻角。同时,对一阶和二阶空间精度模型都进行仿真。网格雷诺数 Re_{grid}定义为

$$Re_{grid} = \frac{\rho_\infty v_\infty \Delta x}{\mu_\infty} \tag{3.4}$$

其中,ρ_∞、μ_∞ 和 v_∞ 分别是密度、黏性系数和速度的参考值,一般取来流条件;Δx 是壁面第一层网格高度。

表 3.2　壁面网格高度选取

网络尺度名称	Re_{grid}	$\Delta x / \mathrm{mm}$
1-粗糙	7.36	0.02
2-中等	5.1	0.014
3-精细	3.68	0.01

1. 一阶空间精度模型结果

使用一阶空间精度模型进行计算时,图 3.5 给出三种尺度网格流场在 $y = 0$ 和 $z = 0$ 平面上的马赫数云图。可以清晰看出,流场呈现较好的轴对称性且不同尺度网格流场差异不明显。

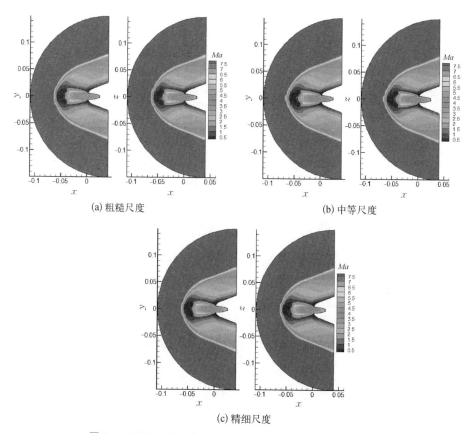

(a) 粗糙尺度　　　　　　　　　　(b) 中等尺度

(c) 精细尺度

图 3.5　不同尺度网格的马赫数云图(一阶空间精度模型)

图 3.6 和图 3.7 给出不同尺度网格在壁面 $y=0$ 和 $z=0$ 平面的母线上压强和热流密度的分布结果。可见,随着壁面网格加密,壁面气动参数的轴对称性变

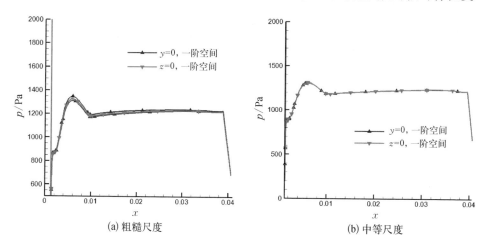

(a) 粗糙尺度　　　　　　　　　　(b) 中等尺度

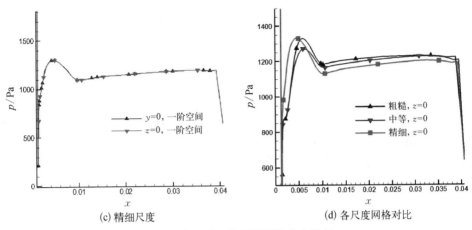

(c) 精细尺度　　　　　　　　　(d) 各尺度网格对比

图 3.6　各尺度网格壁面压强分布结果

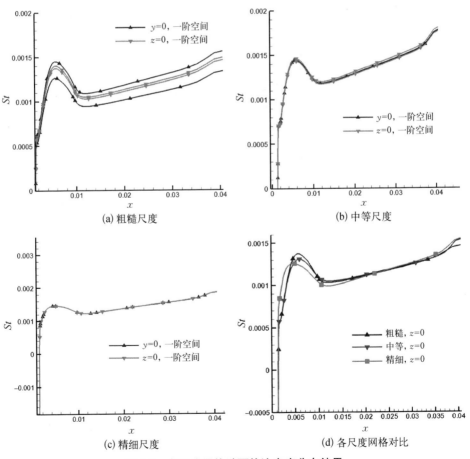

(a) 粗糙尺度　　　　　　　　　(b) 中等尺度

(c) 精细尺度　　　　　　　　　(d) 各尺度网格对比

图 3.7　各尺度网格壁面热流密度分布结果

好。这里同样采用 GCI 参数对收敛性进行定量判定,对壁面母线上 6 个典型位置进行计算(图 3.8),计算结果见表 3.3。可见随着壁面网格加密,在壁面大部分位置结果呈现收敛性。对于 St,大部分 GCI 值接近 0,表明随着壁面网格加密,热流密度的计算差异很小。参考陆海波等[1,8]给出的组合构型壁面热流分布曲线,与本节一阶结果的变化趋势十分相似。所以,一阶空间精度模型的方法可以用于迎风凹腔与逆向射流组合构型的数值计算。

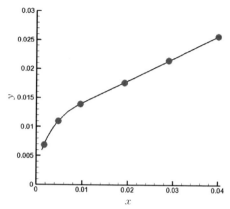

图 3.8　GCI 值计算时的母线上取样点

表 3.3　一阶空间精度模型壁面压强和热流 GCI 值

参数	x/m	0.002	0.005	0.010	0.020	0.030	0.040
p	GCI12	0.175 4	0.104 1	0.038 0	0.033 5	0.031 3	0.012 6
	GCI23	0.000 4	0.097 2	0.005 1	0.006 0	0.001 4	0.012 4
St	GCI12	0.042 5	0.001 9	0.002 3	0.000 6	0.000 1	0.000 1
	GCI23	0.043 0	0.005 5	0.001 1	0.000 1	0.000 2	0.000 6

2. 二阶空间精度模型结果

使用一阶空间精度模型进行计算收敛后,采用二阶空间精度模型继续求解,收敛过程耗时较长。图 3.9 给出三种尺度网格流场在 $z=0$ 和 $y=0$ 平面上的马赫数云图。可以看出,流场也呈现轴对称性,但粗糙网格的激波脱体距离比中等和精细网格略大,精细网格的激波前缘处比中等网格尖锐。

图 3.10~图 3.12 分别给出三种尺度网格,当残差量级不变后,流场的 $x=0.01$ m 截面在不同迭代步壁面压强、热流密度分布和云图变化情况。对于粗糙尺度网格,壁面参数趋势和大小基本保持不变,流场基本呈现轴对称性;对于中等尺度网格,残差量级不变后,再进行迭代时壁面热流和流场也有明显变化,最终趋于稳定;精细尺度网格的流场变化稍显复杂,对于壁面压强和热流在迭代步为 50 000 时的结果明显不同,且轴对称性较差,见图 3.12(a)和(c)。

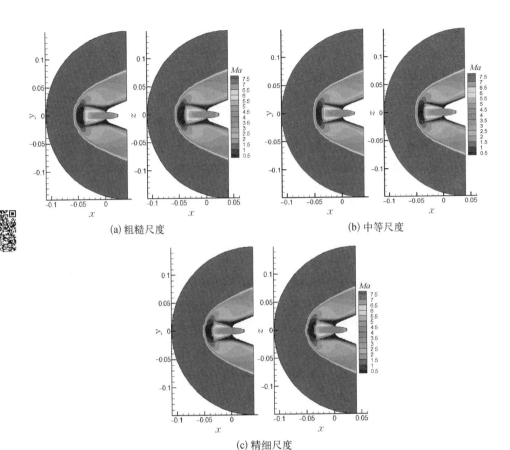

(a) 粗糙尺度　　　　　　　　　　　(b) 中等尺度

(c) 精细尺度

图 3.9　不同尺度网格的马赫数云图(二阶空间精度模型)

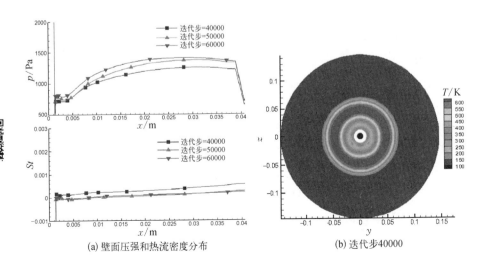

(a) 壁面压强和热流密度分布　　　　　　　(b) 迭代步40000

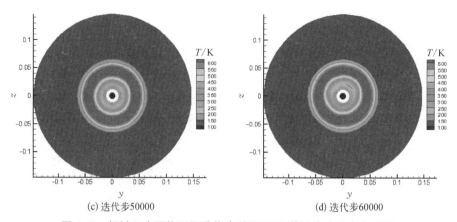

(c) 迭代步50000 (d) 迭代步60000

图 3.10　粗糙尺度网格不同迭代步壁面压强、热流密度分布和云图

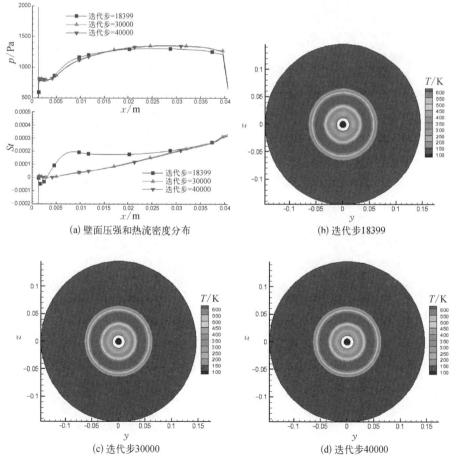

(a) 壁面压强和热流密度分布 (h) 迭代步18399

(c) 迭代步30000 (d) 迭代步40000

图 3.11　中等尺度网格不同迭代步壁面压强、热流密度分布和云图

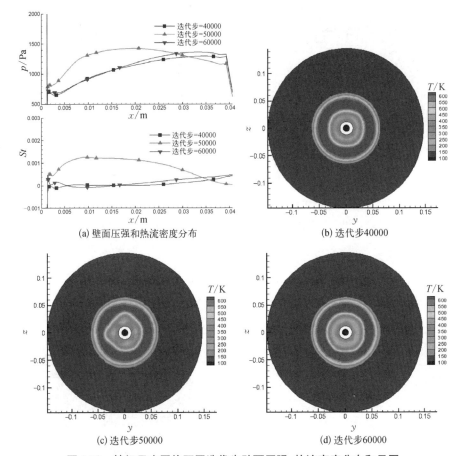

(a) 壁面压强和热流密度分布

(b) 迭代步40000

(c) 迭代步50000

(d) 迭代步60000

图 3.12   精细尺度网格不同迭代步壁面压强、热流密度分布和云图

虽然图 3.13 中壁面参数的分布差异不大,但用 GCI 参数对图 3.8 中所示的采样点进行计算,结果见表 3.4,可见随着网格加密,大部分 GCI23 大于 GCI12,即计算结果整体上并没有呈现收敛性。此外,参考陆海波等[1,8]给出的组合构型壁面热流密度分布曲线,与本节二阶结果的变化趋势也明显不同。

表 3.4   二阶空间精度模型壁面压强和热流 GCI 值

参数	x/m	0.002	0.005	0.010	0.020	0.030	0.040
p	GCI12	0.058 5	0.037 1	0.001 2	0.026 6	0.031 9	0.001 8
	GCI23	0.164 5	0.125 5	0.227 2	0.171 7	0.059 2	0.029 5
St	GCI12	0.153 9	0.080 7	0.049 4	0.024 9	0.009 9	0.004 7
	GCI23	0.063 9	0.039 7	0.191 8	0.011 7	0.008 4	0.006 7

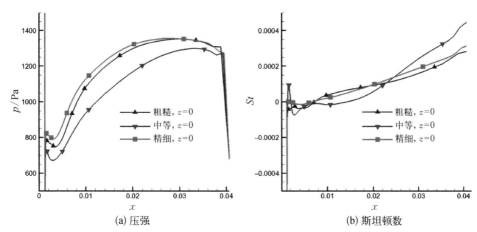

(a) 压强　　　　　　　　　　　　　(b) 斯坦顿数

图 3.13　二阶空间精度模型壁面压强和热流密度网格独立性分析结果

综上所述,在本章计算条件下,不宜选用二阶空间精度模型。

3.1.3　小结

本节根据迎风凹腔与逆向射流组合构型的流场特性,提出用喷管构型替代传统的凹腔型面,并介绍了最大推力喷管构型曲线的生成方式,同时给出边界条件和数值方法。基于以上物理模型,对三维网格流场进行网格独立性分析,并对比了一阶和二阶空间精度模型下的结果。在缺乏实验数据支撑的情况下,采用 GCI 参数定量分析了网格收敛性。本节是进行性能参数研究和多目标设计优化的基础。主要获得了以下结论:

(1) 使用解析法适合快速生成精度较高的凹腔壁面曲线;

(2) 一阶空间精度模型对求解具有较好的收敛性,且不同尺度网格流场呈现较好的轴对称性,适用于后面的性能参数研究;

(3) 二阶空间精度模型不宜选用,其结果随着网格加密没有呈现收敛性,且部分算例在残差收敛后流场还存在明显变化。

3.2　迎风凹腔与逆向射流组合体性能参数研究

基于 3.1 节给出的迎风凹腔与逆向射流组合体的物理模型和数值方法,本节将展开性能参数研究,即分析来流条件、结构参数和工作参数对减阻防热效能的影响,以探索组合构型与来流之间的相互作用机理,进而掌握减阻和防热效能的规律,为多目标设计优化打下基础。本节关注的变量为射流工作参数(射流总压比、气体种类、马赫数等)、来流攻角、结构参数(凹腔尺寸、唇口钝化半径、初始膨胀型线等);而激波脱体距离、阻力系数、壁面压强和热流密度分布可以作为比较目标。激波脱体距离是激波前缘点到原始钝锥前缘点的距离。一般情况下,激波脱体距离越大,壁面气动载荷就越小,且等效的机体长度就越长,所以引入激波脱体距离进行定量比较具有重要意义。后文在定量表述激波脱体距离 Δ 时,引入球头半径 R 进行无量纲化的值 Δ/R。

3.2.1　射流工作参数对组合体减阻防热性能的影响

本节研究了射流工作参数对减阻防热性能的影响,来流无攻角,几何尺寸采用 3.1.1 节中的设定值。本节首先研究传统构型和抛物形构型在射流总压比 PR 为 0.07、0.14 和 0.28 下的流场;然后研究抛物形构型在射流入射气体为氢气、甲烷、压缩空气、氮气和二氧化碳时的流场;最后研究抛物形构型在逆向射流马赫数为 0.5、1 和 2 时的流场。

1. 逆向射流总压比

陆海波[1]指出,传统(conventional)迎风凹腔和逆向射流组合构型中,射流总压比是影响减阻防热性能的重要参数。射流总压比 PR 越大,减阻性能更好,但壁面热流分布变化较为复杂,随着流场回流区出现位置不同而有所差异,存在最优选择的问题。经分析[10],抛物形(parabolic)构型的壁面热流和压力随 PR 增加而减小,但阻力系数随逆向射流的压比升高而增大,这是由于射流膨胀更加剧烈时对凹腔壁面产生更大的反作用力。

本节采用 3.1 节讨论的数值计算方法,对两种构型在 PR 为 0.07、0.14 和 0.28 时的流场进行分析,射流气体采用马赫数为 1 的压缩空气。

图 3.14 给出了不同算例阻力系数 C_D 随射流总压比 PR 变化的趋势,也对比了它们的壁面压强 p、热流 St 分布曲线;图 3.15 对比了两种构型对称面处马赫数云图。可以看出两种构型激波脱体距离随射流压比的提高而增加,壁面压强和热流密度的峰值随着射流压比的提高而下降,且球部段的峰值位置也略向后移动;在 $x=0.01$ m 位置附近遇到转折是因为流动从球头绕流向沿锥面的平直流动转化[2]。

抛物形凹腔组合构型随着 PR 增大阻力系数增大,这是由于膨胀更加剧烈,虽然壁面压强降低,但是内腔壁面受到的膨胀反作用力增长更快[10]。当 PR

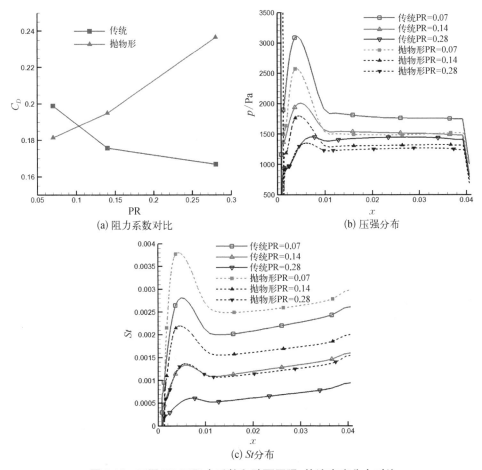

(a) 阻力系数对比

(b) 压强分布

(c) St分布

图 3.14   不同 PR 下阻力系数和壁面压强、热流密度分布对比

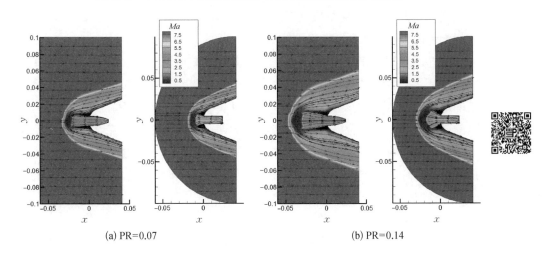

(a) PR=0.07

(b) PR=0.14

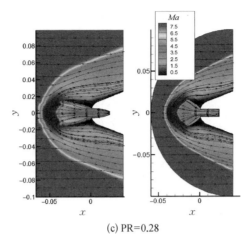

(c) PR=0.28

图 3.15   不同 PR 下马赫数云图对比

较小时(PR=0.07),减阻效果优于传统构型。抛物形构型虽然激波脱体距离更大,壁面压强分布值较低,但并没有带来更好的防热效果。这表明凹腔构型对壁面压强和热流的影响并不完全一致。

图 3.16 给出了当 PR 为 0.28 时两种构型对称轴上静压和总压的分布和凹腔内压强等值线的对比。可以看出,在 $x=0.015$ m 至 $x=0.024$ m 的范围内,传统凹腔内的射流尚未遇到壁面限制,所以总压和静压分布与抛物形凹腔内相同。图 3.16(c) 中传统构型的射流在凹腔内 A 处存在筒状激波,B 处存在正激波,且在凹腔出口处也有激波。从图 3.16(b) 中可以估算 B 处正激波导致总压损失约为 60%。而抛物形构型的凹腔内部气流仅在膨胀过程中略有总压损失,虽然激波脱体距离大,但气体能量较高,防热性能不好。所以,进行多目标设计优化,寻求优于传统构型的工况是一个必要过程。

此外还对相同来流条件下原始钝锥进行了数值仿真,阻力系数为 0.510 8。相比之下,采用组合构型,阻力系数可以下降 50% 以上。图 3.17 给出了原始钝锥的壁面压强、热流密度分布曲线,以及与 PR=0.28 的新构型算例在 $z=0$ 对称面上的温度云图。可以看出,当使用新构型的迎风凹腔和逆向射流组合体时,壁面压强和热流的峰值从头部驻点转移到肩部,且数值下降一个量级;流场高温区也得到冷却且远离了壁面。所以,相比于原始钝锥和单一方案[12],壁面压强大大减轻,气动加热现象已经不明显,且可以有效实现减阻。

2. 逆向射流气体分子种类

有关逆向射流气体分子种类对带逆向射流减阻防热方案的影响,目前没有

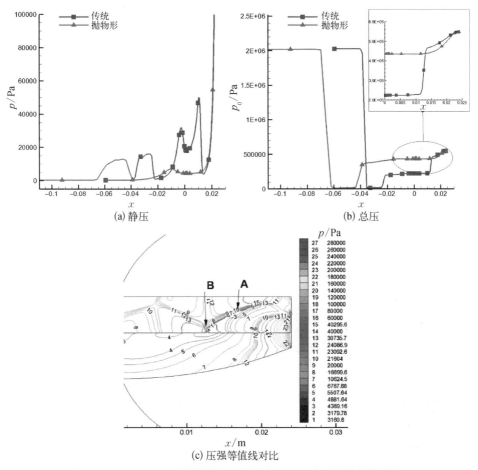

(a) 静压　　　　　　　　　　　　(b) 总压

(c) 压强等值线对比

图 3.16　PR = 0.28 时对称轴上压强分布和凹腔内压强等值线对比

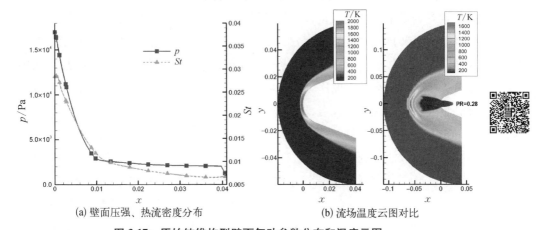

(a) 壁面压强、热流密度分布　　　　　　(b) 流场温度云图对比

图 3.17　原始钝锥构型壁面气动参数分布和温度云图

形成统一的认识,Huang 等[13] 和 Hayashi 等[14] 将分子种类的影响归为相对分子量的影响。使用压缩空气替代氮气作为逆向射流工质,就是出于其相似的相对分子量[14]。本节选用五种气体进行研究,即氢气 H_2(2)、甲烷 CH_4(16)、氮气 N_2(28)、空气 Air(29) 和二氧化碳 CO_2(44),逆向射流的总压比恒取 0.28。

图 3.18 给出了阻力系数和激波脱体距离随射流相对分子质量变化的趋势;图 3.19 给出了不同射流气体种类下的云图,其中图 3.19(c) 以二氧化碳为例,给出了温度、流线和射流气体组分的分布;图 3.20 给出了壁面压强和热流密度的对比。

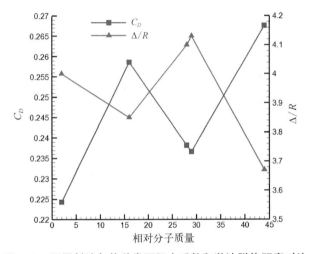

图 3.18 不同射流气体种类下阻力系数和激波脱体距离对比

从图 3.19 中可以看出,射流气体分子大部分集中于弓形激波之内。随逆向射流相对分子量的增大,阻力系数和激波脱体距离并没有呈现单调变化的趋势。就壁面压强和热流密度分布而言,相对分子量较小的气体更有效。使用甲烷作为逆向射流气体时,虽然在头部的压强分布较小,但在尾段抬升较明显,这可能也是造成阻力系数偏大的原因。需要注意的是,在氢气和甲烷的算例中,流场的最高温度已经超过其着火点,不过本节忽略这一实际情况。

在本节设定的条件下,可以看出相对分子质量相近的气体(氮气和空气)在减阻防热的效能上是相近的,所以用压缩空气代替氮气进行数值仿真是可行的[14,15]。为了探寻采用理想气体模型下,影响壁面压强和热流密度分布的因素可否归结为相对分子质量的影响,这里还对逆向射流为乙烯(C_2H_4)和乙烷(C_2H_6)的情况进行了计算,并给出壁面压强和热流密度的分布,见图 3.21,并将

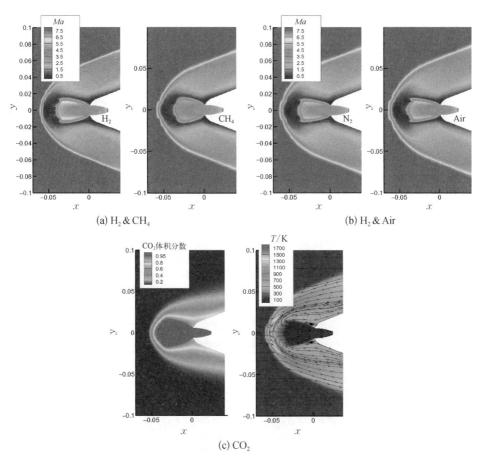

(a) H₂ & CH₄　　　　　　　　　　　　(b) H₂ & Air

(c) CO₂

图 3.19　不同射流气体种类下云图对比

本节涉及的所有气体的热力学性能列在表 3.5 中,而 FLUNET 在求解前需要给定这些物性参数。

表 3.5　FLUENT 数据库中各气体的热力学性质

气 体 参 数	H_2	CH_4	C_2H_4	N_2	空气	C_2H_6	CO_2
相对分子质量	2	16	28	28	29	30	44
比定压热容 $C_p/[J/(kg \cdot K)]$	14 283	2 222	2 233	1 040.67	1 006	1 731	840.37
热导率 $k/[W/(m \cdot K)]$	0.167 2	0.033 2	0.214	0.024 2	0.024 2	0.020 7	0.014 5
黏度 $\mu/[kg/(m \cdot s)]$	8.41×10^{-6}	1.09×10^{-5}	1.03×10^{-5}	1.66×10^{-5}	1.79×10^{-5}	9.29×10^{-6}	1.37×10^{-5}

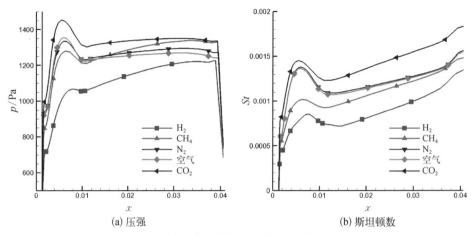

(a) 压强   (b) 斯坦顿数

图 3.20   不同射流种类条件下壁面压强和热流密度对比

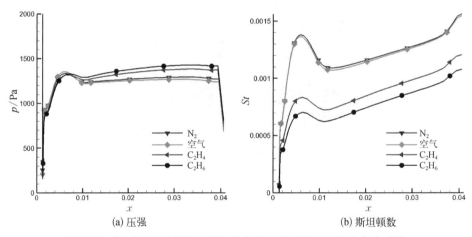

(a) 压强   (b) 斯坦顿数

图 3.21   相对分子质量相近的气体条件下壁面压强和热流密度对比

从图 3.21 中可以看出,相对分子质量相近的各个算例在壁面压强的分布上十分接近,但 St 的峰值有明显差异。相对分子质量相近的气体未必具有相似的热力学性质,如比定压热容、热导率差异较大,这可能是防热效能不同的原因。所以,氮气和空气可以相互替代,不仅是因为它们具有相近的相对分子质量,而且因为它们有相似热力学性质。

3. 逆向射流马赫数

本节讨论逆向射流出口的不同马赫数对减阻防热性能的影响。对单一逆向射流方案,有的实验使用的射流为超声速[16-18],Meyer 等[19]在数值仿真中也使用超声速射流。陆海波等[2]已对传统构型在逆向射流马赫数为 0.1、0.5 和 1 下的算例进行了对比,指出射流流速越大,流量越大,防热效果越好。这里仅讨论本章提出的抛物形构型,固定 PR = 0.28,逆向射流的马赫数 Ma_{opp} 取 0.5、1 和 2,分别对应亚声速、声速和超声速射流下的流场情况。

在不同逆向射流马赫数条件下,图 3.22 给出了阻力系数和激波脱体距离的对比,图 3.23 给出了壁面压强和热流密度的对比。与传统构型不同的是,逆向射流马赫数为 1 时壁面防热效果最好,相应地,其阻力系数也最高。

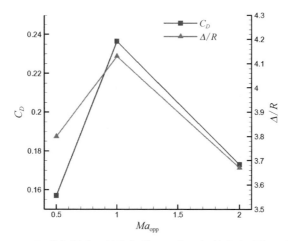

图 3.22　不同逆向射流马赫数条件下阻力系数和激波脱体距离对比

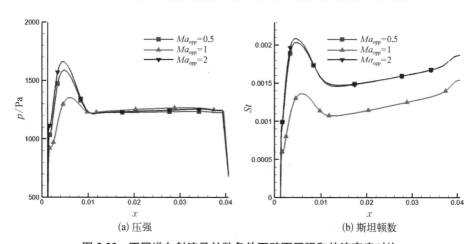

图 3.23　不同逆向射流马赫数条件下壁面压强和热流密度对比

图 3.24 给出了马赫数云图和对称轴压强分布对比。各个算例在凹腔内部都没有产生激波,但逆向射流马赫数为 0.5 和 2 的算例中凹腔唇口附近都出现

了较强的正激波,这使得减阻性能的提高和防热性能的下降。由于本章的喷管是根据喉部马赫数为 1 这一工况设计的,所以其余情况下唇口会出现激波。对于抛物形凹腔,喷口马赫数的选定需要和喷管的构型相匹配,不宜随意调整,避免腔出口处出现激波。

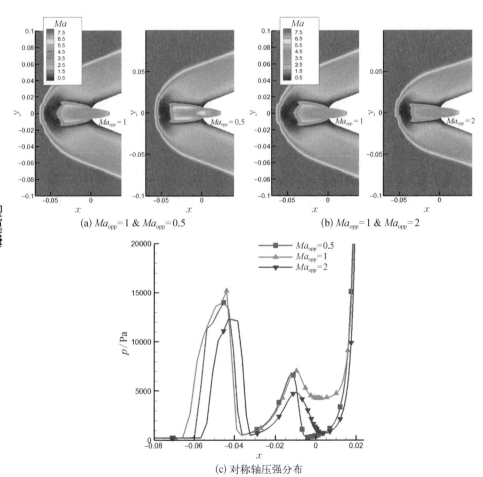

(a) $Ma_{opp}=1$ & $Ma_{opp}=0.5$　　　　(b) $Ma_{opp}=1$ & $Ma_{opp}=2$

(c) 对称轴压强分布

图 3.24　马赫数云图和对称轴上压强分布对比

3.2.2　来流攻角对组合体减阻防热性能的影响

减阻防热方案一般都是在无攻角(AoA)、无侧滑角(AoS)的条件下设计的,攻角和侧滑角对减阻防热方案往往会带来较为不利的影响。例如,Lu 等[20]研究了超声速来流中单一逆向射流的球头防热效能随攻角的变化,指出当攻角为

10°时壁面迎风母线上热流峰值达到纯球头驻点值,即防热方案失效。当然也有学者提出自适应方案[21,22]以改善减阻杆和减阻盘的效能。有关迎风凹腔和逆向射流组合减阻防热方案性能随攻角(α)和侧滑角(β)的变化尚未在公开文献中给出。

本节对抛物形凹腔在攻角为 0°、2°、3°、5°、7° 和 10°下的流场进行研究。逆向射流总压比 PR 固定为 0.28,逆向射流气体为压缩空气。几何尺寸采用 3.1.1 节第 1 部分中的设定值。

1. 轴对称构型的等效攻角

图 3.25 给出了攻角和侧滑角的示意图。由于构型是轴对称的,过轴线的任意平面都是纵向对称面,所以可以将给定的攻角和侧滑角等效为一个攻角 α_e 进行流场研究,其几何关系为

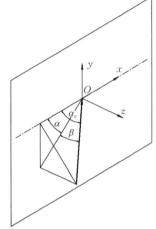

$$\cos \alpha_e = \cos \alpha \cos \beta \qquad (3.5)$$

图 3.25　攻角和侧滑角示意图

当攻角和侧滑角数值较小时,可以采用小角度假设,并略去高阶小量,即

$$\cos \alpha_e = \cos \alpha \cos \beta \approx \left(1 - \frac{\alpha^2}{2}\right)\left(1 - \frac{\beta^2}{2}\right) = 1 - \frac{\alpha^2 + \beta^2}{2} + O(\alpha^2\beta^2) \qquad (3.6)$$

$$\Rightarrow \alpha_e = \sqrt{\alpha^2 + \beta^2} + O(\alpha\beta) \qquad (3.7)$$

当 α 和 β 取 10°时,相对误差为 0.24%,所以这一关系在小角度下使用较为方便。

2. 气动力计算结果

在来流有攻角下计算组合构型的流场时,可以在无攻角下收敛结果的基础上,直接改变来流的边界条件施加攻角条件,计算很快即可收敛。

需要注意的是,FLUENT 默认监测的升力和阻力其实是法向力和轴向力。图 3.26 中给出了气动力 R 及

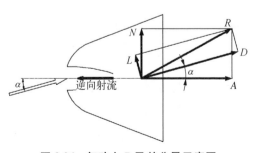

图 3.26　气动力 R 及其分量示意图

其分量的关系,从轴向力 A 和法向力 N 到升力 L 和阻力 D 变换时关系为

$$L = N\cos\alpha - A\sin\alpha$$
$$D = N\sin\alpha + A\cos\alpha$$

(3.8)

图 3.27 给出了抛物形构型的升力系数 C_L、阻力系数 C_D、阻力系数相对无攻角时的增量 E_α 和升阻比 L/D 随攻角的变化规律。这里,力的系数的参考面积都是迎风底面的面积。对图 3.27(b)中的数据点采用一元线性回归理论,即将每一组 $\alpha(\mathrm{rad})$ 和 C_L 视为坐标 (x_i, y_i),求升力线斜率 $C_{L,\alpha}$,得

$$C_{L,\alpha} = \frac{\sum (x_i - \bar{x})(y_i - \bar{y})}{\sum (x_i - \bar{x})^2}$$

(3.9)

其中,$\bar{x}$、$\bar{y}$ 分别是数据的均值。抛物形构型的升力线斜率为 $0.275\ \mathrm{rad}^{-1}$。由于带组合防热减阻构型的钝头体不是升力体构型,所以升力性能并不好。综合来看,这一构型随着攻角增加阻力系数快速增大,且在小角度时气动力的变化基本呈线性。

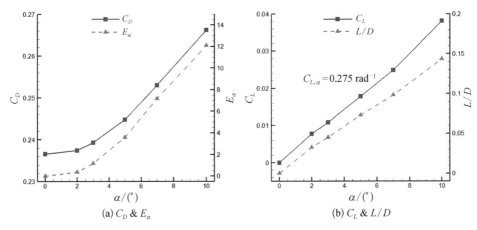

(a) C_D & E_α (b) C_L & L/D

图 3.27 不同攻角下气动力对比

3. 流场计算结果

图 3.28 以 7°攻角为例,给出了平面 $z=0$、$y=0$、$x=0.01\ \mathrm{m}$ 的马赫数云图及平面 $z=0$ 的压强和温度云图及流线。可以看出,背风母线上驻点附近由于回流涡系变大,压强、热流密度的峰值将大大减小。所以在研究攻角对壁面气动力和气动加热的影响时,可以仅关注迎风侧的值。

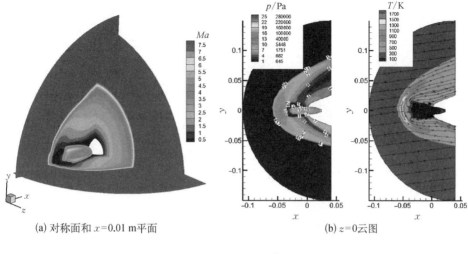

(a) 对称面和 $x=0.01$ m 平面 　　　　　(b) $z=0$ 云图

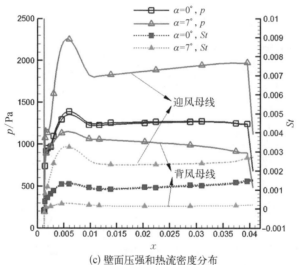

(c) 壁面压强和热流密度分布

图 3.28　$\alpha=7°$ 时云图和壁面压强、热流密度分布

　　图 3.29 给出攻角从 2° 到 10° 迎风母线上压强和热流密度分布情况,可以看出不同攻角下变化趋势相似,且峰值随攻角增加而变大。从图 3.28 中可以看出,迎风母线附近的涡系被来流挤压变小,所以压强和热流密度的峰值有随着再附点略向头部移动的趋势。

　　由于组合构型有较强的减阻防热能力,当攻角为 10° 时壁面热流密度的峰值仅为 0.004 2,阻力系数为 0.266,都远小于原始钝锥在无攻角下的值(图 3.17),所以减阻和防热效能尚未失效。

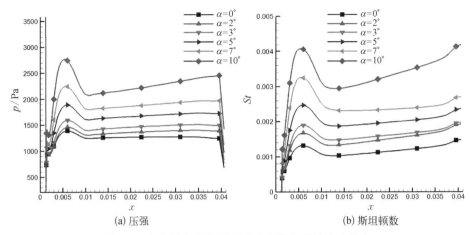

(a) 压强　　　　　　　　　　　(b) 斯坦顿数

图 3.29　不同攻角下迎风母线上压强和热流密度分布

3.2.3　结构参数对组合体减阻防热性能的影响

本节研究了结构参数对抛物形凹腔减阻防热性能的影响。本节首先研究凹腔长度和出口直径变化对流场的影响；然后研究凹腔唇口钝化半径对流场的影响；最后研究不同凹腔初始膨胀型线对流场的影响。本节中逆向射流采用压缩空气，PR 为 0.28，来流无攻角。

1. 凹腔长度和出口直径

在单一迎风凹腔构型的实验[23,24]和数值仿真[25,26]研究中，凹腔几何尺寸，尤其是凹腔长度和出口直径的比值对流场的性质会产生重大影响。陆海波等[1,27]详细分析了凹腔尺寸对传统迎风凹腔与逆向射流组合体流场的影响，其使用凹腔长度为 8~32 mm，出口直径为 5~12 mm，指出壁面防热和减阻情况并不随某一参数的变化而单调变化，而是取决于凹腔中射流的膨胀情况。凹腔长度对减阻的影响很小，凹腔直径对表面防热存在一个最优值。

本节对如表 3.6 中所示算例安排进行计算。凹腔长度 L 为 6~32 mm，出口直径 D 设定为 6 mm 和 12 mm，$h=L/D$ 作为参考变量以研究凹腔长度和出口直径的比值对流场的影响。

表 3.6　不同凹腔尺寸的算例安排

序　号	L/mm	D/mm	h
1	6	6	1
2	9	6	1.5

（续表）

序　号	L/mm	D/mm	h
3	12	6	2
4	18	6	3
5	12	12	1
6	18	12	1.5
7	24	12	2
8	36	12	3

图 3.30 给出各算例的阻力系数和激波脱体距离随 h 的变化趋势,图 3.31 对比了相同凹腔出口直径和不同 h 值时壁面压强和热流密度。阻力系数随着 h 的增大而增大,激波脱体距离随之减小。从图 3.31 可见,对于相同 h 的情况下,$D=12$ mm 的算例在降低壁面压强分布的能力上更强,但阻力系数更大;$D=6$ mm 的算例壁面热流密度分布较小且差异不大。下面根据图 3.32 各个算例凹腔内部及附近对称轴上的压强分布进行解释。

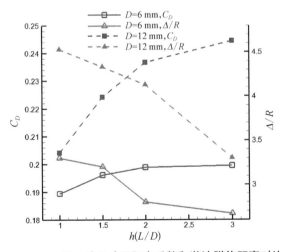

图 3.30　不同凹腔尺寸下阻力系数和激波脱体距离对比

从图 3.32(a)可见,对于 $D=6$ mm 的算例,由于凹腔壁面的限制,射流在凹腔轴线上都产生了激波($L=6$ mm 算例的激波发生在凹腔外),而对于 $D=12$ mm 的算例,凹腔内没有明显激波,但喷管长度越长,能量损失越大。图 3.33 给出了相同 h 值下抛物形凹腔组合体的马赫数云图对比,可见对开口较大(长度较长)的凹腔,激波脱体距离较大,但射流从开口射出向前方膨胀的趋势更加明显,从

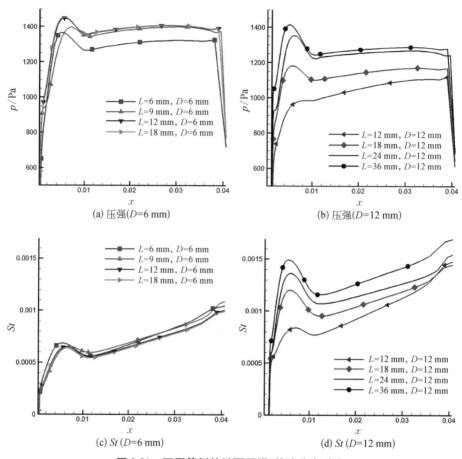

(a) 压强(D=6 mm)

(b) 压强(D=12 mm)

(c) St (D=6 mm)

(d) St (D=12 mm)

图 3.31 不同算例的壁面压强、热流分布对比

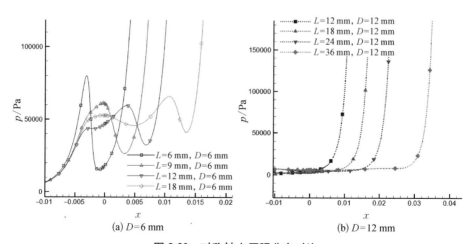

(a) D=6 mm

(b) D=12 mm

图 3.32 对称轴上压强分布对比

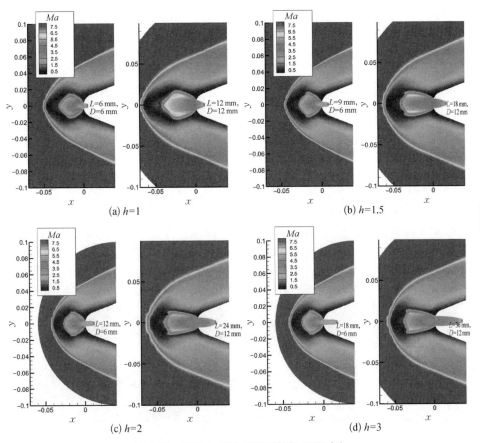

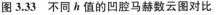

图 3.33　不同 h 值的凹腔马赫数云图对比

而对外侧壁面的冷却效果不佳。可见,选取出口直径较小且长度较短的凹腔有利于实现减阻和防热,但不利于降低壁面的压强。

　　凹腔长度和出口直径很小时,组合构型趋向于单一逆向射流构型。陆海波[1]将球锥模型的单一逆向射流方案的流场和传统组合构型相比后指出,单一逆向射流构型稳定流场的临界 PR 值较大,且在 PR 较小时减阻性能不如组合构型。本节也对单一逆向射流(single jet)方案的流场进行仿真,并与抛物形(parabolic)组合构型进行了对比,见图 3.34。可见,虽然单一逆向射流方案在 PR 较大时的减阻防热性能更优,但激波脱体距离较小,且 PR 较小(PR = 0.07)时壁面压强和阻力系数都较大。可见,每种减阻防热方案和构型各有其自身的优势。所以,对抛物形凹腔组合构型进行多目标设计优化显得尤为重要。

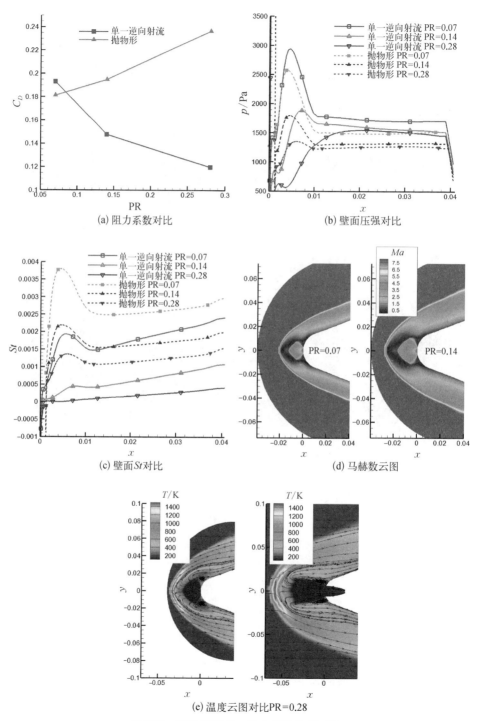

(a) 阻力系数对比

(b) 壁面压强对比

(c) 壁面St对比

(d) 马赫数云图

(e) 温度云图对比PR=0.28

图3.34　球锥模型单一逆向射流流场对比

2. 凹腔唇口钝化半径

对于单一迎风凹腔构型,实验表明唇口钝化消除了唇口附近的回流,减轻了凹腔内壁的气动加热[28,29]。公开文献中尚未有对迎风凹腔和逆向射流组合体采用钝化唇口构型的研究。

唇口钝化示意图见图 3.35,钝化半径太大时外壁面上球段部分将消失。为了保留球段部分以观察压强和热流密度峰值的变化情况,本节对钝化半径为 0(无钝化)、1 mm 和 2 mm 情况下的流场进行研究。

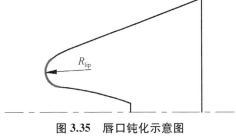

图 3.35　唇口钝化示意图

图 3.36 给出的是各种钝化半径(R_{lip})下阻力系数和激波脱体距离对比,可见阻力系数都随唇口钝化半径的加大而增加,而激波脱体距离随之减小。唇口钝化对流场的影响是两方面的综合结果,一方面会缩短凹腔实际长度,另一方面会增大出口直径,3.2.3 节中已经指出两者的影响趋势不同。从图 3.37(a)和(b)可以看出,壁面压强随唇口钝化半径增大呈增大趋势,热流密度在半径较小时影响不大,半径较大时防热效果不好。从图 3.37(c)和(d)中,由于唇口钝化,射流向外壁面流动趋势更加明显,向前膨胀的能量被削弱,导致激波后的马赫盘被压缩得非常扁,激波脱体距离较小。

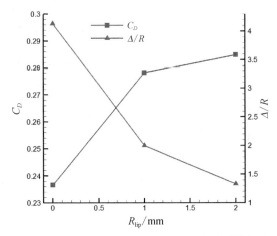

图 3.36　不同唇口钝化半径下阻力系数和激波脱体距离对比

由于逆向射流的存在,唇口内壁面的热流分布较小,不存在严重的气动加热问题。图 3.38 给出了唇口上的压强分布,图中虚线是唇口型线。唇口上的压强

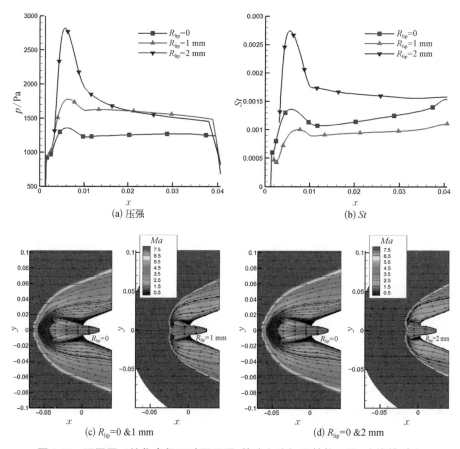

(a) 压强 (b) St

(c) R_{lip}=0 & 1 mm (d) R_{lip}=0 & 2 mm

图 3.37 不同唇口钝化半径下壁面压强、热流和流场马赫数云图、流线的对比

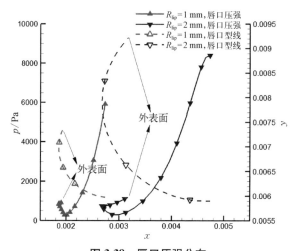

图 3.38 唇口压强分布

相比于球锥段壁面很大,这是因为钝化的唇口有部分是正对来流的,这导致了钝化时阻力系数增大。

综上,钝化半径对组合构型的减阻防热效能通常不会带来明显的有利影响,且唇口的压强分布相比于球锥段壁面较为严重。所以,在本节讨论的范围内,逆向射流和迎风凹腔组合构型不宜采用唇口钝化。

3. 凹腔初始膨胀半径和初始膨胀附着角

如图 3.3 所示,在设计近似最大推力喷管时,需给定初始膨胀半径 R_f 和初始膨胀附着角 β。这两个参数决定了喷管的初始膨胀型线,对喷管的性能会产生影响[6,30]。对抛物形凹腔在 R_f 取 0.5 mm、1 mm、1.5 mm 和 β 取 15°、21°、27°下的减阻防热性能进行了研究。图 3.39 给出了不同型线的示意图(其纵坐标被放大以便观察),可见初始膨胀半径对型线影响不大,在相同初始膨胀附着角下的流场差异预计也会很小。这里仅研究初始膨胀附着角变化对流场的影响。

图 3.40 给出不同初始膨胀附着角对激波脱体距离和阻力系数的影响,图 3.41 分别给出壁面压强、热流密度和马赫数云图。可见,总体而言,初始膨胀附着角对流场的影响不大,尤其是壁面热流密度分布几乎一致;但是就壁面压强分布而言,初始膨胀附着角越小,壁面压强分布越小。姬晓辉等[31]指出,初始膨胀附着角为 21°的凹腔喷管可以产生最大的推力,气体的膨胀性能最好。这里,由于射流气体、几何构型等的不同,初始膨胀附着角越小的算例壁面压强分布更小,相关理论需要地面实验加以证实。

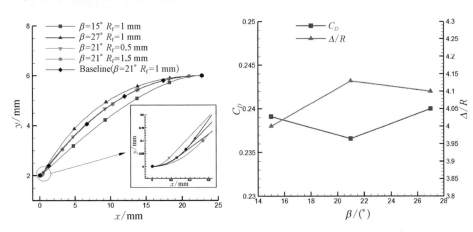

图 3.39　不同初始膨胀型线对比　　　图 3.40　不同初始膨胀附着角下阻力
　　　　　　　　　　　　　　　　　　　　系数和激波脱体距离对比

综上所述,初始膨胀半径对减阻防热性能影响不大,初始膨胀附着角并非越

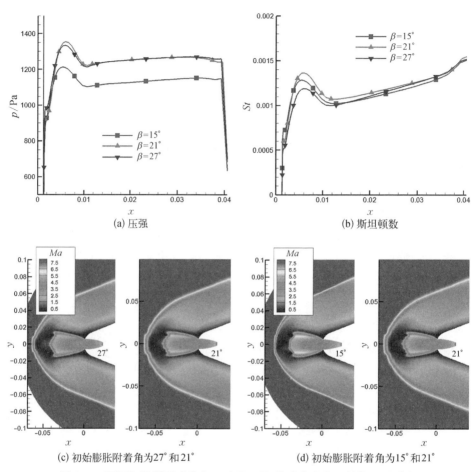

(a) 压强 (b) 斯坦顿数

(c) 初始膨胀附着角为27°和21° (d) 初始膨胀附着角为15°和21°

图 3.41 不同初始膨胀附着角下壁面压强、热流密度和马赫数云图对比

大越有利,而是需要根据构型和来流条件合理选值,引导射流膨胀。

3.2.4 小结

本节通过数值模拟方法研究了迎风凹腔与逆向射流组合构型在高超声速来流中的减阻防热效能,分别讨论逆向射流的工作参数(射流总压比、气体种类、射流出口马赫数)、来流攻角及结构参数(凹腔尺寸、唇口钝化半径、初始膨胀型线等)对壁面压强、热流分布、阻力系数和激波脱体距离的影响。以上研究作为飞行器多目标设计优化的基础,仍需要地面试验加以证实。通过数值仿真主要可以获得以下结论。

(1)采用抛物形凹腔组合构型,不同射流总压比下其防热效能不如传统凹腔构型,但是壁面压强分布较小,PR 较小时阻力系数较小。通常,激波脱体距离较大时壁面压强分布较小,而阻力系数较大时壁面热流密度分布较小,所以进行多目标设计优化获得效能更高且 PR 较小的构型是必要过程。

（2）采用相对分子质量较小的气体作为逆向射流时减阻防热性能更好。总阻力系数不随相对分子质量增大而单调增加;相对分子质量相近且热力学性质相似的气体才可以相互替代进行数值仿真。

（3）由于凹腔是在马赫数为 1 的工况下设计的,所以任意变化射流出口马赫数会造成射流的能量损失,带来防热性能的下降。

（4）在来流攻角和侧滑角较小时,轴对称模型可以等效为单一攻角。组合构型的减阻防热性能随攻角增加下降,迎风母线上压强和热流密度分布迅速增加,但在迎角为 10°时防热减阻性能仍然有效。

（5）选取出口直径较小且长度较短的凹腔有利于同时实现减阻和防热,但不利于降低壁面的压强。

（6）钝化半径对组合构型的减阻防热效能通常不会带来明显的有利影响,且唇口的压强分布相比于球锥段壁面较为严重。

（7）初始膨胀半径对减阻防热性能影响不大,初始膨胀附着角并非越大越有利,而是需要根据构型和来流条件合理选值,引导射流膨胀。

3.3　新构型迎风凹腔与逆向射流组合体多目标设计优化

3.2 节对新构型迎风凹腔与逆向射流组合体进行了减阻防热的性能参数研究,分析了目标随不同参数的变化规律和灵敏度。每种减阻防热方案和构型各有其自身的优势,但新构型相对于传统构型并没有实现更优的减阻防热效果。基于上述研究,本节将对抛物形构型的迎风凹腔与逆向射流组合体进行多目标设计优化,完成从设计变量与目标函数选择、试验设计和采样、建立近似模型到全局优化的全过程,并生成 Pareto 最优前沿。

3.3.1　目标函数、设计变量及约束条件

1. 目标函数

本节进行的是抛物形构型迎风凹腔与逆向射流组合构型的多目标设计优化,优化目标的选定需要同时考虑气动加热和气动阻力[32]。气动阻力可以直接

取用前面使用的阻力系数 C_D，即

$$C_D = \frac{D}{\frac{1}{2}\rho_\infty v_\infty^2 \cdot S_{ref}} \tag{3.10}$$

其中，S_{ref} 为参考面积。

壁面热流密度（St）分布不适宜进行定量比较，这里将钝锥表面上球段面的传热量 Q 作为目标[33,34]，即

$$Q = 2\pi R^2 \int_{\theta=\theta_0}^{\theta=69.5°} q_w \sin\theta \, d\theta \tag{3.11}$$

其中，R 是球头半径；q_w 是热流密度分布函数；θ 是来流与球面当地法线的夹角，积分范围是球头段。这两个数值可以在 FLUENT 求解器中直接输出，要求两个目标函数的值尽量小。

2. 设计变量及约束条件

根据 3.2 节的参数化分析，选取设计变量。对于射流工作参数部分，逆向射流马赫数固定为 1，不宜变化。逆向射流气体也固定为空气，主要原因是气体相对分子质量不连续变化，且减阻防热性能不一定仅仅是因为相对分子质量的不同，还与热力学性质相关；此外，虽然可以采用混合气体实现等效的连续相对分子质量气体（如氢气和二氧化碳可以实现范围 2~44），但前文已经提到对于相对分子质量较小的氢气[35]、甲烷等在流场的高温中已经达到着火点，容易发生化学反应。综上所述，气流工作参数中仅选取逆向射流总压比 PR 为设计变量。对于几何构型参数部分，不采用唇口钝化的方式；其余参数都选为设计变量。这里需要说明的是，虽然有的变量对减阻防热的影响在参数化分析中呈现单调特性或影响很小，但由于分析的算例较少，无法判断在变量组合变化下的趋势，故这里仍选入设计变量。

以上选取的逆向射流总压比 PR，需要满足定常流动的范围；对于几何构型参数，需要满足几何约束条件。但是，这里为了方便绘图，避免凹腔壁面型线趋于直线，采用

$$\frac{p - R_t - R_f(1 - \cos\beta)}{L - (R - \sqrt{R^2 - p^2}) - R_f\sin\beta} < F \cdot \tan\beta \tag{3.12}$$

其中，F 为一个小于 1 的因子，这里设定为 0.9，其余参数的含义相同。

设计变量参数的范围见表 3.7。在式（3.12）的约束条件下，进行优化求解。

表 3.7　设计变量取值范围

变　量	PR	R_{f}/mm	β/rad	L/mm	D/mm
下限	0.05	0.25	0.261 8	6	6
上限	0.3	2.5	0.471 2	30	12

3.3.2　试验设计方法和采样结果

由于数值仿真过程耗时较长,进行优化前需要建立输入与目标函数的近似代理模型。为了建立并检验近似代理模型,需要获得一批数据样本点。在获得样本点的过程中,试验设计方法提供了高效获得信息数据的方法,在工程中应用广泛。常用的方法有全因子设计、部分因子设计、正交试验设计、中心组合设计、拉丁超立方设计等[36-40]。本节选取最优拉丁超立方设计,其改进了随机拉丁超立方设计,具有非常好的均匀性和空间填充性。使用 MATLAB 软件生成 100 组5 因子的归一化最优拉丁超立方数表。经过式(3.12)判断,结合变量的上下限,保留前 50 组数据进行采样,见表 3.8 中间部分。采用前述的三维结构网格和数值方法进行仿真,计算结果见表 3.8 最后两列。

表 3.8　试验设计表及采样结果

序号	PR	R_{f}/mm	β/rad	L/mm	D/mm	C_D	Q/W
1	0.209	1.351 8	0.418	27.317	6.199	0.174 4	7.138 3
2	0.214	0.861 6	0.389	25.757	6.301	0.179 7	7.533 6
3	0.261	2.003	0.449	21.139	6.125	0.186 1	6.625
4	0.111	2.194 5	0.328	25.198	6.444	0.189 5	25.812
5	0.171	0.960 6	0.387	27.6	6.673	0.175 2	16.217
6	0.099	2.298 9	0.368	23.534	6.541	0.194 6	29.429
7	0.127	1.676 5	0.373	19.142	6.071	0.180 4	19.925
8	0.255	0.285 8	0.378	21.482	6.263	0.188 2	8.52
9	0.07	0.625 1	0.437	18.211	6.003	0.206	40.74
10	0.287	2.347 7	0.343	20.026	6.401	0.202 5	6.593
11	0.266	1.430 1	0.43	26.76	7.178	0.189 5	13.043
12	0.27	1.932 8	0.405	26.282	7.219	0.193	9.817
13	0.081	0.581 2	0.324	26.52	7.313	0.192 5	27.48
14	0.224	0.930 4	0.432	28.438	7.804	0.189 6	13.25
15	0.233	0.774 9	0.283	29.657	7.965	0.192 4	13.87

（续表）

序号	PR	R_f/mm	β/rad	L/mm	D/mm	C_D	Q/W
16	0.078	2.253 2	0.424	29.424	8.199	0.194 5	26.425
17	0.237	1.314	0.315	29.03	8.225	0.200 7	11.87
18	0.231	1.894 1	0.397	23.369	7.538	0.201 1	12.05
19	0.18	0.818 8	0.355	17.918	6.736	0.187 1	17.52
20	0.114	1.603 8	0.271	19.382	6.955	0.187 7	23.53
21	0.084	1.58	0.464	24.888	8.002	0.194 9	31.55
22	0.176	1.856 3	0.349	20.957	7.435	0.190 6	20.235
23	0.28	1.385 8	0.442	28.589	8.726	0.211 8	13.51
24	0.23	0.888 1	0.331	20.642	7.462	0.200 5	11.676
25	0.132	0.558 3	0.461	22.644	7.911	0.193 4	24.898
26	0.121	2.369 1	0.312	16.841	6.986	0.184 7	24.301
27	0.221	1.201 5	0.47	15.79	7.064	0.189 2	13.86
28	0.155	0.699 3	0.366	27.919	9.252	0.194 8	19.48
29	0.086	1.752 6	0.428	21.706	8.36	0.190 4	23.63
30	0.244	2.424 9	0.398	28.246	9.937	0.213 4	14.327
31	0.26	1.647	0.29	24.245	9.015	0.219 4	16.009
32	0.09	1.957 8	0.415	11.906	6.604	0.196 9	28.299
33	0.133	0.633 4	0.281	15.029	7.126	0.193 4	21.328
34	0.164	1.352 7	0.273	29.801	10.27	0.192 9	15.709
35	0.152	0.326 1	0.394	16.673	7.583	0.184 8	12.588
36	0.158	2.323 4	0.322	20.633	8.489	0.185 5	11.67
37	0.2	2.136 4	0.319	26.093	9.731	0.188 3	12.045
38	0.27	0.659 5	0.466	22.838	9.088	0.204 4	7.82
39	0.265	1.276 5	0.264	25.642	9.717	0.215	8.225
40	0.273	2.251 8	0.44	11.28	6.793	0.191 4	4.211
41	0.143	1.734 8	0.317	19.476	8.555	0.186 6	12.072
42	0.189	1.640 5	0.381	18.37	8.437	0.191 2	9.026
43	0.162	1.231	0.309	22.438	9.427	0.193 8	10.592
44	0.116	0.457 2	0.35	25.337	10.24	0.187 3	14.965
45	0.248	1.791 5	0.391	29.141	11.31	0.215 3	8.501
46	0.283	0.792 3	0.335	23.974	9.992	0.216 1	8.591
47	0.059	2.039 2	0.447	27.089	11.18	0.296 5	5.847
48	0.256	2.141 1	0.337	12.574	7.346	0.198 4	5.784
49	0.088	1.244 3	0.312	22.051	9.825	0.187 5	20
50	0.211	1.047 4	0.371	23.158	10.14	0.203	8.994

3.3.3　建立近似模型和多目标设计优化

建立近似模型是通过数学模型逼近一组输入变量和输出变量的方法,较高精度的近似模型可以替代繁杂的采样过程,加快了优化算法的寻优速度。常见的模型有响应面模型、神经网络模型、Chebyshev 正交多项式模型和 Kriging 模型[40-42]。侯文新和吴颂平[43]用 Isight 软件建立近似模型,并进行多目标设计优化。本节也将借助该软件的平台实现这一过程。

1. 建立近似模型

本节使用 Isight 5.5 软件中集成的 Kriging 代理模型进行近似建模。Kriging 模型[44]采用空间局部插值法,具有无偏估计、优秀的非线性近似能力等优点,广泛应用于工程实践中[45-48]。

在软件中,Fit Type(匹配类型)选各向异性(anisotropic)类型,其适合于输入变量为不同类型的物理量或量级不同时;Correlation Function(关联函数)选择 Exponential(指数型),其适合于样本点比较紧密的状况。设计变量数为 5,至少需要 11 个样本点。这里为了提高获得的近似模型精度,用表 3.8 中 50 组数据作为采样点,并随机选取 10 个点进行模型精度的交叉验证。根据 Isight 中提供的精度分析参数和帮助文件,决定系数 R^2 是衡量近似模型响应值与样本点符合程度的参数。R^2 定义为

$$R^2 = 1 - \frac{\sum_{i=1}^{n}(y_i - \hat{y}_i)^2}{\sum_{i=1}^{n}(y_i - \bar{y}_i)^2} \tag{3.13}$$

其中,y_i 是交叉验证点的数据采样值;$\hat{y}_i$ 是代理模型响应值;$\bar{y}_i$ 是响应值的平均。当分别采用 30 个、40 个和 50 个样本点进行近似建模时,对两个目标函数的决定系数见表 3.9。由于缺乏明确的函数关系,模型的整体精度并不高。阻力系数的模型精度高于传热量,这表明了热量的建模难度大于阻力系数。虽然增加样本点数量可以整体提升近似建模的精度,且当采用 50 个样本点时,热流量和阻力系数的决定系数分别已超过 0.7 和 0.85。考虑到计算每个样本点的耗时性且数值仿真方法本身的误差,这里不再增加样本点数量,采用 50 个样本点建模后的结果进行后续分析。

表 3.10 反映每个变量对目标函数影响的权重,可知 PR 和 D 是对减阻防热效能影响最大的两个量。在表 3.7 给定的取值范围中,初始膨胀半径 R_f 的变化对减阻防热性能的影响可以忽略;β 和 L 分别对传热量和阻力系数影响很小。

表 3.9　不同样本点数量时代理模型精度（决定系数）比较

样本点数量	C_D	Q
30	0.797	0.626
40	0.832	0.693
50	0.854	0.744

由模型结果可知，PR 增加对阻力系数的影响不单调，在 0.16 存在最小值，而对传热量的影响是单调下降的；当出口直径较小时（$D<10$ mm），壁面传热量变化很小，且 PR 在大于约 0.18 后阻力系数基本保持不变。以上分析结果与 3.2 节中性能参数分析所得结果是一致的。

表 3.10　归一化输入对输出结果的影响矩阵

目标系数	PR	R_f	β	L	D
C_D	0.711 558	0.001 078	0.251 441	0.004 533	0.763 953
Q	0.940 778	0.002 646	0.015 483	0.244 74	0.540 201

2. 多目标设计优化

工程中的优化问题十分复杂，目标函数存在多峰性、非线性等特点，全局优化算法的提出就是为了解决这类复杂的优化问题。常见的全局优化算法有多岛遗传算法、自动优化专家算法、进化算法、自适应模拟退火算法、粒子群优化算法等。

遗传算法[49]在飞行器优化中得到了广泛的应用。Huang 等[50]、Seager 和 Agarwal[51,52]应用遗传算法对高超声速稀薄流动中的钝锥进行了构型优化，且指出这一方法可以向更复杂的问题推广；Zhang 等[53]使用这一方法进行了二维翼型的优化设计。Isight 软件中集成的多岛遗传算法是对并行分布遗传算法的改进，具有更优的全局求解能力和搜索效率。本节选用这一方法进行优化。设定子种群规模为 10，划分的岛数量为 20，计算 50 代的优化结果。交叉率设定为 0.8，避免优良基因结构丢失和搜索阻滞，剩余参数采用默认值[40]。目标是使得 Q 和 C_D 值较小。

3. 优化结果分析

在 Isight 5.5 软件中，可以将近似模型建立和全局优化过程搭建在同一平台中，流程图如图 3.42 所示，并且需要将式（3.12）所示的约束条件添加到执行的

命令流中。在优化计算的过程中,软
件的运行门户可以自动记录结果并
筛选最优的解集。

计算后的结果见图 3.43。图 3.43
(a)是收敛过程的计算点总体分布,
其中左下角点连成的线即 Pareto 最优

图 3.42　Isight 中的流程图

前沿。表 3.11 是从中选取的算例,采用 CFD 方法,即 FLUENT 软件,验证所得的
结果和 Isight 生成的 Pareto 最优前沿线对比,并通过图 3.43(b)进行展示。可
见,经过近似模型和优化算法计算所得的 Pareto 最优前沿和 CFD 验证结果总体
吻合度较好,阻力系数和传热量的最大相对偏差(以 CFD 结果为基准)分别是
2.3%和47.4%,这也印证了热量相对于阻力的计算更加困难。但总体而言,数据
吻合较好,优化所得的结果具有较高的可信度。根据 Pareto 最优前沿线,可以在
给定减阻和防热的权重基础上,选取适当的工况和几何参数,实现目标整体
最优。

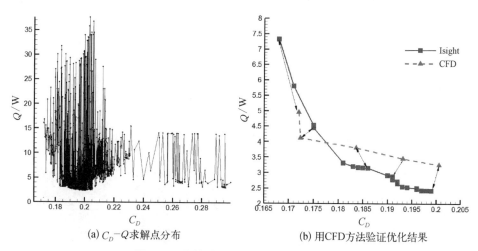

(a) C_D-Q求解点分布　　　　(b) 用CFD方法验证优化结果

图 3.43　收敛过程及 Pareto 最优前沿验证

经计算,3.2.1 节中传统凹腔在 PR = 0.28 的算例和原始钝锥的球头壁面传
热量分别为 5.86 W 和 286.55 W,PR = 0.216 时传统构型的阻力系数和球头段传
热量的计算结果分别是 0.178 8 和 8.198 W。对比目标函数可知,抛物形构型经
优化后,如表 3.11 中序号 4 的工况(在下面的讨论中称之为优化构型),可以在
较小的 PR = 0.216 下实现更优减阻和防热的效能。

表 3.11 验证 Pareto 最优前沿算例条件及结果对比

序号	PR	R_f/mm	β/rad	L/mm	D/mm	Isight		CFD		相对误差/%	
						C_D	Q/W	C_D	Q/W	C_D	Q
1	0.172	1.569	0.324	16.502	9.377	0.192	2.67	0.193	3.46	0.52	22.8
2	0.194	1.413	0.429	27.556	6.070	0.168	7.33	0.172	4.96	2.33	47.8
3	0.278	2.133	0.464	12.489	6.755	0.190	2.92	0.193	3.46	1.55	15.6
4	0.216	1.515	0.424	28.124	6.012	0.175	4.55	0.171	4.12	1.74	10.4
5	0.277	2.359	0.386	12.441	7.048	0.199	2.41	0.201	3.26	0.99	26.1

图 3.44 给出了优化构型与传统构型、抛物形构型的四个算例详细计算结果对比。对于 Case 4 的优化构型,虽然壁面压强分布对于优化前有所增加,但壁

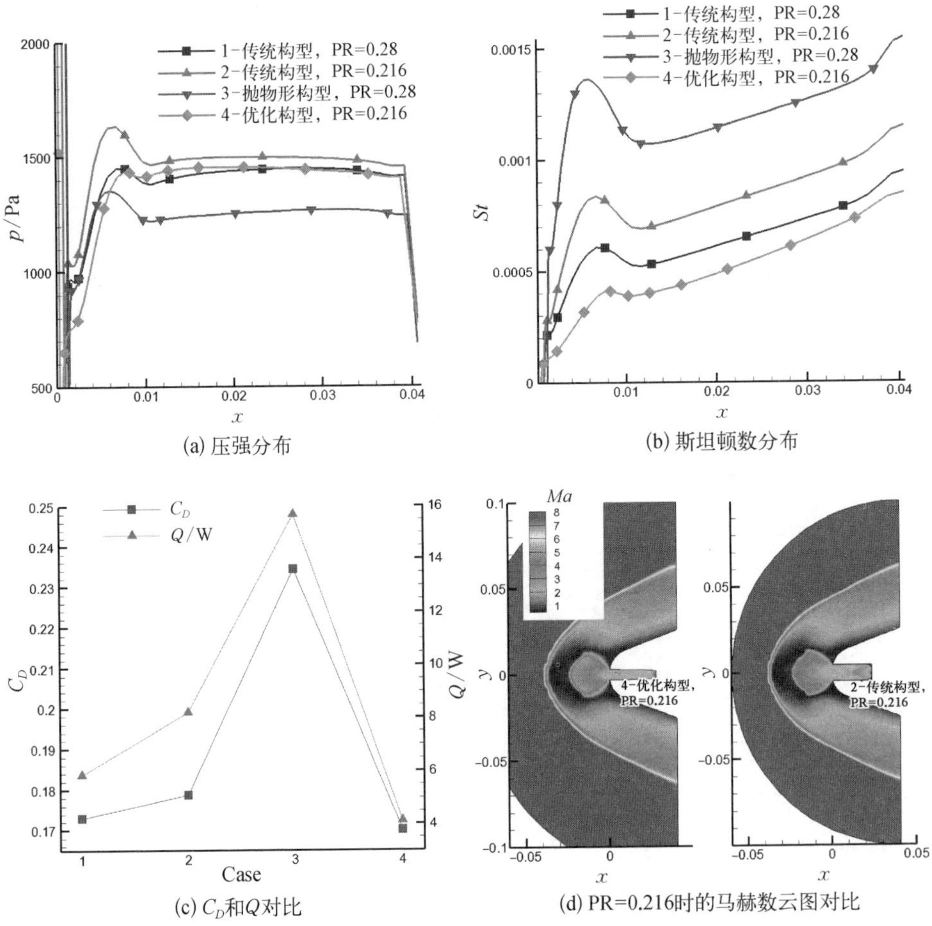

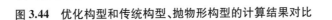

(a) 压强分布

(b) 斯坦顿数分布

(c) C_D 和 Q 对比

(d) PR=0.216 时的马赫数云图对比

图 3.44 优化构型和传统构型、抛物形构型的计算结果对比

面传热量和阻力系数相比于 PR = 0.28 时的传统构型分别下降了约 30% 和 2%。从图 3.44(d)中可以看出,由于射流膨胀并不充分,激波脱体距离并不大(与图 3.15 相比),这是造成壁面压强值较大的原因。

3.3.4　小结

本节对高超声速流动中抛物形迎风凹腔与逆向射流组合构型进行了多目标设计优化。以减阻和防热为目标,选取射流总压比及几何构型参数为设计变量,用最优拉丁超立方算法生成样本点,并用 CFD 方法进行采样;用 Isight 5.5 软件集成的 Kriging 模型建立近似代理模型,并用多岛遗传算法进行优化求解,生成传热量-阻力系数的 Pareto 最优前沿线。

(1) Kriging 模型适用于本节复杂问题的近似代理模型建立,其结果满足精度需求,且 PR 和 D 是对减阻防热效能影响最大的两个量。

(2) Pareto 最优前沿上结果与对应工况 CFD 方法计算结果吻合较好。

(3) 经多目标设计优化,取 Pareto 最优前沿上的工况参数,在 PR 较小时,可以获得比传统构型更优的减阻防热效能。

3.4　本章小结

高超声速再入飞行器的研究受到越来越多的关注,无论在军事航天还是民用领域都有巨大的应用前景。本章以高超声速再入飞行器减阻防热方案为主线,提出新构型迎风凹腔与逆向喷流组合体,采用数值模拟方法,以多目标设计优化为目的,获得了更高效的减阻防热性能。本章主要工作如下。

(1) 提出新构型迎风凹腔与逆向喷流组合减阻防热构型,并对三维网格流场,在不同空间精度模型下进行网格独立性分析,论证组合构型数值仿真方法。

(2) 对迎风凹腔与逆向喷流组合构型进行性能参数研究,分析了喷流工作参数、来流条件和结构参数变化对减阻防热性能的影响,并结合仿真结果对流动现象进行分析,给出了一些结论。

(3) 对抛物形构型迎风凹腔与逆向喷流组合体进行减阻防热多目标设计优化。用最优拉丁超立方算法生成样本点,用 Isight 5.5 软件集成的 Kriging 模型建立近似代理模型,并用多岛遗传算法进行优化求解,生成并检验 Pareto 最优前沿线。

参考文献

[1] 陆海波.迎风凹腔与逆向喷流组合强化防热结构复杂流场和传热特性研究[D].长沙:国防科学技术大学,2012.

[2] 陆海波,刘伟强.迎风凹腔与逆向喷流组合热防护系统冷却效果研究[J].物理学报,2012,61(6):372-377.

[3] Saravanan S, Jagadeesh G, Reddy K P J. Investigation of missile-shaped body with forward-facing cavity at Mach 8[J]. Journal of Spacecraft and Rockets, 2009, 46(3): 577-591.

[4] Rao G V R. Exhaust nozzle contour for optimum thrust[J]. Journal of Jet Propulsion, 1958, 28(6): 377-382.

[5] 杨立军,富庆飞.液体火箭发动机推力室设计[M].北京:北京航空航天大学出版社,2013.

[6] Nickerson G R, Dunn S S, Migdal D. Optimized supersonic exhaust nozzles for hypersonic propulsion [C]. Boston: The 24th Joint Propilsion Conference, AIAA/ASME/SAE/ASEE, 1988.

[7] Lu H B, Liu W Q. Research on thermal protection mechanism of forward-facing cavity and opposing jet combinatorial thermal protection system[J]. Heat and Mass Transfer, 2014, 50(4): 449-456.

[8] Lu H B, Liu W Q. Investigation of thermal protection system by forward-facing cavity and opposing jet combinatorial configuration[J]. Chinese Journal of Aeronautics, 2013, 26(2): 287-293.

[9] Huang W, Liu J, Jin L, et al. Molecular weight and injector configuration effects on the transverse injection flow field properties in supersonic flows[J]. Aerospace Science and Technology, 2014, 32: 94-102.

[10] Sun X W, Guo Z Y, Huang W, et al. Drag and heat reduction mechanism induced by a combinational novel cavity and counterflowing jet concept in hypersonic flows[J]. Acta Astronautica, 2016, 126: 109-119.

[11] Li S B, Wang Z G, Huang W, et al. Effect of the injector configuration for opposing jet on the drag and heat reduction[J]. Aerospace Science and Technology, 2016, 51: 78-86.

[12] Wang Z G, Sun X W, Huang W, et al. Experimental investigation on drag and heat flux reduction in supersonic/hypersonic flows: A survey[J]. Acta Astronautica, 2016, 129: 95-110.

[13] Huang W, Yan L, Liu J, et al. Drag and heat reduction mechanism in the combinational opposing jet and acoustic cavity concept for hypersonic vehicles[J]. Aerospace Science and Technology, 2015, 42: 407-414.

[14] Hayashi K, Aso S, Tani Y. Numerical study of thermal protection system by opposing jet [C]. Reno: The 43rd Aerospace Sciences Meeting and Exhibit, AIAA, 2005.

[15] Jin C B, Wang Z Q, Lv H Q, et al. The study on oscillations of an opposing jet flow[J]. Plos Genetics, 2009, 5(10): 1 - 5.

[16] Venukumar B, Jagadeesh G, Reddy K P J. Counterflow drag reduction by supersonic jet for a blunt body in hypersonic flow[J]. Physics of Fluids, 2006, 18(11): 118104.

[17] Venukumar B, Reddy K P J. Experimental investigation of drag reduction by forward facing high speed gas jet for a large angle blunt cone at Mach 8[J]. Sadhana-Academy Proceedings in Engineering Sciences, 2007, 32(1 - 2): 123 - 131.

[18] Finley P J. The flow of a jet from a body opposing a supersonic free stream[J]. Journal of Fluid Mechanics, 1966, 26: 337 - 368.

[19] Meyer B, Nelson H F, Riggins D W. Hypersonic drag and heat-transfer reduction using a forward-facing jet[J]. Journal of Aircraft, 2001, 38(4): 680 - 686.

[20] Lu H B, Liu W Q. Numerical investigation on properties of attack angle for an opposing jet thermal protection system[J]. Chinese Physics B, 2012, 21(8): 289 - 294.

[21] Schnepf C, Wysocki O, Schülein E. Wave drag reduction with a self-aligning aerodisk on a missile configuration [C]. Göttingen: The 6th European Conference for Aerospace Science, 2015.

[22] Geng Y F, Yu J, Kong W X. Investigation on a new method of adaptive drag reduction and non-ablation thermal protection system for hypersonic vehicles [J]. Acta Aerodynamica Sinica, 2012, 30(4): 492 - 501, 505.

[23] Yuceil K B, Dolling D S. IR imaging and shock visualization of flow over a blunt body with a nose cavity[C]. Reno: The 34th Aerospace Sciences Meeting and Exhibit, AIAA, 1996.

[24] Yuceil K B, Dolling D S, Wilson D. A preliminary investigation of the Helmholtz resonator concept for heat flux reduction [C]. Orlando: The 28th Thermophysics Conference, AIAA, 1993.

[25] Silton S I, Goldstein D B. Use of an axial nose-tip cavity for delaying ablation onset in hypersonic flow[J]. Journal of Fluid Mechanics, 2005, 528: 297 - 321.

[26] Silton S I, Goldstein D B. Ablation onset in unsteady hypersonic flow about nose tip with cavity[J]. Journal of Thermophysics and Heat Transfer, 2000, 14(3): 421 - 434.

[27] 陆海波,刘伟强.凹腔尺寸对迎风凹腔与逆向喷流组合热防护系统性能的影响[J].航空动力学报,2012,27(12): 2666 - 2673.

[28] Engblom W A, Yuceil B, Goldstein D, et al. Hypersonic forward-facing cavity flow — An experimental and numerical study[C]. Reno: The 33rd Aerospace Sciences Meeting and Exhibit, 1995.

[29] Engblom W A, Goldstein D B, Ladoon D, et al. Fluid dynamics of hypersonic forward-facing cavity flow[J]. Journal of Spacecraft and Rockets, 1997, 34(4): 437 - 444.

[30] Allman J G, Hoffman J D. Design of maximum thrust nozzle contours by direct optimization methods[J]. AIAA Journal, 1981, 19(6): 750 - 751.

[31] 姬晓辉,武晓松,季宗德.最佳推力喷管型面设计[J].弹箭技术,1997,3: 11 - 14.

[32] 黄伟,罗世彬,王振国.临近空间高超声速飞行器关键技术及展望[J].宇航学报,2010, 31(5): 1259 - 1265.

[33] Rong Y S, Sun J, Liu W Q, et al. Heat flux reduction research in hypersonic flow with opposing jet[J]. World Academy of Science, Engineering and Technology, 2012, 6(8): 1786 - 1790.

[34] Hayashi K, Aso S, Tani Y. Experimental study on thermal protection system by opposing jet in supersonic flow[J]. Journal of Spacecraft and Rockets, 2006, 43(1): 233 - 236.

[35] Sun X W, Guo Z Y, Huang W. Passive zero-boil-off storage of liquid hydrogen for a long-time in space missions [J]. International Journal of Hydrogen Energy, 2015, 40: 9347 - 9351.

[36] 王超, 王跃钢. 正交约束下的 D-最优试验设计[J]. 中国惯性技术学报, 2011, 19(2): 248 - 252.

[37] 梁昭磊. 受限条件下的试验设计研究[D]. 天津: 天津大学, 2009.

[38] 何桢, 梁昭磊, 张猛. 基于两因子间相互约束的实验设计方法[J]. 天津大学学报, 2008, 41(4): 504 - 508.

[39] 何为, 薛卫东, 唐斌. 优化试验设计方法及数据分析[M]. 北京: 化学工业出版社, 2012.

[40] 赖宇阳, 姜欣, 方立桥. Isight 参数优化理论与实例详解[M]. 北京: 北京航空航天大学出版社, 2012.

[41] 姚雯. 不确定性 MDO 理论及其在卫星总体设计中的应用研究[D]. 长沙: 国防科学技术大学, 2007.

[42] 陈小前, 姚雯, 欧阳琦. 飞行器不确定性多学科设计优化理论与应用[M]. 北京: 科学出版社, 2013.

[43] 侯文新, 吴颂平. 带激波针的高超声速飞行器多目标优化设计[J]. 战术导弹技术, 2015, (2): 23 - 27, 69.

[44] 余秀伟. Kriging 模型研究及其在重复使用运载器优化中的应用[D]. 长沙: 国防科学技术大学, 2015.

[45] Huang W, Li S B, Yan L, et al. Multi-objective design optimization of a cantilevered ramp injector using the surrogate-assisted evolutionary algorithm [J]. Journal of Aerospace Engineering, 2015, 28(5): 319 - 326.

[46] Yao S B, Guo D L, Yan M L, et al. Multi-objective optimization of the streamlined head of high-speed trains based on the Kriging model[J]. Science China Technological Sciences, 2012, 55(12): 3495 - 3509.

[47] Huang W, Liu J, Yan L, et al. Multi-objective design optimization of the performance for the cavity flameholder in supersonic flows[J]. Aerospace Science and Technology, 2013, 30: 246 - 254.

[48] Ahmed M Y M, Qin N. Surrogate-based multi-objective aerothermodynamic design optimization of hypersonic spiked bodies[J]. AIAA Journal, 2012, 50(4): 797 - 810.

[49] 庞冬晔. 高超声速再入弹头驻点热流密度优化[D]. 哈尔滨: 哈尔滨工程大学, 2009.

[50] Huang G Z, Gardner S, Zishka E, et al. Shape optimization of a blunt body in hypersonic rarefied and reacting flow for reducing both drag and heat transfer[C]. San Diego: The 54th Aerospace Sciences Meeting, AIAA, 2016.

[51] Seager C, Agarwal R K. Shape optimization of an axisymmetric blunt body in hypersonic flow

for reducing drag and heat transfer[C]. Kissimmee：The 53rd Aerospace Sciences Meeting，AIAA，2015.

[52] Seager C，Agarwal R K. Hypersonic blunt-body shape optimization for reducing drag and heat transfer[J]. Journal of Thermophysics and Heat Transfer，2015，31(1)：47－55.

[53] Zhang T T，Huang W，Wang Z G，et al. A study of airfoil parameterization，modeling and optimization based on the computational fluid dynamics method[J]. Journal of Zhejiang University-Science A（Applied Physics & Engineering），2016，17(8)：632－645.

第 4 章

组合式新概念热防护系统在高超声速
再入飞行器中的应用

    将两种甚至多种热防护技术组合起来,使它们优势互补形成组合热防护系统可为高超声速中再入飞行器减阻防热带来新的活力,具有十分重要的发展及应用前景。减阻杆结构简单,逆向射流具有高可重复使用性,由此减阻杆与逆向射流组合的减阻防热方案在各种新概念热防护系统中脱颖而出。本章旨在介绍基于减阻杆和逆向射流的组合减阻防热方案的设计和优化过程,为研究高超声速再入飞行器中高效可行的减阻防热方案提供参考。

4.1　减阻杆与逆向射流组合体性能参数研究

    从文献[1]~[7]中可以看出,减阻杆与逆向射流组合热防护系统能综合两种技术的优势,达到更好的减阻防热效果。对于单一减阻杆系统而言,减阻杆长度与钝头体底部直径之比(L/D)、减阻杆头部构型及尺寸是影响其减阻防热效果的主要因素;而对于单一逆向射流系统,射流总压比 PR、喷嘴构型及尺寸等对其效果有重要的影响。当两者组合起来时,影响单一减阻防热构型的因素均可能成为影响热防护系统效果的重要因素。所以,基于第 2 章验证的物理模型与数值方法,本节将对减阻杆与逆向射流组合热防护系统进行性能参数研究,探索减阻杆长度(L)、减阻盘直径(d)、射流喷嘴直径(d_0)、射流总压比(PR)对加装组合热防护系统的钝头飞行器周围流场结构、气动阻力及气动热的影响,为后续优化设计打下基础。

4.1.1　物理模型和数值模拟方法

1. 几何模型

在开展减阻杆及逆向射流组合热防护系统的减阻防热效果数值模拟研究时,基于的几何模型是 Menezes 等[8] 在实验中研究的加装平板式减阻盘的减阻杆的钝头体构型,其底部直径 D = 100 mm,减阻杆从钝头体头部顶端伸出,实验模型如图 4.1(a) 所示。为了探究减阻杆长度(L)对减阻防热效果的影响,改变减阻杆总长度使得减阻杆长度与钝头体底部直径之比 L/D 分别为 1、1.5、2,固定减阻盘直径使得 d/D 为 0.25,冷却工质由减阻杆头部的减阻盘上的喷嘴喷出;为了探究喷嘴直径 d_0 对组合热防护系统减阻防热效果的影响,分别对喷嘴直径与钝头体底部直径之比 d_0/D 为 0.02、0.04 两种情况进行讨论;而为了研究减阻盘直径(d)对组合热防护系统减阻防热效果的影响,固定其他参数不变,改变减阻盘直径使得减阻盘直径与钝头体底部直径之比 d/D 为 0.125、0.187 5、0.25、0.312 5 及 0.375,数值模拟基本几何模型如图 4.1(b) 所示。

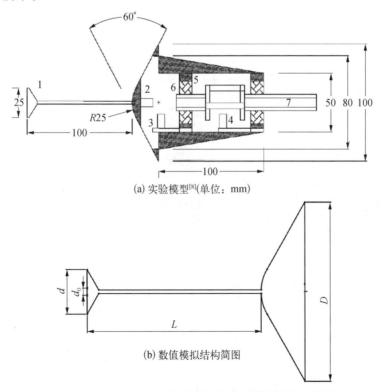

(a) 实验模型[8](单位：mm)

(b) 数值模拟结构简图

图 4.1　组合热防护系统实验模型及数值模拟结构示意图

数值模拟来流条件设置与 Menezes 等[8] 在实验中的相同,在此不再赘述。逆向射流工质与 Hayashi 等[9] 在实验中的相同,设置为氮气,射流马赫数为 1。为了探究射流与来流总压比 PR 对组合热防护系统减阻防热效果的影响,PR 分别设置为 0、0.4、0.6、0.8。不同算例中的几何构型及 PR 信息如表 4.1 所示。

表 4.1 数值模拟算例信息

(a) 改变 L/D、d_0/D 时的算例信息

参　数	A1	A2	A3	A4	B1	B2	B3	B4
d_0/D	0.02	0.02	0.02	0.02	0.04	0.04	0.04	0.04
L/D	1	1	1	1	1	1	1	1
PR	0	0.4	0.6	0.8	0	0.4	0.6	0.8
d/D	0.25	0.25	0.25	0.25	0.25	0.25	0.25	0.25
参　数	C1	C2	C3	C4	D1	D2	D3	D4
d_0/D	0.04	0.04	0.04	0.04	0.04	0.04	0.04	0.04
L/D	1.5	1.5	1.5	1.5	2	2	2	2
PR	0	0.4	0.6	0.8	0	0.4	0.6	0.8
d/D	0.25	0.25	0.25	0.25	0.25	0.25	0.25	0.25

(b) 改变 d/D 时的算例信息

参　数	E1	E2	E3	E4	F1	F2	F3	F4
d_0/D	0.04	0.04	0.04	0.04	0.04	0.04	0.04	0.04
L/D	1	1	1	1	1	1	1	1
PR	0	0.4	0.6	0.8	0	0.4	0.6	0.8
d/D	0.125	0.125	0.125	0.125	0.187 5	0.187 5	0.187 5	0.187 5
参　数	G1	G2	G3	G4	H1	H2	H3	H4
d_0/D	0.04	0.04	0.04	0.04	0.04	0.04	0.04	0.04
L/D	1	1	1	1	1	1	1	1
PR	0	0.4	0.6	0.8	0	0.4	0.6	0.8
d/D	0.25	0.25	0.25	0.25	0.312 5	0.312 5	0.312 5	0.312 5
参　数	I1	I2	I3	I4				
d_0/D	0.04	0.04	0.04	0.04				
L/D	1	1	1	1				
PR	0	0.4	0.6	0.8				
d/D	0.375	0.375	0.375	0.375				

2. 网格划分

根据第 2 章对单一减阻杆和逆向射流热防护系统的数值方法验证及网格独立性分析的结果可以看出,对于减阻杆系统,利用单方程 S-A 模型对壁面第一层网格高度 $\Delta x = 0.003$ mm 的网格进行模拟所得到的结果可信度最高;而对于逆向射流系统,利用 SST k-ω 湍流模型对壁面第一层网格高度 $\Delta x = 0.000\ 15$ mm 的网格进行模拟的结果最可靠。就本节所研究的组合体而言,减阻杆模型对组合体壁面第一层网格高度影响更大,而逆向射流为组合体流场的主要影响因素。为了能更准确地捕捉钝头飞行器周围的流场结构、壁面气动力及气动热现象,将第一层网格高度设置为 0.003 mm 并选择 SST k-ω 湍流模型进行模拟。图 4.2 展示的是 $L/D = 1$、$d/D = 0.25$、$d_0/D = 0.04$ 情况下的数值模拟几何模型,网格总量为203 878。

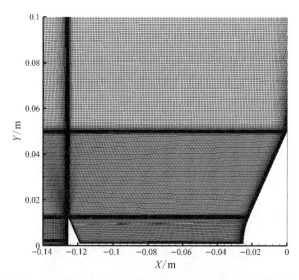

图 4.2　减阻杆与逆向射流组合热防护系统的二维结构网格

3. 控制方程及边界条件

对组合热防护系统的数值模拟采用的控制方程、求解器及来流条件等相关参数设置均与对单一减阻杆系统进行数值方法验证时保持一致,而其中的射流部分参数设置及求解方案与单一逆向射流数值验证时的相同,射流总压比 PR 为 0、0.4、0.6、0.8。组合热防护系统数值模拟边界条件设置如表 4.2 所示。

表 4.2　数值模拟边界条件参考值

边界名称	边界类型	参 考 值
INLET	压力远场	$p_\infty = 425\ \text{Pa}$ $T_\infty = 140\ \text{K}$ $Ma_\infty = 5.75$
OUTLET	压力出口	$T = 295\ \text{K}$ $p = 0.000\ 01\ \text{Pa}$
HEAD	壁面(恒温)	$T = 300\ \text{K}$
BACK	壁面(恒温)	$T = 300\ \text{K}$
AXIS	壁面(恒温)	$T = 300\ \text{K}$
SPIKE	壁面(恒温)	$T = 300\ \text{K}$
FLAT-BACK	壁面(恒温)	$T = 300\ \text{K}$
FLAT-HEAD	壁面(恒温)	$T = 300\ \text{K}$
JET	壁面(恒温)/压力入口	$T = 300\ \text{K}/P = \text{PR} \cdot p_0$

4.1.2　数值模拟结果分析

本节主要研究结构参数及工作参数对减阻防热性能的影响。本节首先研究喷嘴直径(d_0)对组合热防护系统减阻防热效果的影响;然后研究减阻杆长度(L)对组合热防护系统减阻防热效果的影响;最后研究减阻盘直径(d)对组合热防护系统减阻防热效果的影响。

1. 喷嘴直径(d_0)对组合热防护系统减阻防热效果的影响

在相同的 PR 下,不同逆向射流喷嘴半径下单位时间内喷嘴喷出的工质质量不同,所携带的能量也有较大差别,进而不同喷嘴半径下组合热防护系统的减阻防热效果也出现明显的差异。当喷嘴直径过小时,单位时间内喷出工质总能量过小,不足以抵消来流所带来的阻力及热流,无法降低钝头体壁面承受的阻力及附加热流;当喷嘴直径过大时,为了保证组合热防护系统的正常工作,所需提供的能量较大,飞行器需携带大型供能设备,增加额外载荷,不利于飞行器的机动性。所以,在设计飞行器组合热防护系统时,需折中考虑减阻防热效果及负载,选择合适的喷嘴半径,既满足减阻防热需求,又不会使飞行器质量过大。

本节基于 $L/D = 1$、$d/D = 0.25$ 的组合热防护系统,对比分析 d_0/D 为 0.02、0.04 两种情况下的数值模拟所得的钝头体周围流场结构、温度分布、壁面斯坦顿数、压力分布及阻力系数,探究喷嘴直径对组合热防护系统减阻防热效果的影响。

图 4.3 给出的是各射流总压比 PR 下喷嘴直径 d_0/D 为 0.02、0.04 两种情况下的流场马赫数云图。

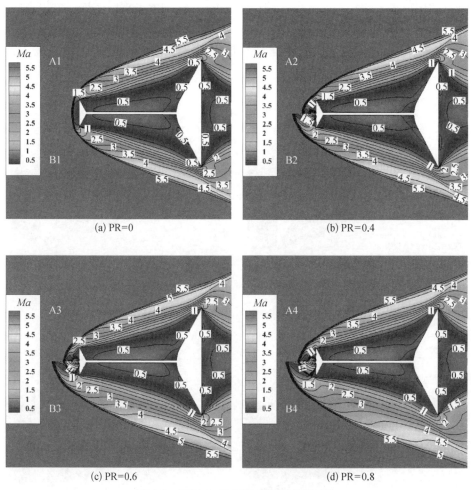

(a) PR=0

(b) PR=0.4

(c) PR=0.6

(d) PR=0.8

图 4.3　不同 d_0/D 下的马赫数云图对比

由图 4.3 各图可以看出,当喷嘴直径与钝头体底部直径之比 $d_0/D = 0.02$ 时,随着 PR 的增加,整个流场的马赫数分布情况几乎无变化;而当 $d_0/D = 0.04$ 时,随着 PR 的增大,流场中流体马赫数受影响的范围变大。这说明在此减阻杆系统上引入喷嘴直径为 2 mm 的射流装置对钝头体周围流体的马赫数影响不大;而当喷嘴直径为 4 mm 时,逆向射流对钝头体周围流体马赫数的影响范围较 $d_0 = 2$ mm 时大,且随着 PR 的增大,影响范围将明显增大,即钝头体周围的低速区域面积更大。

图 4.4 给出的是各 PR 下，d_0/D 为 0.02、0.04 两种情况下的流场流线图。由图 4.4 的各图可以看出，当 $d_0/D = 0.02$ 时，在减阻杆系统上引入逆向射流，钝头体周围的流场结构几乎没变化，减阻杆头部前方流场中出现回流区，且 PR 的变化对流场结构的影响不大；而当 $d_0/D = 0.04$ 时，不仅在减阻杆头部出现了回流区，钝头体前方流向改变的流体范围也更大，当射流总压比 PR 增大时，流体流向改变的流场范围越来越大。

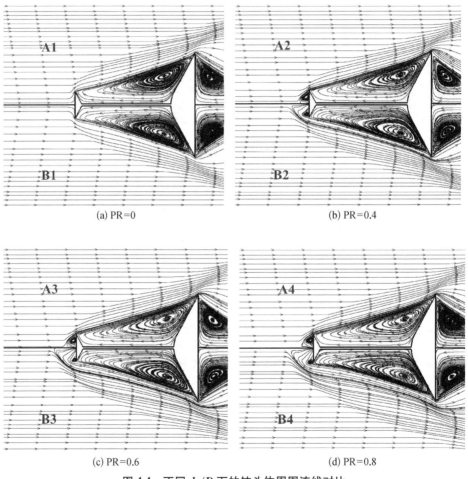

图 4.4　不同 d_0/D 下的钝头体周围流线对比

图 4.5 给出了不同射流总压比 PR 情况下，d_0/D 为 0.02、0.04 时的减阻杆头部流线，从图 4.5 的各图也可以看出，当 $d_0/D = 0.02$ 时，随着 PR 的增大，减阻杆

头部回流区出现的位置及影响范围几乎没有变化,而当 $d_0/D = 0.04$ 时,随着 PR
的增大回流区逐渐向外移动,流体流动受影响的流场范围更大。

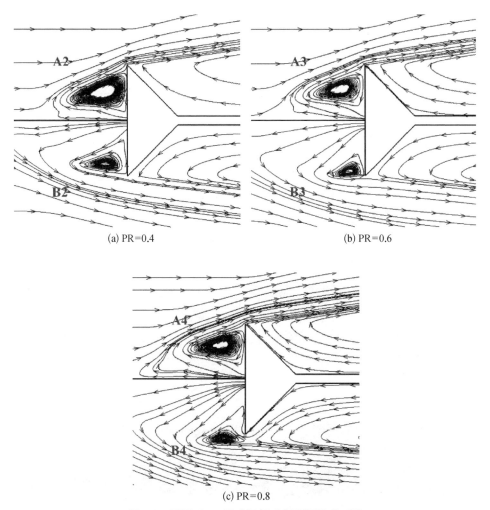

(a) PR=0.4

(b) PR=0.6

(c) PR=0.8

图 4.5　不同 d_0/D 下减阻杆头部周围流线对比

综合对图 4.4 和图 4.5 的分析可知,逆向射流的引入可以改变组合热防护系
统中减阻杆头部的流场结构,使来流不直接打到减阻杆头部壁面而是在减阻杆
前方形成回流区;喷嘴直径为 2 mm 的逆向射流对加装减阻杆的钝头体周围流场
结构影响不大;而当喷嘴直径为 4 mm 时,逆向射流对钝头体周围流体流向的影
响范围较直径为 2 mm 时大,且随着射流总压比 PR 的增大受影响的区域面积明
显增大,逆向射流对流体流向的作用更明显,而流向的改变避免了流体直接冲击

钝头体壁面,有助于降低壁面承受的气动阻力。

图 4.6 为各射流总压比 PR 下,d_0/D 为 0.02、0.04 两种情况下的温度云图,并给出了温度等值线。

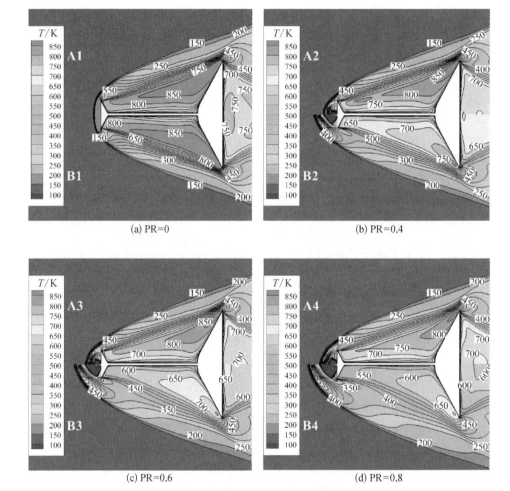

(a) PR=0

(b) PR=0.4

(c) PR=0.6

(d) PR=0.8

图 4.6　不同 d_0/D 下温度云图对比

由图 4.6 中的各图可以看出,当 d_0/D = 0.02 时,在减阻杆系统上引入逆向射流使减阻杆及钝头体壁面附近的温度有所下降,但是下降的幅度很小且钝头体壁面温度峰值没有降低,PR 的增加对钝头体壁面附近温度分布及温度峰值影响很小;而当 d_0/D = 0.04 时,随着 PR 的增加,减阻杆及钝头体壁面附近的高温区域面积明显减小且钝头体壁面温度峰值有较大幅度的下降。

图 4.7 给出了减阻杆头部的温度云图细节。从图 4.7 的各图可以看出,总体

而言,逆向射流对改善减阻杆头部的温度环境起到很重要的作用;当 $d_0/D = 0.04$ 时,减阻杆头部的温度下降十分明显,PR = 0.4 时,头部外缘温度就从 850℃ 下降到了 350℃,而当 $d_0/D = 0.02$ 时,逆向射流对减阻杆头部外缘的降温效果相对较弱,同样的 PR 下,减阻杆头部外缘温度峰值为 700 K。

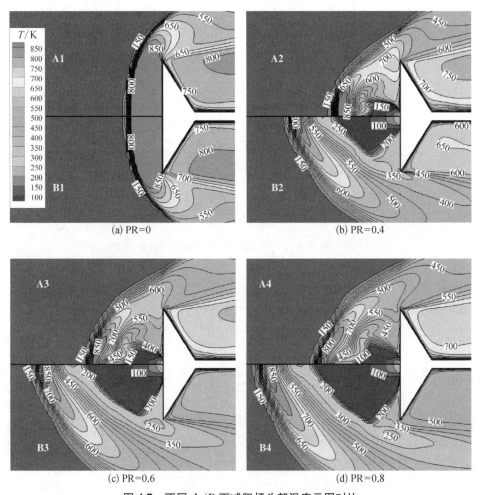

图 4.7　不同 d_0/D 下减阻杆头部温度云图对比

综合对图 4.6 及图 4.7 的分析可知,当喷嘴直径为 2 mm 时逆向射流对钝头体及减阻杆壁面附近温度的影响不大,而当喷嘴直径为 4 mm 时,逆向射流对降低钝头体及减阻杆壁面附近的温度起到较显著的作用;逆向射流对改善减阻杆头部温度环境起到重要的作用,且越靠近喷嘴中心温度越低,当喷嘴直径为 2 mm 时,逆向射流对降低减阻杆头部外缘温度起到的作用较小。

图 4.8 为各射流总压比 PR 下，d_0/D 为 0.02、0.04 两种情况下斯坦顿数沿钝头体壁面分布情况。

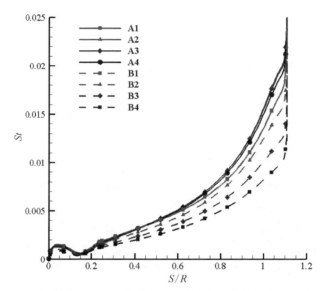

图 4.8　各 PR 下不同 d_0/D 时钝头体壁面斯坦顿数分布对比

由图 4.8 可以看出，当 $d_0/D = 0.04$ 时，逆向射流对钝头体肩部壁面的斯坦顿数有明显的降低作用，且随着 PR 的增大斯坦顿数下降的幅度越大，PR = 0.8 时的斯坦顿数较无逆向射流时下降了近 45%；而钝头体头部斯坦顿数下降的幅度相对较小，这说明原有减阻杆系统对钝头体头部已起到较好的热防护作用。当 $d_0/D = 0.02$ 时，在减阻杆系统上引入逆向射流对钝头体头部壁面斯坦顿数几乎没有影响。更值得注意的是，此情况下钝头体肩部壁面斯坦顿数反而比无逆向射流时大。

由对图 4.8 的分析可以得出结论：当喷嘴直径为 2 mm 时，逆向射流对此超声速来流中的钝头飞行器头部热防护没有帮助，且可能使得钝头飞行器肩部附近壁面热流增大。而当喷嘴直径为 4 mm 时，逆向射流对降低此超声速来流中的钝头飞行器壁面热流有较明显的作用，且 PR 越大热流下降越明显。

图 4.9 为各射流总压比 PR 下，d_0/D 为 0.02、0.04 两种情况下静压沿钝头体壁面分布情况。

由图 4.9 可以看出，在 $d_0/D = 0.04$ 的情况下，在减阻杆系统上引入逆向射流使得钝头体头部壁面的静压下降，且随着总压比的增大静压下降越明显；但值得注意的是，PR = 0.4 时逆向射流不但没有降低钝头体肩部壁面静压，反而使得静

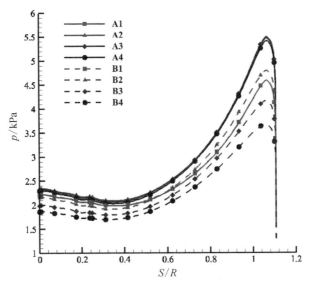

图 4.9　各 PR 下不同 d_0/D 时钝头体壁面静压分布对比

压上升,这说明此总压比下的逆向射流与减阻杆系统组合对高超声速来流中的钝头飞行器气动力性能起到了负面作用,不适用于钝头飞行器的减阻防热;而随着 PR 的进一步增加,钝头体肩部壁面的静压下降较为明显。当 $d_0/D = 0.02$ 时,在减阻杆系统上引入逆向射流使得钝头体头部壁面静压变大,且肩部壁面静压变大的幅度较头部更大,这说明当喷嘴直径为 2 mm 时,逆向射流对降低此超声速来流中的钝头飞行器壁面静压没有帮助,反而会使得钝头飞行器壁面静压上升,增加气动阻力。

表 4.3 给出的是各射流总压比 PR 下,d_0/D 为 0.02、0.04 两种情况下钝头体总阻力系数。

表 4.3　各 PR 下 d_0/D 为 0.02、0.04 情况下阻力系数对比

参　数	A1	A2	A3	A4
C_D	0.385	0.369	0.359	0.347
$\Delta D/\%$	0	−4.2	−6.8	−9.9

参　数	B1	B2	B3	B4
C_D	0.387	0.301	0.263	0.240
$\Delta D/\%$	0	−22.2	−32	−38

ΔD 表示阻力系数下降的百分比,在此定义如式(4.1)所示:

$$\Delta D = \frac{C_{Di} - C_{D1}}{C_{D1}} \tag{4.1}$$

其中,C_{Di}表示 PR 为 0.4、0.6 或 0.8 时的阻力系数;C_{D1}表示 PR = 0 时的阻力系数。

由表4.3中给出的数值可以看出,当d_0/D = 0.02 时,在减阻杆系统上引入逆向射流对阻力系数只有较小的影响,PR = 0.8 时的阻力系数较 PR = 0 时仅下降了 9.9%;而当d_0/D = 0.04 时,组合热防护系统对降低钝头体阻力系数有十分显著的作用,PR = 0.8 时总阻力系数相比 PR = 0 时下降了 38%。另外,相较于第 2 章数值验证部分计算所得的 SST k-ω 湍流模型下纯钝头体的总阻力系数,这种情况下(d_0/D = 0.04,PR = 0.8)阻力系数的下降百分比几乎达到了 84.1%,而在喷嘴直径为 2 mm 时最大阻力系数下降仅为 9.9%。

综合以上参数的比较情况,我们可以得出对此超高声速来流下的钝头飞行器,喷嘴直径为 4 mm 时较直径为 2 mm 的组合热防护系统能起到更显著的减阻防热效果。

2. 减阻杆长度(L)对组合热防护系统减阻防热效果的影响

众所周知,在单一减阻杆热防护系统中,减阻杆长度与钝头体底部直径之比(L/D)是影响减阻杆减阻防热效果的主要影响因素之一。基于本节第 1 部分的研究结果,本节主要对d_0/D = 0.04、d/D = 0.25 的加装组合热防护系统的钝头体模型进行模拟,改变减阻杆的长度使长径比 L/D 为 1、1.5 和 2,设置 PR 为 0、0.4、0.6 和 0.8,对比分析 L/D、PR 的变化对组合热防护系统流场特性及减阻防热效果的影响。

图 4.10 给出的是各射流总压比 PR 下,L/D 为 1、1.5 和 2 三种情况下的流场马赫数云图。由图 4.10 中的各图可以看出,有、无逆向射流时,减阻杆长度的增加都会使钝头体周围流体的马赫数下降,且随着长径比 L/D 或射流总压比 PR 的增大,流场中流体马赫数降低的范围变大。这说明减阻杆的增长对钝头体周围流体马赫数影响较大,且随着 PR 的增大钝头体周围的低速区域面积更大。

图 4.11 给出的是各射流总压比 PR 下,L/D 分别为 1、1.5 和 2 情况下的流场流线图,图 4.12 为减阻杆头部周围流场流线分布。由图 4.11 中的各图可以看出,不管有、无逆向射流,减阻杆长度的增加均使得钝头体周围流场受热防护系统影响的区域变大,且随着 PR 的增大,这种变化趋势更明显;当 L/D 增大到

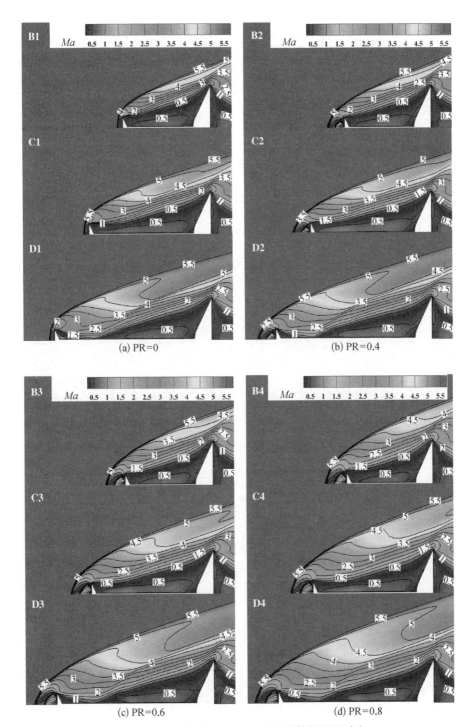

图 4.10　不同长径比 L/D 下流场马赫数云图对比

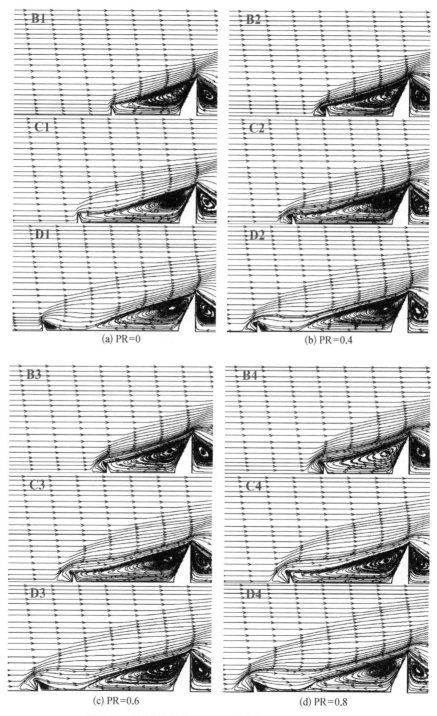

(a) PR=0

(b) PR=0.4

(c) PR=0.6

(d) PR=0.8

图 4.11　不同长径比 L/D 下钝头体周围的流线对比

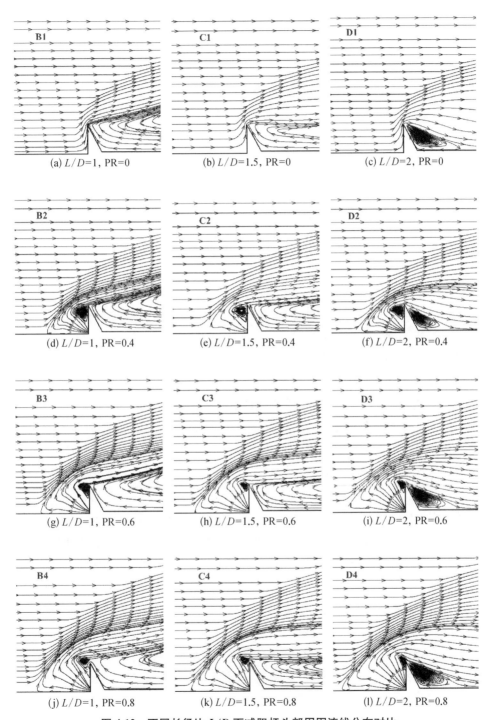

图 4.12　不同长径比 L/D 下减阻杆头部周围流线分布对比

2 时,减阻杆头部与钝头体头部之间的流场出现两个回流区,这是因为此时杆的长度超过了来流在撞击钝头体壁面之后形成的回流区(钝头体壁面附近的回流区)对后续来流产生作用的范围,所以部分来流打到减阻杆壁面并在减阻盘后形成一个较小的回流区。从图 4.12 中的各图可以看出,随着 PR 的增大,减阻盘头部形成的回流区逐渐向减阻盘外缘移动,逆向射流作用的流场范围变大,而减阻杆的增长对减阻杆头部减阻盘前方的流场几乎没有影响。

图 4.13 给出的是各射流总压比 PR 下,L/D 分别为 1、1.5 和 2 情况下的温度云图,并给出了温度等值线。图 4.14 给出的是各射流总压比 PR 下,L/D 分别为 1、1.5 和 2 情况下的减阻杆头部温度云图细节,并给出了温度等值线。由图 4.13 和图 4.14 中的各图可以看出,无论有无逆向射流,减阻杆长度的增加均使得减阻杆头部与钝头体壁面之间的区域温度降低,且减阻杆前端减阻盘后方的区域下降得尤为明显,这与此位置产生的回流区有关,也再次验证了回流区对降低来流温度的作用;同时对比 $L/D = 1$ 及 $L/D = 1.5$ 两种情况可以看出,有逆向射流时减阻杆长度的增加对钝头体壁面温度峰值的影响比无逆向射流时明显,这说明组合热防护系统较单一减阻杆系统有更好的防热效果。

图 4.15 为各射流总压比 PR 下,L/D 分别为 1、1.5 和 2 情况下的斯坦顿数沿钝头体壁面分布情况。由图 4.15 中的各图可以看出,无论有无逆向射流,L/D 从 1 变化到 1.5 均使得钝头体壁面斯坦顿数有较明显的下降,而从 1.5 变化到 2 时,斯坦顿数的下降幅度很小;随着 PR 的增大,减阻杆长度变化对壁面斯坦顿数的影响变小。同时还可以看出,当减阻杆长度为固定值时,PR 的增大使得钝头体壁面斯坦顿数有较明显的下降,当 $L/D = 1$ 时,PR = 0.8 情况下壁面斯坦顿数峰值较 PR = 0 的情况下降了近 43%,而这种下降趋势随着减阻杆长度的增大而减小,当 $L/D = 2$ 时,PR = 0.8 情况下壁面斯坦顿数峰值较 PR = 0 的情况下降 33.3%。值得注意的是,当有逆向射流时,L/D 从 1 增大到 1.5、2 时,钝头体头部附近的壁面斯坦顿数出现负值,这是由于逆向射流冷却工质与来流相互作用时吸收了壁面的部分热量,头部附近壁面热流下降。综上可以得出结论,组合热防护系统较单一减阻杆系统对钝头体壁面热流的削弱作用更明显,甚至可以吸收钝头体头部壁面的热流,使头部热流明显下降,且可以推测想要利用组合热防护系统达到最好的降低壁面热流效果,不需要每个特征参数都取最优值(如减阻杆最长且逆向射流总压比最高),而是取组合效果最优时的参数值,这将在 4.2 节的研究中继续讨论。

图 4.16 为各射流总压比 PR 下,L/D 分别为 1、1.5 和 2 情况下的钝头体壁面静压分布情况。

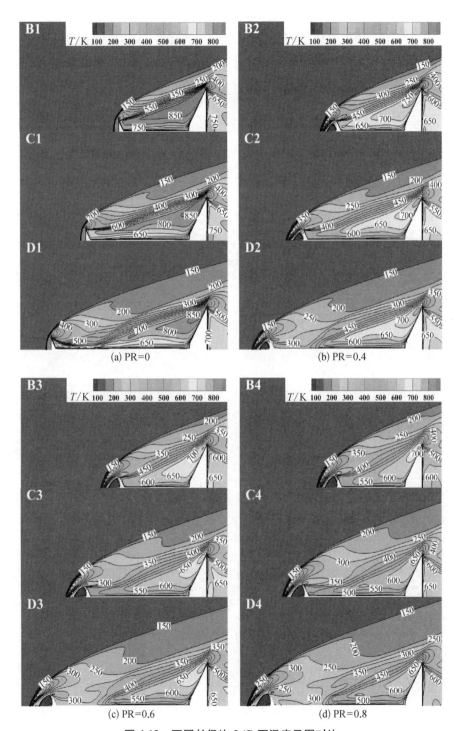

图 4.13　不同长径比 L/D 下温度云图对比

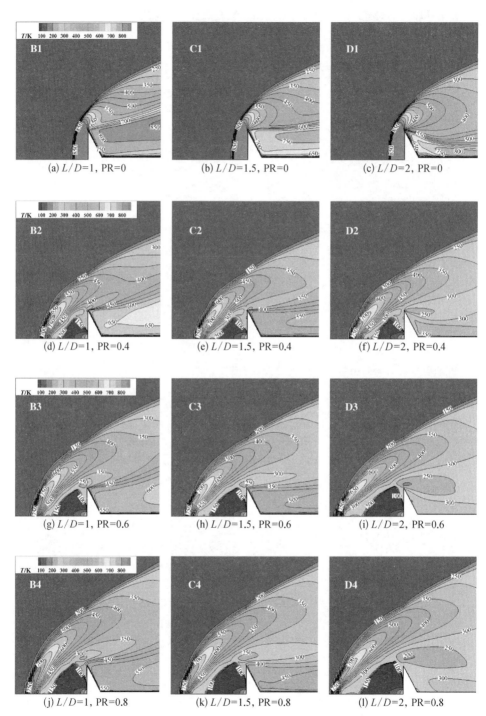

(a) $L/D=1$, PR=0　　(b) $L/D=1.5$, PR=0　　(c) $L/D=2$, PR=0

(d) $L/D=1$, PR=0.4　　(e) $L/D=1.5$, PR=0.4　　(f) $L/D=2$, PR=0.4

(g) $L/D=1$, PR=0.6　　(h) $L/D=1.5$, PR=0.6　　(i) $L/D=2$, PR=0.6

(j) $L/D=1$, PR=0.8　　(k) $L/D=1.5$, PR=0.8　　(l) $L/D=2$, PR=0.8

图 4.14　不同长径比 L/D 下减阻杆头部温度云图细节对比

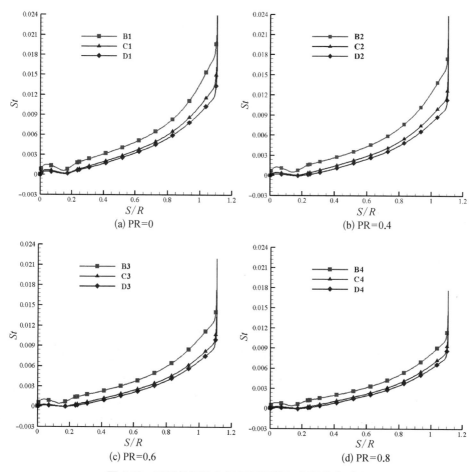

图 4.15　不同长径比 *L/D* 下壁面斯坦顿数分布对比

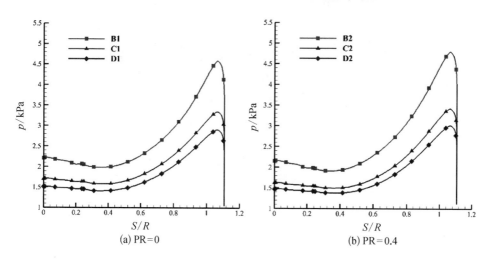

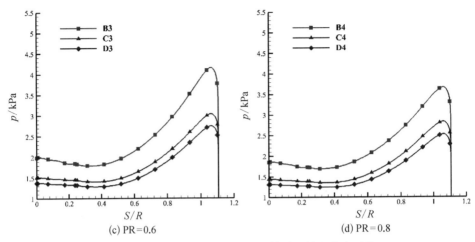

(c) PR=0.6　　　　　　　　　(d) PR=0.8

图4.16　不同长径比 L/D 下钝头体壁面静压分布对比

由图4.16中的各图可以看出,无论有无逆向射流,L/D 从1变化到1.5均使得钝头体壁面静压有较明显的下降,而从1.5变化到2时,壁面静压的下降幅度较小。对比图4.16(a)和(b)可以得到与关于逆向射流喷嘴直径的讨论一致的结果,即 $L/D=1$ 的情况下,PR=0.4时钝头体肩部壁面静压比 PR=0时大。而当 L/D 为1.5、2时,总压比 PR 的增大仅使得壁面静压值略微下降,这说明组合热防护系统中逆向射流总压比对壁面静压所起削弱作用较减阻杆长度变化带来的钝头体壁面静压下降小。

表4.4中给出的是不同射流总压比 PR 下,L/D 为1、1.5、2时的钝头体总阻力系数值。

表4.4　L/D 为1、1.5、2情况下总阻力系数对比

参　数	B1	B2	B3	B4
C_D	0.387	0.301	0.263	0.240
$\Delta D'/\%$	0	0	0	0
参　数	C1	C2	C3	C4
C_D	0.320	0.221	0.193	0.183
$\Delta D'/\%$	−17.3	−26.6	−26.6	−23.75
参　数	D1	D2	D3	D4
C_D	0.296	0.202	0.176	0.165
$\Delta D'/\%$	−23.5	−32.9	−33.1	−31.25

$\Delta D'$ 表示阻力系数下降的百分比，$\Delta D'$ 的定义为

$$\Delta D' = \frac{C_{DJ} - C_{DB}}{C_{DB}} \tag{4.2}$$

其中，C_{DJ} 表示 $L/D = 1.5$ 和 2 时的阻力系数；C_{DB} 表示 $L/D = 1$ 时的阻力系数。

由表 4.4 中的数值可以看出，随着 L/D 的增大，总阻力系数有明显的下降，但 C_D 随减阻杆长度的下降趋势不是线性的。最大的阻力系数下降出现在 PR = 0.4 或 0.6 时，当 L/D 从 1 增加到 1.5 时，阻力系数下降 26.6%。而当 L/D 从 1.5 增加到 2 时总阻力系数下降率仅增加 6.3%（PR = 0.4）及 6.5%（PR = 0.6）。同时，对于固定的 L/D 值，在减阻杆热防护系统上引入逆向射流使得钝头体总阻力系数大幅下降，$L/D = 1.5$ 时，PR = 0.4 情况下的阻力系数较 PR = 0 情况下总阻力系数下降 31%，而射流总压比 PR 的增大，钝头体总阻力系数下降幅度减小，PR = 0.6 时的总阻力系数较 PR = 0.4 时下降 12.7%，PR = 0.8 时的总阻力系数较 PR = 0.6 时仅下降 5.2%。由此也可推测，要想组合热防护系统达到较优的降低阻力系数效果，单一特征参数值不必取到最大值或最小值，而仅需合理选取减阻杆长度及射流总压比使得效果最优，这与前文对降低壁面热流的推测相似。

3. 减阻盘直径（d）对组合系统减阻防热效果的影响

从众多研究团队的研究结果中可以看出，单一减阻杆热防护系统头部是否加装减阻盘对钝头体壁面减阻防热的效果影响很大。文献［10］表明，减阻杆头部加装减阻盘时，减阻杆的减阻防热效果会得到优化，但是这种优化不是随着减阻盘尺寸变大而线性增强的。在组合热防护系统中，减阻盘尺寸变化对减阻防热效果的影响可能与单一减阻杆系统时的结果不同，所以本节对减阻杆及逆向射流组合热防护系统研究了减阻盘直径的大小变化对钝头体壁面减阻防热的影响，为 4.2 节的优化过程中设计变量 d/D 范围的设置提供依据。

本节主要基于 $L/D = 1$、$d_0/D = 0.04$ 的钝头体模型，对减阻盘直径与钝头体直径之比 d/D 分别为 0.125、0.187 5、0.25、0.312 5 和 0.375 的钝头体进行数值模拟，同时设置 PR 为 0、0.4、0.6 和 0.8，分析对比无逆向射流及不同射流总压比时，不同减阻杆头部马赫盘直径对钝头体壁面热流、静压分布及阻力系数的影响。

图 4.17 给出的是无逆向射流及 PR 为 0.4、0.6 和 0.8 情况下，减阻杆头部减阻盘直径与钝头体底部直径之比 d/D 为 0.125、0.187 5、0.25、0.312 5 和 0.375 时的钝头体壁面斯坦顿数分布曲线。

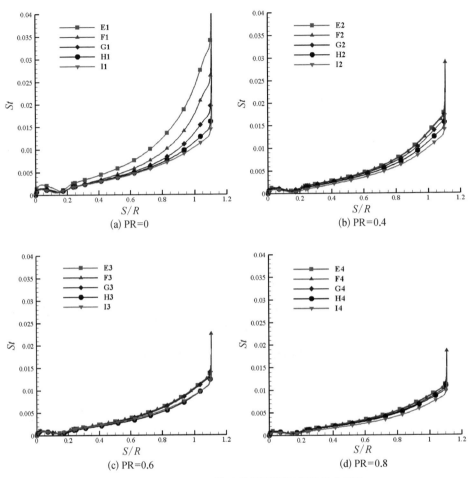

图 4.17 不同 d/D 下钝头体壁面斯坦顿数分布对比

由图 4.17 可以看出,加装减阻盘情况下钝头飞行器头部壁面斯坦顿数都很低,且无论有无逆向射流,各减阻盘直径下的头部壁面斯坦顿数均十分接近;而对于钝头体肩部而言,无逆向射流时(PR=0),随着 d/D 的增大,壁面斯坦顿数越小,即减阻盘直径 d 越大,组合热防护系统对降低壁面热流的效果越明显。而当有逆向射流时,各 d/D 下的钝头体壁面斯坦顿数分布趋于相同,且随着 PR 的增加,各情况下的斯坦顿数越接近。值得注意的是,当 PR = 0.6 时,d/D = 0.187 5(F3)及 d/D = 0.25(G3)计算所得的壁面斯坦顿数分布很接近;d/D = 0.312 5(H3)及 d/D = 0.375(I3)时的壁面斯坦顿数也几乎没有差别。同时可以看到,当 PR = 0.8 时,随着 d 的增大,钝头体头部斯坦顿数几乎没有变化,钝头体肩部壁面斯坦顿数随着 d 的增大总体呈下降的趋势。这说明当有逆向射流时,组合热防护系统中的逆向射流占降低钝头体头部壁面热流的主导作用,而改变马赫盘直径对壁面热流,尤其是对钝头体头部壁面热流的影响很小。

图 4.18 给出的是不添加逆向射流和添加逆向射流且射流总压比 PR 为 0.4、0.6 和 0.8 情况下,d/D 为 0.125、0.187 5、0.25、0.312 5 和 0.375 时的钝头体壁面静压分布曲线。

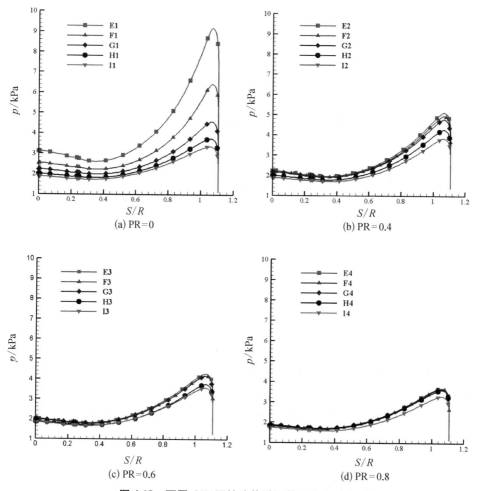

图 4.18　不同 d/D 下钝头体壁面静压分布对比

由图 4.18(a)可以看出,在无逆向射流(PR = 0)时,随着减阻盘直径的增大,钝头体壁面静压变小,且大幅下降,d/D = 0.375(I1)的情况较 d/D = 0.125(E1)的情况钝头体肩部静压降幅将近 70%,但随着减阻盘直径的增大,静压下降的幅度变小,d/D = 0.375(I1)情况下壁面静压分布较 d/D = 0.312 5(H1)

时仅有小幅下降;而当有逆向射流时,各减阻盘直径下的静压分布趋于相同,且此趋势随着射流总压比的增大而越发明显。从图 4.18(c)可以看出,当 PR = 0.6 时,d/D = 0.125(E3)、d/D = 0.187 5(F3)及 d/D = 0.25(G3)情况下计算所得的壁面静压分布几乎相同,d/D = 0.312 5(H3)及 d/D = 0.375(I3)时的壁面静压分布也相差较小。且值得注意的是,当 PR = 0.8 时,钝头体头部壁面静压分布在这五种减阻盘直径下几乎一致。这说明当有逆向射流时,组合热防护系统中的逆向射流在降低钝头体头部壁面静压中占主导作用,改变减阻盘直径对壁面静压分布的影响较小。

表 4.5 给出的是 PR 为 0、0.4、0.6 和 0.8 情况下,减阻盘直径与钝头体直径之比 d/D 为 0.125、0.187 5、0.25、0.312 5 和 0.375 时的钝头体阻力系数值。

表 4.5 d/D 为 0.125、0.187 5、0.25、0.312 5 和 0.375 情况下阻力系数对比

PR	C_D				
	0.125	0.187 5	0.25	0.312 5	0.375
0	0.520	0.401	0.387	0.406	0.458
0.4	0.320	0.310	0.301	0.293	0.310
0.6	0.280	0.273	0.263	0.239	0.280
0.8	0.241	0.239	0.240	0.216	0.232
$\Delta/\%$	−53.7	−40.4	−38.0	−46.8	−49.3

$\Delta = \dfrac{C_{D0.8} - C_{D0}}{C_{D0}}$,$C_{D0.8}$ 为 PR = 0.8 时的阻力系数,C_{D0} 为 PR = 0 时的阻力系数。

由表 4.5 中数值可以看出,在这五种情况下,无逆向射流时 d/D = 0.25 情况下钝头体阻力系数最小,随着马赫盘直径的增大或减小,阻力系数值都变大;而在有逆向射流的情况下,总阻力系数 C_D 最小时 d/D 均为 0.312 5,再增大 d/D,反而使得总阻力系数值变大,这说明 d/D = 0.312 5 情况下,组合热防护系统的减阻效果最佳。

4.1.3 小结

本节利用数值模拟方法对马赫数为 5.75 的高超声速来流中加装减阻杆与逆向射流组合热防护系统的钝头体进行了二维数值计算,主要研究了逆向射流喷嘴直径 d_0、减阻杆长度 L、减阻盘直径 d 及逆向射流总压比 PR 对加装组合热防护系统的钝头飞行器周围的流场结构、气动阻力及气动热特性的影响,为下一步飞行器组合减阻防热系统优化设计参数范围选择提供基础。通过以上数值仿真研究,可以得到以下结论。

（1）当 $d_0 = 2$ mm 时，在减阻杆系统上引入逆向射流不仅不能改善钝头飞行器的气动阻力及气动热环境，反而会增加钝头体壁面承受的热流及压力。当 $d_0 = 4$ mm 时，引入逆向射流有较好的减阻防热效果，当 PR = 0.8 时，斯坦顿数较无射流时最大下降了近 45%，总阻力系数较 PR = 0 时下降了 38%。

（2）当减阻杆长度增加使得 L/D 从 1 增大到 1.5 时，钝头体壁面附近的热流、静压及总阻力系数有较明显的下降；而当 L/D 从 1.5 增大到 2 时，这些参数的下降幅度很小，这说明减阻杆长度与组合热防护系统减阻防热效果之间的关系不是线性的，当 L 增大到一定值时，继续增加减阻杆长度对组合热防护系统的减阻防热效果将不再有促进作用。

（3）当 $L/D = 2$ 时，不仅在减阻杆头部形成了一个回流区，还在减阻杆头部减阻盘后方形成回流区，这两个回流区对改善减阻杆头部减阻盘附近的流场结构及温度环境有十分重要的作用。

（4）无逆向射流时，随着减阻杆前端马赫盘直径 d 的增大，钝头体壁面热流及静压分布有较大的下降，但随着 d/D 的增大壁面斯坦顿数及静压分布的降幅变小。有逆向射流时，不同减阻盘直径 d 下得到的钝头体壁面斯坦顿数分布、静压 P 分布差距不大，且随着 PR 的增大差距越来越小。

综合考虑壁面热流及阻力这两个因素可以得出 $d/D = 0.312\,5$ 时组合热防护系统对钝头体的减阻防热效果最好的结论，这为下一步对组合热防护系统构型优化时的参数范围设置提供支持。

4.2　减阻杆与逆向射流组合体多目标设计优化

从 4.1 节的组合热防护系统性能参数研究结果可以看出，减阻杆长度 L、减阻盘直径 d 单独变化对钝头飞行器头部阻力系数 C_D、壁面斯坦顿数 St 的影响不是线性的；而单独改变逆向射流喷嘴直径 d_0 或增大射流总压比 PR 会使得阻力系数 C_D、壁面斯坦顿数 St 持续下降，但 d_0、PR 过大会使得飞行器质量过重而无法保证飞行器的工作稳定性及机动性，且各影响因素同时变化时对组合热防护系减阻防热效果的影响并不明确。所以基于 4.1 节的分析，本节将对减阻杆与逆向射流组合热防护系统进行优化设计，通过设计变量及目标函数选取、正交试验设计获取样本点、建立近似模型及全局优化等工作得到既保证组合系统有较好的减阻防热效果，又使得飞行器有稳定的工作特性的目标下的最优气动布局。

4.2.1 目标函数

对多个子目标同时实施最优化的问题称为多目标优化问题。本节在进行高超声速来流中再入飞行器气动性能研究及热防护系统结构优化时,需将气动加热和气动阻力同时考虑进去,将代表它们的性能指标作为优化目标。公开文献中通常采用阻力系数 C_D 来反映高超声速来流中飞行器的气动阻力特性,且在 4.1 节的参数化分析中也应用阻力系数 C_D 对气动阻力特性进行了研究。所以在对组合热防护系统气动阻力性能进行优化时选取的目标函数为阻力系数 C_D,其定义式如式(4.3)所示:

$$C_D = \frac{D}{\frac{1}{2}\rho_\infty v_\infty^2 S_{\mathrm{ref}}} \tag{4.3}$$

其中,D 为钝头飞行器承受的总阻力;ρ_∞ 为来流密度;v_∞ 为来流速度;S_{ref} 为钝头飞行器底部面积。

对于防热效果,主要考察的是组合热防护系统对钝头体头部总热负荷的削弱作用,所以本节在对组合热防护系统防热效果进行优化时选取的目标函数为总热负荷 Q。总热负荷 Q 为钝头体头部壁面热流密度的积分,其定义式如式(4.4)所示:

$$Q = 2\pi R \int_{\theta_0}^{30} q_{\mathrm{w}}\sin\theta\,\mathrm{d}\theta \tag{4.4}$$

其中,q_{w} 为壁面热流密度分布函数;θ 为来流方向与球面当地法线方向的夹角,积分段取钝头体球头部分。

本节的优化过程以上述两个目标函数的值尽量小为优,它们的数值可以在 FLUENT 中直接输出。

4.2.2 设计变量及其范围设置

根据 4.1 节对组合热防护系统性能及结构的单一变量变化参数化分析可知,减阻杆长度 L、减阻盘直径 d、逆向射流喷嘴直径 d_0 及逆向射流总压 P_{0j} 的变化对组合热防护系统的减阻防热效果均有较大的影响。所以本节在优化过程中选取的设计变量分别为减阻杆长度与钝头体底部直径之比 L/D、减阻盘直径与钝头体底部直径之比 d/D、逆向射流喷嘴直径与钝头体底部直径之比 d_0/D 及逆向射流总压比 PR,探究多个因素同时变化时对目标函数的影响规律,固定射流马赫数为 1、射流工质固定为氮气。在对设计变量的范围进行设置时,需综合考虑飞行器总质量不能过重、减阻防热系统结构的合理性及保证流场稳定等因素。下面将针对每个设计变量的范围设置进行说明。

1. 逆向射流总压比(PR)的范围设置

在对 PR 的范围设置上,首要考虑的是在选取的射流总压比范围内钝头体头部周围流场是否为稳定流场。Guo 等[11]在对高超声速流中带逆向射流的钝头飞行器壁面传热进行定量分析研究中选择总压比 PR_f 作为对流场稳态与非稳态的判断标准,它较 PR 有更明确的物理意义,能更直观地反映钝头体周围的流场状态。PR_f 的定义如式(4.5)所示:

$$PR_f = P_{0j}/P_{0f} \qquad (4.5)$$

其中,P_{0j} 为射流总压;P_{0f} 为自由流皮托管压力,即正激波后的总压。

根据 Finley[12]的实验研究,判断流场是否处于稳态的 $PR_{f,\,crit}$ 与钝头体底部直径和喷口直径之比 D/d_0 呈正相关,如式(4.6)所示:

$$PR_{f,\,crit} \propto D/d_0 \qquad (4.6)$$

由空气动力学等熵关系式[13]可知:

$$P_{0j} = PR \times P_{0\infty} \qquad (4.7)$$

$$P_{0\infty} = P_{\infty} \left(1 + \frac{\gamma - 1}{2} Ma_{\infty}^2\right)^{\frac{\gamma}{\gamma-1}} \qquad (4.8)$$

P_{0f} 来源于基于正激波关系式及等熵滞止假设的瑞利-皮托管公式,如式(4.9)所示:

$$P_{0f} = P_{\infty} \left[\frac{(\gamma + 1)^2 Ma_{\infty}^2}{4\gamma Ma_{\infty}^2 - 1(\gamma - 1)}\right]^{\frac{\gamma}{\gamma-1}} \frac{1 - \gamma + 2\gamma Ma_{\infty}^2}{\gamma + 1} \qquad (4.9)$$

综合上面的分析可以得出

$$PR_f = PR \times J(Ma) \qquad (4.10)$$

本章中固定来流马赫数 $Ma_{\infty} = 5.75$,在 $\gamma = 1.4$ 时可以计算得到 $J(Ma_{\infty}) = 28.284$,所以在本章的研究条件下有

$$PR_f = 28.284 \times PR \qquad (4.11)$$

根据文献[12]可知,只要选取的 PR 范围使得 PR_f 满足式(4.12)即可保证计算所得的流场为稳态。

$$PR_f > PR_{f, \text{crit}} \tag{4.12}$$

由于本节中选取的设计变量包括逆向射流喷嘴直径 d_0,在变化的 d_0 下 D/d_0 也在变化,进而 $PR_{f, \text{crit}}$ 的值随 D/d_0 的变化而取到不同值,但根据 Finley[12] 的实验研究结果可知 $PR_{f, \text{crit}}$ 随着 D/d_0 的增大而增大,随着 L/D 的增大而减小。也就是说,在研究的范围内, D/d_0 最大、 L/D 最小时得到的 $PR_{f, \text{crit}}$ 是所有算例中最大的,只要保证 PR_f 大于此时的 $PR_{f, \text{crit}}$ 即可保证在所有的结构及射流参数条件下流场都处于稳态。本节设置的算例中 $D/d_{0\max} = 31.25$, $(L + 25)/D_{\min} = 1.5$,此时 $PR_{f, \text{crit}} \approx 5$, $PR_{\min} \approx 0.177$。所以在本节的研究中,只需满足设置的 PR 大于 0.177 即可计算得到稳态流场。而为了避免钝头飞行器因携带过多冷却工质而导致负荷过重,逆向射流总压比上限设置为 0.6,即 $PR_{\max} = 0.6$。

2. 减阻杆长度与钝头体底部直径之比(L/D)的范围设置

减阻杆长度与钝头体底部直径之比 L/D 为影响组合热防护系统减阻防热效果最主要的因素之一。国内外很多研究团队在研究 L/D 变化对减阻杆热防护系统减阻防热效果中发现在一定的范围内增大 L/D 有助于提高热防护系统的减阻防热效果,这在 4.1 节单一因素改变的参数化分析中也得到了验证。但是 L/D 的增大对减阻防热效果的促进作用不是随着减阻杆长度线性变化的,而是在 L/D 增大到某一值后促进效果逐渐变差,且减阻杆长度的增长必定会带来飞行器结构稳定性等问题,所以本节将在前人研究及 4.1.2 节第 2 部分研究结果的基础上综合考虑结构稳定性等因素设置设计变量 L/D 的范围。

根据 4.1.2 节第 2 部分对不同 L/D 下的钝头体壁面斯坦顿数分布对比的分析可知(图 4.15),在无逆向射流及有逆向射流情况下, L/D 从 1 变化到 1.5 均使得钝头体壁面斯坦顿数有较明显的下降; L/D 从 1.5 变化到 2 时,壁面斯坦顿数的变化很小。

从对不同 L/D 下的钝头体壁面静压分布对比分析中可知(图 4.16),无论有无逆向射流,当 L/D 从 1 变化到 1.5 时,钝头体壁面静压有较大幅度的下降;而当 L/D 从 1.5 变化到 2 时,壁面静压的下降幅度较小。

同时根据表 4.4 中对不同 PR 下, L/D 为 1、1.5 和 2 时的钝头体总阻力系数 C_D 数值的对比分析可以看出,无论有无逆向射流, L/D 从 1 变化到 1.5 时,总阻力系数均有较大幅度的下降,当 PR = 0.8 时(C4 相对于 B4)总阻力系数下降

23.75 个百分比;而当 L/D 从 1.5 变化到 2 时,总阻力系数下降的幅度变小,当 PR = 0.8 时(D4 相对于 C4)总阻力系数仅下降 7.5 个百分比。

综合仅改变参数 L/D 时组合热防护系统对壁面斯坦顿数、壁面压力分布、总阻力系数 C_D 的影响规律可知,对此来流条件下的钝头飞行器,L/D 从 1 变化到 1.5,减阻杆的加长对组合热防护系统的减阻防热效果有明显的增强;L/D 从 1.5 变化到 2 时,组合热防护系统减阻防热效果随减阻杆的伸长变化较小。这说明在此情况下,减阻杆长度增加到使得 $L/D = 1.5$ 就已经能达到较为理想的减阻防热效果。且本章对减阻杆与逆向射流组合热防护系统进行性能研究的目的之一是在提高减阻防热效果的同时保证热防护系统结构稳定性并节约成本,因而减阻杆长度不宜过长。所以在对组合热防护系统进行设计优化时,设置 L/D 的上限值为 1.5,下限值为 0.5,研究减阻杆长度与钝头体底部直径之比 L/D 为 0.5~1.5 时组合热防护系统的热防护作用。

3. 减阻盘直径与钝头体底部直径之比(d/D)的范围设置

从众多研究团队的研究结果[14-17]中可以看出,单一减阻杆系统头部是否加装减阻盘对钝头体壁面减阻防热的效果影响较大。从文献[18]及 4.1 节的研究结果中可以看出,减阻盘直径的增大对钝头体热防护系统减阻防热效果的影响不是线性的,即当减阻盘直径增大到某一值后再继续增大减阻盘直径将不再提升减阻防热效果或反而使得减阻防热效果变差。同时,使用更大的减阻盘必定会增大热防护系统的总重量,这与本章降低飞行器总负荷、提高飞行机动性的目标相矛盾,所以在优化热防护系统时将从这两个方面对 d/D 的范围加以限制,以求得到更好的优化效果。

从 4.1 节中对不同逆向射流压比下变化 d/D 对钝头体壁面斯坦顿数的影响分析(图 4.17)可知,在有逆向射流的情况下,增大减阻盘直径使得钝头体壁面斯坦顿数变化很小,且随着逆向射流总压比的增大,各减阻盘直径下的钝头飞行器头部壁面斯坦顿数相差越来越小。同时值得注意的是,当 PR = 0.6 时,S/R = 0.1 ~ 1 段钝头体壁面上,$d/D = 0.3125$ 时的壁面斯坦顿数较 $d/D = 0.375$ 时的壁面斯坦顿数更小,如图 4.19 所示。这说明在本章假设的情况下,当逆向射流总压比 PR ⩽ 0.6 时,$d/D = 0.3125$ 的组合热防护系统即可得到与带有更大直径减阻盘的热防护系统具有相同的防热效果。

而从对不同逆向射流总压比 PR 情况下,减阻盘直径变化时的整个钝头体壁面静压分布曲线(图 4.18)的分析可以看出,在减阻杆系统上引入逆向射流后,减阻盘直径的变化对钝头体壁面静压分布的影响不大,且随着 PR 的增大,

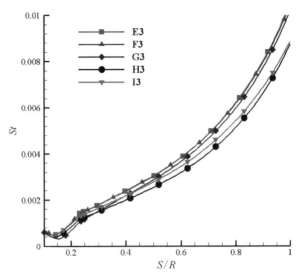

图 4.19 PR = 0.6 时，S/R = 0.1~1 段不同 d/D 下钝头体壁面斯坦顿数分布对比

钝头体壁面静压分布受减阻盘直径变化的影响越来越小。当 PR = 0.6 时，d/D = 0.312 5 与 d/D = 0.375 情况下的静压分布基本相同，这也再次为优化过程中 d/D 上限设置为 0.312 5 提供支持。

同时从表 4.5 中不同 PR、不同减阻盘直径下的阻力系数数值可以看出，在 PR 为 0.4、0.6 的情况下，总阻力系数 C_D 最小时减阻盘直径与钝头体直径之比 d/D 均为 0.312 5，再增大 d/D 反而使得总阻力系数值变大。所以为了在多目标优化过程中更好地满足获取最小阻力系数的目标，变量 d/D 上限设置为 0.312 5。

综合不同 d/D 下钝头体壁面斯坦顿数分布、静压分布及总阻力系数数值对比可以看出，减阻盘直径对钝头体阻力系数的影响不是线性的，阻力系数首先随着减阻盘直径的增大而减小，在减阻盘直径增大到某一值时会使得钝头体总阻力系数上升，且这个临界值受逆向射流总压比影响，逆向射流总压比越大，临界减阻盘直径越大。在 PR ≤ 0.6 的范围内，d/D = 0.375 时所得的壁面斯坦顿数分布、静压分布与 d/D = 0.312 5 时所得的结果十分接近，且 d/D = 0.375 时的阻力系数大于 d/D = 0.312 5 情况下的阻力系数，所以在进行组合热防护系统多目标优化时，d/D 的上限值设置为 0.312 5。而在 d/D 下限值的选取时，只要满足最小减阻盘的直径大于最大逆向射流喷嘴直径即可，所以 d/D 的下限值设置为 0.062 5。

4. 逆向射流喷嘴直径与钝头体底部直径之比(d_0/D)的范围设置

逆向射流喷嘴直径 d_0 越大,单位时间内同一 PR 下喷出的冷却工质越多,激波被推出的距离越远,减阻防热效果越好。但长时间工作时,飞行器需携带的冷却工质质量也就越多,从而导致飞行器总负荷过重,影响飞行器工作稳定性及机动性能。所以在多目标优化过程中要综合考虑减阻防热效果与飞行器工作性能,选择合适的喷嘴直径与钝头体底部直径之比 d_0/D 的优化范围。

综合图 4.8、图 4.9 及表 4.3 对 d_0/D 为 0.02、0.04 两种情况下壁面斯坦顿数、壁面压力分布及阻力系数的比较分析可以得出:对于在此超高声速来流条件下工作的钝头飞行器,喷嘴直径 $d_0 = 4$ mm 的组合热防护系统能起到较显著的减阻防热效果,而喷嘴直径 $d_0 = 2$ mm 的逆向射流系统对飞行器总阻力系数的削弱作用较小。更加值得注意的是,当 $d_0 = 2$ mm 时,加装有逆向射流的组合热防护系统的钝头体壁面斯坦顿数及壁面压力较无逆向射流时更高。所以为了保证在本章的来流条件下组合热防护系统起到减阻防热的作用,优化过程中选取的 d_0/D 下限值不能过小;但 d_0 增大的过程中,喷嘴面积 S_0 将以平方的形式增大,同一 PR 下喷出的工质质量大幅增加,整个飞行器系统负荷变大,不利于飞行器机动性能。所以在设置 d_0/D 的优化范围时,本章以喷嘴面积 S_0 的变化为参考因素,旨在使相邻喷嘴面积 S_0 参考值之间的变化梯度不过大,综合考虑之下设置 d_0/D 下限值为 0.032($S_0 = 8.038$ mm^2),d_0/D 上限值为 0.048($S_0 = 18.086$ mm^2)。

综合以上对逆向射流喷嘴直径与钝头体底部直径之比 d_0/D、减阻杆长度与钝头体底部直径之比 L/D、减阻盘直径与钝头体直径之比 d/D、逆向射流总压比 PR 的分析,设计变量的范围及取值设计如表 4.6 所示。

表 4.6　设计变量参考值

变　量	1	2	3	4	5
PR	0.2	0.3	0.4	0.5	0.6
d_0/D	0.032	0.036	0.04	0.044	0.048
L/D	0.5	0.75	1	1.25	1.5
d/D	0.062 5	0.125	0.187 5	0.25	0.312 5

4.2.3　试验设计方法和采样结果

要想实现对钝头飞行器组合热防护系统的合理优化,需在开展优化之前获得容量足够大的样本,为了避免因数值模拟耗时过长而带来的优化周期长、优化效率低的问题,通常在进行优化之前建立设计变量与目标函数之间的近似模型代替繁复的数值模拟过程。而准确的代理模型的建立要基于足够数量的有代表性的数据样本点,工程实践中广泛使用试验设计方法获取能够高精度构建代理模型的样本点。常用的试验设计方法有拉丁超立方设计、正交试验设计、全因子设计、中心组合设计等。本节利用正交试验设计方法获取样本点。正交试验设计法是一种高效、快速的试验设计方法,它根据正交性从参考因素范围内挑选出具有代表性的点进行试验,当实验因素较多时,采用正交设计可以大大减少试验次数,且通过试验设计获得的样本点具备"均匀分布,齐整可比"的特点,具有较好的代表性,Huang 等在很多研究中采用此方法获取样本点[19-22]。由 4.1 节的设计变量范围设置可知,本节为 4 因素 5 水平试验,所以在此采用 $L_{25}(56)$ 正交表,利用 FLUENT 对正交试验设计所得的 25 个算例进行同条件下(除设计变量不同,湍流模型、边界条件等设置均一致)数值模拟,在监控的参数均收敛后输出目标函数 C_D 及 Q 的值,结果如表 4.7 所示。

表 4.7　组合热防护系统正交试验设计结果

试验号	设 计 变 量				计算结果	
	L/D	d/D	PR	d_0/D	C_D	Q
1	0.5	0.062 5	0.2	0.032	0.748	11.404
2	0.5	0.125	0.3	0.036	0.612	9.37
3	0.5	0.187 5	0.4	0.04	0.494	7.79
4	0.5	0.25	0.5	0.044	0.391	5.96
5	0.5	0.312 5	0.6	0.048	0.311	4.49
6	0.75	0.062 5	0.3	0.04	0.405	6.81
7	0.75	0.125	0.4	0.044	0.334	5.59
8	0.75	0.187 5	0.5	0.048	0.27	4.46
9	0.75	0.25	0.6	0.032	0.352	6.07
10	0.75	0.312 5	0.2	0.036	0.394	6.82
11	1	0.062 5	0.4	0.048	0.252	4.52
12	1	0.125	0.5	0.032	0.316	5.68
13	1	0.187 5	0.6	0.036	0.262	5.07
14	1	0.25	0.2	0.04	0.331	6.29
15	1	0.312 5	0.3	0.044	0.274	4.67
16	1.25	0.062 5	0.5	0.036	0.26	4.85
17	1.25	0.125	0.6	0.04	0.221	3.95
18	1.25	0.187 5	0.2	0.044	0.29	5.66

（续表）

试验号	设　计　变　量				计算结果	
	L/D	d/D	PR	d_0/D	C_D	Q
19	1.25	0.25	0.3	0.048	0.141	4.58
20	1.25	0.312 5	0.4	0.032	0.264	4.65
21	1.5	0.062 5	0.6	0.044	0.199	3.75
22	1.5	0.125	0.2	0.048	0.263	5.38
23	1.5	0.187 5	0.3	0.032	0.289	5.81
24	1.5	0.25	0.4	0.036	0.232	4.68
25	1.5	0.312 5	0.5	0.04	0.232	4.29

4.2.4　方差分析

为了研究各设计变量对目标函数影响的显著性,本节利用 SPSS 软件对正交试验计算结果进行方差分析,表 4.8 和表 4.9 分别表示以阻力系数 C_D、钝头体头部壁面热流 Q 为目标函数的方差分析结果。

表 4.8　目标函数为 C_D 时的方差分析结果

源	Ⅲ型平方和	df	均方	F	Sig
L/D	0.243	4	0.061	29.676	0.000
d/D	0.020	4	0.005	2.451	0.131
PR	0.060	4	0.015	7.292	0.009
d_0/D	0.049	4	0 012	5.996	0.016
误差	0.016	8	0.002		
总计	3.095	25			

表 4.9　目标函数为 Q 时的方差分析结果

源	Ⅲ型平方和	df	均方	F	Sig
L/D	32.292	4	8.073	22.338	0.000
d/D	4.788	4	1.197	3.312	0.070
PR	19.247	4	4.812	13.314	0.001
d_0/D	13.147	4	3.287	9.094	0.005
误差	2.891	8	0.361		
总计	885.687	25			

当显著性置信区间 $\alpha = 0.05$ 时,一般以 Sig < 0.05 表示设计变量对目标函数的影响显著,Sig < 0.01 表示设计变量对目标函数的影响非常显著;Sig > 0.05 表示设计变量对目标函数的影响不显著。从表 4.8 和表 4.9 中的数据可知,对于目标函数 C_D,L/D、PR 的影响非常显著,d_0/D 的影响较为显著,而 d/D 对 C_D 的影响不显著;对于目标函数 Q,L/D、PR、d_0/D 的影响都非常显著,而 d/D 对 Q 的影响不显著。在 4.1 节对减阻盘直径与钝头体直径之比 d/D 对组合热防护系统减阻防热效果影响的分析中,我们曾得出在有逆向射流时,仅改变减阻盘直径对组合热防护系统减阻防热效果影响较小的结论,此方差分析结果中 d/D 改变对两个目标函数的影响都不显著这一现象证明在其他变量同时改变的情况下,改变减阻盘直径对组合热防护系统减阻防热效果影响也很小。

图 4.20 表示不同逆向射流总压比 PR 下,改变减阻盘直径与钝头体直径之比 d/D 时钝头体头部壁面斯坦顿数的变化曲线。

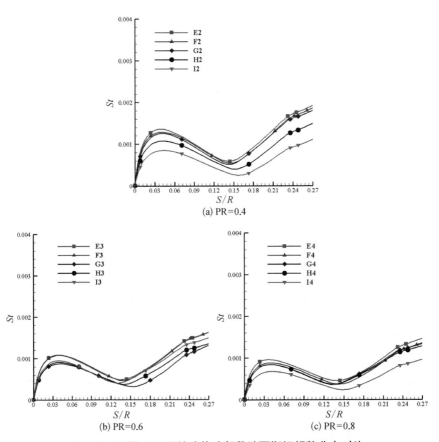

图 4.20   不同 d/D 下钝头体头部段壁面斯坦顿数分布对比

从图 4.20 可以看出,在有逆向射流时,增大 d/D,钝头体头部区域的壁面斯坦顿数变化很小。随着 PR 的增大,各 d/D 下的头部壁面斯坦顿数越接近,从图 4.20(b)中可以看出, $d/D = 0.375$(I3)、 $d/D = 0.3125$(H3)、 $d/D = 0.25$(G3)三种情况下的头部壁面斯坦顿数曲线几乎保持一致。

以上分析说明,在减阻杆与逆向射流组合热防护系统中,减阻盘直径与钝头体直径之比 d/D 为影响其效果的次要因素,所以在接下来的正交试验设计中可以忽略 d/D 的影响,以 L/D 、PR、 d_0/D 三个因素为设计变量设计试验,修改后的正交试验设计表如表 4.10 所示。

表 4.10　修改后的正交试验设计表及结果

试验号	设 计 变 量			计 算 结 果	
	L/D	PR	d_0/D	C_D	Q
1	0.5	0.2	0.032	0.743	11.405
2	0.5	0.3	0.036	0.595	9.129
3	0.5	0.4	0.04	0.473	7.242
4	0.5	0.5	0.044	0.382	5.819
5	0.5	0.6	0.048	0.328	4.694
6	0.75	0.2	0.036	0.517	8.526
7	0.75	0.3	0.04	0.405	6.8
8	0.75	0.4	0.044	0.324	5.573
9	0.75	0.5	0.048	0.274	4.716
10	0.75	0.6	0.032	0.365	6.21
11	1	0.2	0.04	0.382	6.938
12	1	0.3	0.044	0.305	5.604
13	1	0.4	0.048	0.252	4.595
14	1	0.5	0.032	0.321	5.768
15	1	0.6	0.036	0.272	5.149
16	1.25	0.2	0.044	0.307	5.782
17	1.25	0.3	0.048	0.252	4.671
18	1.25	0.4	0.032	0.304	5.945
19	1.25	0.5	0.036	0.26	4.916
20	1.25	0.6	0.04	0.225	4.172
21	1.5	0.2	0.048	0.264	5.202
22	1.5	0.3	0.032	0.309	6.192
23	1.5	0.4	0.036	0.259	5.046
24	1.5	0.5	0.04	0.223	4.275
25	1.5	0.6	0.044	0.196	3.702

对正交试验结果进行方差分析所得结果如表 4.11 和表 4.12 所示。

表 4.11　目标函数为 C_D 时的方差分析结果

源	Ⅲ型平方和	df	均方	F	Sig
L/D	0.214	4	0.054	47.204	0.000
PR	0.095	4	0.024	21.009	0.000
d_0/D	0.065	4	0.016	14.325	0.000
误差	0.012	11	0.001		
总计	3.258	24			

表 4.12　目标函数为 Q 时的方差分析结果

源	Ⅲ型平方和	df	均方	F	Sig
L/D	25.707	4	6.427	32.652	0.000
PR	25.509	4	6.377	32.400	0.000
d_0/D	18.220	4	4.555	23.142	0.000
误差	2.165	11	0.197		
总计	934.291	24			

从表 4.11 和表 4.12 可以看出,对于目标函数 C_D 及 Q,设计变量 L/D、PR、d_0/D 的显著性因子 Sig 均远小于 0.01(利用 SPSS 方差分析所得数值均显示为 0),可以忽略不计,这说明这三个变量对 C_D 及 Q 的影响都十分显著,所以在下步优化过程中应将 L/D、PR、d_0/D 三个因素均考虑进去。

4.2.5　建立近似模型

近似模型方法是指通过建立数学模型的方法逼近一组输入变量(独立变量)与输出变量(响应变量),用足够精度的近似数学模型代替复杂烦琐的数值模拟过程,它的提出提高了优化算法寻找最优解的效率,推动了优化算法在工程领域中的应用。常见的近似模型有多项式响应面模型(polynomial response surface model,PRSM)、神经网络(artificial neural network,ANN)模型、径向奇函数(radial basis functions,RBF)模型、Chebyshev 正交多项式模型、Kriging 模型等,其中二次响应面模型(quadratic RSM)及 Kriging 模型在飞行器气动设计中受到广泛的应用[23]。

响应面法(response surface methodology,RSM)主要利用多项式函数来拟合设计空间,它能通过较少的实验结果在布局范围内比较精确地逼近函数关系,并利用简单的代数关系式展现出来,计算简单,给优化设计带来极大的方便,且通过回归模型的选择可以用来拟合复杂的响应关系,具有良好的鲁棒性[24]。响应面法因其强大的实用性及适用性成为复杂工程系统设计中强有力的工具。根据本章研究问题的特征,本节主要借助 Isight 5.5 软件搭建二次响应面模型(quadratic RSM)并展开优化。为了提高二次响应面模型的精度,关键项选择完全搜索,此方法可以对所有可能项的组合进行考察,选择拟合误差最小的项,虽然计算量较大,但是精度最高。

Isight 软件中通常采用决定系数 R^2 分析近似模型响应值偏离样本点的程度,R^2 越接近 1,表示响应值与样本点越接近,即近似模型具有更高的可信度。R^2 定义如式(4.13)所示:

$$R^2 = 1 - \frac{\sum_{i=1}^{n} (y_i - \hat{y}_i)^2}{\sum_{i=1}^{n} (y_i - \bar{y}_i)^2} \tag{4.13}$$

其中,y_i 是交叉验证点响应值;$\hat{y}_i$ 是近似模型响应值;$\bar{y}_i$ 是近似模型响应值的平均值。

在设计变量限制范围之内随机产生 5 个算例用于检验建立的代理模型精度,它们的基本信息如表 4.13 所示。

表 4.13 代理模型精度检验样本点

试验号	设 计 变 量			计 算 结 果	
	L/D	PR	d_0/D	C_D	Q
1	1.5	0.6	0.046	0.194	3.389
2	1.1	0.4	0.034	0.316	5.994
3	0.8	0.5	0.042	0.301	5.245
4	0.6	0.2	0.046	0.503	7.994
5	1.3	0.3	0.04	0.276	5.198

得到二次 RSM 的决定系数 R^2 如表 4.14 所示。

表 4.14 二次 RSM 下决定系数 R^2

模 型 种 类	C_D	Q
二次 RSM	0.964	0.965

从表 4.14 可以看出对于目标函数 C_D 及 Q,二次 RSM 的决定系数 R^2 都在 0.96 以上。这表示基于二次 RSM 产生的代理模型具有很高的模拟精度,所以在后续的优化分析过程中采用二次 RSM 获得的近似模型将具有较好的代表性,可获得合理的优化结果。

4.2.6　优化算法选择

众所周知,进化的、无梯度的、基于群体的优化算法相比于传统的基于梯度的最优值搜索方法有明显的优势,尤其是在缺乏初始基准设计构型、希望获取全局优化解或想得到非传统构型时,进化遗传算法的优势尤为明显[25]。此外,基于梯度的优化算法无法处理多个优化目标,它只能将多个目标转化为一个目标之后才能进行优化,这样的方法被认为其他因素影响过大且只能获得单个优化值,若想要利用梯度优化算法获取多个优化设计结果,需要对不同权重下的优化目标进行多次优化,因而在多目标优化问题中较少被使用[26]。而 Deb 等在 2002 年提出的非支配排序遗传算法 NSGA-Ⅱ 因具有良好的全局探索性能被广泛应用于高超声速流中飞行器多目标气动设计中[27],它基于快速非支配排序法,降低了计算的复杂程度。它通过将父代与子代样本相结合的方法扩大了择优范围因而使得结果更为准确,同时,NSGA-Ⅱ 保证上一代的优良结果保留到下一代并参与交叉变异,有效地提高了收敛速度。在本节优化过程中同样采用 NSGA-Ⅱ,设置种群规模为 120,遗传代数为 240,交叉概率为 0.9,交叉分布指数为 20,突变分布指数为 40。建立优化前缘的数据点为 8 536 个。

4.2.7　优化结果分析

1. 优化结果 CFD 验证

二次 RSM 下,采用 NSGA-Ⅱ 得到优化解的设计变量及目标函数数值如表 4.15 所示。

表 4.15　二次 RSM 下优化结果

参 数 名 称	二次 RSM
L/D	1.189
PR	0.6
d_0/D	0.048
C_D	0.187
Q	3.499

由表 4.15 中数据可以看出,在利用二次 RSM 进行多目标优化时最终只得到了一个最优点,而没有出现最优前缘线。此结果说明目标函数 C_D 及 Q 受三个设计变量 L/D、PR、d_0/D 影响的趋势具有很强的相似性,所以在取 C_D 或 Q 最优值时三个设计变量的值相同。由此可以推测此优化问题可以转化为以阻力系数 C_D 或壁面热流 Q 为目标函数的单目标优化问题,单目标下也能实现目标整体最优。同时,表 4.15 表明,对于二次 RSM 情况,C_D 及 Q 最优的结果在 PR、d_0/D 设置范围中的最大值处取到,这说明在本节设计变量设置范围内 PR 及 d_0/D 对目标函数的影响具有较明显的线性;对于 L/D,最优结果没有出现在端点极值,而是出现在 L/D = 1.189 处,这与 4.1 节的参数化分析结果 (L/D 从 1 变化到 1.5 时组合热防护系统减阻防热效果变化不明显) 具有较好的一致性。

分别以总阻力系数 C_D、头部壁面热流 Q 为目标函数,以 L/D、PR、d_0/D 三个因素为设计变量对组合热防护系统进行单目标优化,此过程中采用的优化算法为多岛遗传算法。Zhang 等[23] 及 Sun 等[28] 的研究被证实为一种具有较好全局优化功能并有较高计算效率的算法。设置子种群大小为 10,岛的数量为 20,传递代数为 50,交叉概率设置为 0.8,其余参数采用 Isight 软件中的默认值。

表 4.16　目标函数分别为 C_D、Q 时的优化结果

参 数 名 称	目标函数 C_D	目标函数 Q
L/D	1.193	1.191
PR	0.6	0.6
d_0/D	0.048	0.048
C_D	0.187	0.188
Q	3.502	3.499

对比表 4.15 和表 4.16 中的数据可以看出,双目标优化所得结果与以总阻力系数 C_D 或壁面热流 Q 为目标的单目标优化结果十分接近,这说明在本章选取的设计变量的变化过程中,C_D 及 Q 的变化趋势相同,所以在研究此问题时可以将优化过程转化为单目标优化问题,简化优化过程,节约计算成本。

利用 CFD 数值计算方法对 Isight 软件的优化结果进行检验,对比 Isight 软件优化结果与 CFD 模拟结果的参数值,如表 4.17 所示。

表 4.17 二次 RSM 下优化结果与 CFD 计算结果比较

计 算 方 式	L/D	PR	d_0/D	C_D	Q
二次 RSM	1.189	0.6	0.048	0.187	3.499
CFD 计算	1.189	0.6	0.048	0.201	3.532
Δ''				−6.97%	−0.93%

$\Delta'' = \dfrac{C_{\text{surrogate}} - C_{\text{CFD}}}{C_{\text{CFD}}}$，$C_{\text{surrogate}}$ 为代理模型优化结果，C_{CFD} 为 CFD 数值模拟所得结果。

从表 4.17 中数据可以看出，数值模拟计算结果与近似模型和优化算法得到的数据结果具有较高的吻合度，钝头体总阻力系数 C_D 的计算偏差为−6.97%，而钝头体头部壁面热流 Q 的计算偏差仅为−0.93%。这说明，总体上，利用 Isight 平台搭建的优化过程获取优化结果具有较高的可信度，尤其是对于壁面热流的优化计算，代理模型及优化算法组合的方法可获取具有很高精确度的结果。

2. 优化构型与单一减阻防热系统效果对比

将优化所得的组合热防护系统的性能参数与纯钝头体、单一减阻杆系统及单一逆向射流系统下的性能参数进行对比，探讨优化后的组合热防护构型相比纯钝头体、加装单一减阻防热系统时的减阻防热优势。表 4.18 给出的是纯钝头体(P)、单一减阻杆系统(J)、单一逆向射流(N)及组合热防护系统(C)四种情况下阻力系数 C_D 及 Q 比较。

表 4.18 优化结果与纯钝头体、单一减阻防热系统效果对比

模型	L/D	PR	d_0/D	C_D	Q	$\Delta''_C/\%$	$\Delta''_Q/\%$
P	0	0	0	1.507	97.265		
J	1.189	0	0	0.556	9.635	−63.11	−90.09
N	0	0.6	0.048	0.78	10.515	−48.24	−89.19
C	1.189	0.6	0.048	0.201	3.532	−86.66	−96.37

$\Delta''_C = \dfrac{C_J - C_P}{C_P}$，其中 C_J 表示加装单一减阻防热系统或组合热防护系统时的阻力系数，C_P 表示纯钝头体时的阻力系数；

$\Delta''_Q = \dfrac{Q_J - Q_P}{Q_P}$，其中 Q_J 表示加装单一减阻防热系统或组合热防护系统时的壁面热流，Q_P 表示纯钝头体时的壁面热流。

从表 4.18 可以看出，在此来流条件下的再入飞行器上加装减阻防热系统均使得飞行器头部阻力系数及热流有较大幅度的下降，尤其是对钝头体头部壁面

热流,增加减阻防热系统可以使之下降90%左右。同时还可以看出,优化所得的组合热防护系统在降低钝头体头部总阻力系数 C_D 及壁面热流 Q 上的作用相较于单一减阻杆系统或逆向射流系统有明显的提升,它使得头部总阻力系数下降86.66%,壁面热流下降96.37%。

图 4.21(a)给出不同热防护系统下钝头体壁面斯坦顿数分布情况。

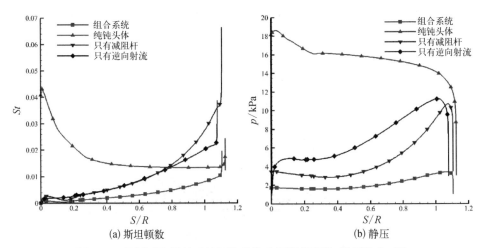

(a) 斯坦顿数　　　　　　　　　　　　　(b) 静压

图 4.21　不同减阻防热系统下钝头体壁面斯坦顿数、静压分布对比

从图 4.21(a)可以看出,加装单一减阻杆或逆向射流热防护系统仅使得钝头体头部壁面斯坦顿数大幅下降,对于钝头体肩部壁面斯坦顿数而言,单一热防护系统反而使得壁面斯坦顿数较无防护系统时增加;而当在再入飞行器头部加装减阻杆与逆向射流组合热防护系统时,整个钝头体壁面的斯坦顿数都较无防护时有明显的下降,尤其是在钝头体的头部壁面,壁面斯坦顿数数值几乎接近于 0。图 4.21(b)给出不同热防护系统下钝头体壁面静压分布情况。从图 4.21(b)可以看出,加装单一减阻杆或逆向射流热防护系统的钝头体头部壁面静压较未加装防护系统时都有大幅下降,而单一热防护系统下的钝头体肩部壁面静压较无防护的钝头体壁面静压减小的程度较小;加装组合热防护系统的钝头体整个壁面静压都较无防护时显著下降,无防护时钝头体壁面静压均值为 16 kPa 左右,而组合热防护系统下为 3 kPa 左右,较无防护时降幅约为 81.25%。从对图 4.21 的分析可以看出,减阻杆与逆向射流组合热防护系统可以将钝头体前方激波推出更远的距离,激波不会再附到钝头体壁面上,所以整个钝头体壁面的热流及静压都显著减小,钝头体受到更好的保护。

图 4.22 给出的是不同热防护系统与纯钝头体情况下的流场流线图对比。从图 4.22 中的各图可以看出,加装热防护系统均使得钝头体头部前方流场产生

回流区,从而出现图 4.23 所示马赫数云图中的低速区域。而纯钝头体情况下来流直接达到钝头体壁面然后沿着壁面流动,这也就是未加装热防护系统时钝头体壁面总阻力系数及壁面热流都很高的原因。减阻杆与逆向射流组合热防护系统下,在减阻盘与钝头体之间的区域内产生了两个回流区,这进一步增大了钝头体周围流场受热防护系统影响的范围,且从图 4.23 不同热防护系统下与纯钝头体时的马赫数云图可以看出,减阻杆与逆向射流组合时的热防护系统对钝头体周围流体流速产生影响的范围更广,钝头体周围流体的低速区域更广,且整个钝头体壁面附近的来流马赫数都小于 1,所以组合热防护系统下钝头体附近流域的总热流及阻力较单一热防护系统更小。

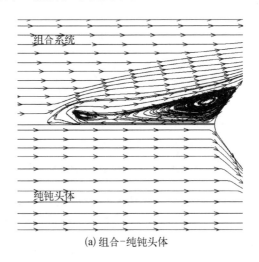

(a) 组合-纯钝头体

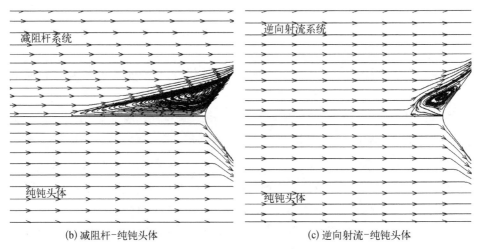

(b) 减阻杆-纯钝头体　　　　　　　　(c) 逆向射流-纯钝头体

图 4.22　不同热防护系统与纯钝头体情况下流场流线图对比

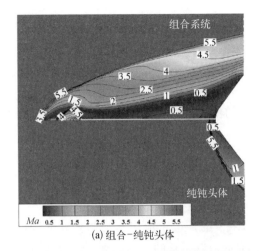

(a) 组合-纯钝头体

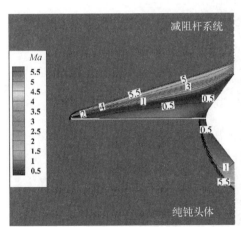

(b) 减阻杆-纯钝头体

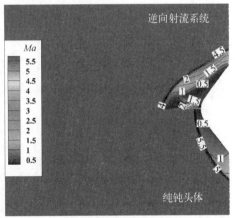

(c) 逆向射流-纯钝头体

图 4.23　不同热防护系统与纯钝头体情况下马赫数云图对比

4.2.8　小结

本节主要利用基于代理模型的优化算法对马赫数为 5.75 的高超声速来流中再入飞行器加装的减阻杆与逆向射流组合热防护系统进行设计优化。首先基于 4.1 节的研究对目标函数选取、设计变量范围设置进行了详细的讨论,然后对正交试验设计获取样本点、近似模型建立精度进行了分析,最后利用二次 RSM 下的 NSGA-Ⅱ 及多岛遗传算法对组合热防护系统进行优化,并将优化结果与纯钝头体、单一热防护系统下的数值模拟结果进行对比。经过以上几个部分的研究,本节可以得到以下几条结论。

（1）以总阻力系数 C_D 及头部壁面热流 Q 为目标函数时,减阻盘直径与钝头体底部直径之比 d/D 对它们的影响不显著,在对加装减阻杆与逆向射流组合热防护系统构型的优化过程中可以不考虑此变量。

（2）在本节的研究条件下,利用正交试验设计方法获取样本点建立二次 RSM 的优化具有较高的精度。通过优化算法获得的结果与 CFD 计算所得结果吻合度较高。

（3）目标函数 C_D 及 Q 受 L/D、PR、d_0/D 三个变量影响的趋势相同,本节的多目标优化结果中没有得到优化前缘,而是得到一个优化点,所以可将此类问题简化为单目标优化,节约计算成本。

（4）优化后的减阻杆与逆向射流组合热防护系统下激波被推出的距离更远,钝头体周围流场受回流区影响的范围更大,所以在组合热防护系统下钝头体头部壁面总阻力系数及热流更低,减阻防热效果相较单一减阻防热方案更好。

4.3　本章小结

本章以数值模拟与基于代理模型的参数化优化相结合的方法对高超声速来流中的再入飞行器加装的减阻杆与逆向射流组合热防护系统进行设计与优化。首先对减阻杆与逆向射流组合热防护系统进行了详细的参数化分析,研究了主要影响因素变化时对组合体减阻防热效果及飞行器周围流场的影响。然后,在参数化分析的基础上,利用基于代理模型的优化算法对组合系统进行优化,获取减阻防热效果最优的构型。

本章主要工作如下。

（1）减阻杆与逆向射流组合热防护系统参数化分析。本章研究了减阻杆长度、减阻盘直径、逆向射流喷嘴直径及逆向射流总压比变化时对组合热防护系统减阻防热效果及钝头体周围流场的影响及其规律。

（2）利用基于代理模型的优化算法对减阻杆与逆向射流组合热防护系统进行设计优化。通过目标函数的选取、设计变量范围讨论、正交试验设计选取样本点、代理模型建立及利用 NSGA-Ⅱ、多岛遗传算法的优化,得到了最优组合体构型。

（3）组合热防护系统优化结果 CFD 验证及与传统构型对比。利用数值模拟方法对优化所得结果进行验证,并将优化后的结果与同等来流条件下的纯钝头飞行器及加装单一减阻杆、逆向射流系统时的气动阻力、气动热性能指标及飞行器周围流场分布进行对比,检验优化方法的有效性及准确性。

未来可进一步研究的方向如下。

(1)利用实验与数值模拟相结合的方法对组合热防护系统进行研究。通过风洞实验模拟再入飞行器在高超声速来流中的真实工作情况,并利用粒子图像测速技术、流场可视化等技术方法对高超声速再入飞行器外部流场进行研究。同时,辅以内部流场的数值仿真研究,保证研究结果的正确性。

(2)利用高阶差分格式对减阻杆与逆向射流组合热防护系统三维网格模型进行模拟。对比不同精度的差分格式、不同维度网格下的数值模拟方法所得的流场稳定性及数值模拟结果差异。

(3)探究其他因素对减阻杆与逆向射流组合热防护系统减阻防热性能的影响。考虑针对不同的逆向射流工质、射流模式(脉冲射流)、来流攻角下对加装组合热防护系统的高超声速再入飞行器进行研究,获得更为系统全面的参数影响规律。

参考文献

[1] Barzegar Gerdroodbary M. Numerical analysis on cooling performance of counterflowing jet over aerodisked blunt body[J]. Shock Waves, 2014, 24(5): 537 - 543.

[2] Eghlima Z, Mansour K. Drag reduction for the combination of spike and counterflow jet on blunt body at high Mach number flow[J]. Acta Astronautica, 2017, 133: 103 - 110.

[3] Eghlima Z, Mansour K, Fardipour K. Heat transfer reduction using combination of spike and counterflow jet on blunt body at high Mach number flow[J]. Acta Astronautica, 2018, 143: 92 - 104.

[4] Jiang Z L, Liu Y F, Han G L, et al. Experimental demonstration of a new concept of drag reduction and thermal protection for hypersonic vehicles[J]. Acta Mechanica Sinica, 2009, 25(3): 417 - 419.

[5] Liu Y F, Jiang Z L. Concept of non-ablative thermal protection system for hypersonic vehicles [J]. AIAA Journal, 2013, 51(3): 584 - 590.

[6] Zhu L, Chen X, Li Y K, et al. Investigation of drag and heat reduction induced by a novel combinational lateral jet and spike concept in supersonic flows based on conjugate heat transfer approach[J]. Acta Astronautica, 2018, 142: 300 - 313.

[7] Huang W, Liu J, Xia Z X. Drag reduction mechanism induced by a combinational opposing jet and spike concept in supersonic flows[J]. Acta Astronautica, 2015, 115: 24 - 31.

[8] Menezes V, Saravanan S, Jagadeesh G, et al. Experimental investigations of hypersonic flow over highly blunted cones with aerospikes[J]. AIAA Journal, 2003, 41(10): 1955 - 1966.

[9] Hayashi K, Aso S, Tani Y. Experimental study on thermal protection system by opposing jet

in supersonic flow[J]. Journal of Spacecraft and Rockets, 2006, 43(1): 233 – 236.

[10] Li S B, Wang Z G, Huang W, et al. Drag and heat reduction performance for an equal polygon opposing Jet[J]. Journal of Aerospace Engineering, 2017, 30(1): 04016065.

[11] Guo J H, Lin G P, Bu X Q, et al. Parametric study on the heat transfer of a blunt body with counterflowing jets in hypersonic flows[J]. International Journal of Heat and Mass Transfer, 2018, 121: 84 – 96.

[12] Finley P J. The flow of a jet from a body opposing a supersonic free stream[J]. Journal of Fluid Mechanics, 1966, 26(2): 337 – 368.

[13] 瞿章华,曾明,刘伟,等. 高超声速空气动力学[M]. 长沙: 国防科技大学出版社,1999.

[14] Yadav R, Guven U. Aerothermodynamics of a hypersonic projectile with a double-disk aerospike[J]. Aeronautical Journal, 2013, 117 (1195): 913 – 928.

[15] Yadav R, Velidi G, Guven U. Aerothermodynamics of generic re-entry vehicle with a series of aerospikes at nose[J]. Acta Astronautica, 2014,96: 1 – 10.

[16] Yadav R, Velidi G, Guven U. Effect of double disk aero-spikes on aerothermaldynamics of blunt body at Mach 6.2[J]. International Journal of Applied Engineering Research, 2016, 11 (1): 366 – 376.

[17] Deng F, Jiao Z H, Liang B B, et al. Spike effects on drag reduction for hypersonic lifting body[J]. Journal of Spacecraft and Rockets, 2017, 54(6): 1185 – 1195.

[18] Huang W, Li L Q, Yan L, et al. Drag and heat flux reduction mechanism of blunted cone with aerodisks[J]. Acta Astronautica,2017, 138: 168 – 175.

[19] Huang W. Design exploration of three-dimensional transverse jet in a supersonic crossflow based on data mining and multi-objective design optimization approaches[J]. International Journal of Hydrogen Energy, 2014, 39(8): 3914 – 3925.

[20] Huang W, Wang Z G, Ingham D B, et al. Design exploration for a single expansion ramp nozzle (SERN) using data mining[J]. Acta Astronautica , 2013, 83: 10 – 17.

[21] Huang W, Li S B, Yan L, et al. Multi objective design optimization of a cantilevered ramp injector using the surrogate-assisted evolutionary algorithm [J]. Journal of Aerospace Engineering, 2015, 28(5): 319 – 326.

[22] Huang W, Yang J, Yan L. Multi-objective design optimization of the transverse gaseous jet in supersonic flows[J]. Acta Astronautica, 2014, 93: 13 – 22.

[23] Zhang T T, Huang W, Wang Z G, et al. A study of airfoil parameterization, modeling and optimization based on the computational fluid dynamics method[J]. Journal of Zhejiang University-Science A, 2016, 17(8): 632 – 645.

[24] Chung H S, Alonso J. Comparison of approximation models with merit functions for design optimization [C]. Long Beach: The 8th Symposium on Multidisciplinary Analysis and Optimization, 2000.

[25] Ahmed M Y M, Qin N. Surrogate-based multi-objective aerothermodynamic design optimization of hypersonic spiked bodies[J]. AIAA Journal, 2012, 50(4): 797 – 810.

[26] Cui Y F, Geng Z Q, Zhu Q X, et al. Review: Multi-objective optimization methods and application in energy saving[J]. Energy, 2017,125: 681 – 704.

［27］ Deb K, Pratap A, Agarwal S, et al. A fast and elitist multiobjective genetic algorithm：NSGA-Ⅱ［J］. IEEE Transactions on Evolutionary Computation, 2002, 6(2)：182－197.

［28］ Sun X W, Huang W, Guo Z Y, et al. Multiobjective design optimization of hypersonic combinational novel cavity and opposing jet concept［J］. Journal of Spacecraft and Rockets, 2017, 54(3)：662－671.

第 5 章

新型逆向射流方案在临近空间 高超声速飞行器中的应用

本章基于圆孔射流方案,提出多种新型逆向射流方案,并对新型逆向射流方案的减阻与防热特性进行了系统研究,以及对其流场特征进行探讨与分析。研究结果为后续工程应用提供理论指导与参考。

5.1 逆向射流准则

在超声速流动中,逆向射流的流动结构很复杂,具体包含如下部分流场:弓形分离激波区、主流与射流的接触面、马赫盘、回流区、二次压缩激波区。流动基本原理如下:流场中的马赫盘平衡了射流压强与弓形激波后的来流压强,在马赫盘的外端形成接触面;逆向射流在来流作用下形成回流区域,再附于物面;自由来流在逆向射流的反向作用下形成弓形激波,而在回流区边界外缘形成再压缩激波。

高超声速飞行器在飞行时,整机阻力主要包括激波阻力和摩擦阻力两部分,简称波阻和摩阻。而在高超声速条件下,波阻占整机阻力的80%以上,而且在前体驻点处及周围有高温高压区域存在,机身表面的热流值也很高,这给飞行器的热防护系统提出了很高的要求。因此,如何有效地降低高超声速飞行器的阻力以及降低表面热流至关重要。而逆向射流通过改变钝头体前体的流场结构,将弓形激波向前推移,增加了激波脱体距离;另外,在射流口附近壁面处形成的回流区使得此区域的壁面压强值降低,而且再附激波强度明显低于钝头体头部的弓形激波,此区域的压强值也远低于钝头体驻点周围的压强值,逆向射流以这种方式实现了其减阻功效。

在钝头体的驻点周围区域,由于激波压缩及速度的突然降低,来流的动能迅速转化为热能,这个过程也是传统意义上的气动加热过程,积聚的热能会与冷壁面进行热量交换,进而实现气动加热。驻点及其周围受到的气动加热更为严重,因此对材料的要求更高。逆向射流方案正好改变了驻点周围区域的流动现象,而且由于回流区的存在,射流口周围的壁面受到的气动加热降低,同时驻点处于射流的回流区内,降低了驻点区附近的气体温度;同时,再压缩激波远比无射流情况下的弓形激波要弱,而再附点壁面处的温度也将远低于无射流情况下的驻点温度,因此对于气动加热来说逆向射流起到了很好的防热效果。

以来流 $Ma_\infty = 3.98$、逆向射流 $Ma_{in} = 1.0$ 为例,图 5.1 给出了带逆向射流钝头体壁面压强分布结果,更加直观地反映了逆向射流减阻与防热的理论依据。

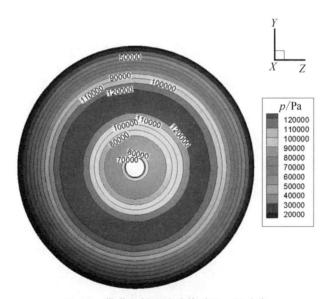

图 5.1　带逆向射流钝头体壁面压强分布

为了更好地设计逆向射流减阻防热方案,了解流场结构及参数至关重要。在高超声速流动中,根据激波前后关系式可以求得驻点线上激波后的流场参数,基于等熵流动关系求得驻点处压强值。基于本章采用的等动压设计方法,计算求得了不同来流条件下的流场参数,如表 5.1 所示。

由表 5.1 可知,不论来流马赫数如何改变,激波后驻点线上的总压值在 120 kPa 左右浮动。而在驻点处,速度为 0,总压与静压相等,即驻点处静压值即为激波后总压值。

表 5.1　驻点线上激波前后流场参数对比

	自由来流参数				激波后流场参数				
Ma	p_e/Pa	T_e/K	p_0/Pa	T_0/K	Ma	p_e/Pa	T_e/K	p_0/Pa	T_0/K
4	5 736	216.65	870 892	909.93	0.43	106 112	876.76	**120 842**	909.93
5	3 671	219.20	1 942 271	1 315.223	0.42	106 458	1 271.38	**119 870**	1 315.22
6	**2 511**	**221.65**	**3 964 578**	**1 817.53**	**0.40**	**105 044**	**1 760.03**	**117 553**	**1 817.53**
7	1 873	223.56	7 753 836	2 414.463	0.40	106 760	2 340.55	**119 033**	2 414.46
8	1 434	225.32	13 999 058	3 109.409	0.39	106 826	3 016.29	**118 822**	3 109.41
9	1 133	226.88	23 910 355	3 902.289	0.39	106 881	3 787.20	**118 688**	3 902.29
10	918	228.29	38 948 827	4 794.096	0.39	106 918	4 654.27	**118 590**	4 794.10
11	758	231.21	60 929 029	5 826.48	0.39	106 940	5 657.95	**118 511**	5 826.48
12	700	232.59	101 179 549	6 931.222	0.38	117 548	6 732.00	**130 180**	6 931.22

选用 $Ma = 6$、$H = 25$ km 高度的大气参数作为来流条件，$p_e = 2\ 511.01$ Pa、$T_e = 221.65$ K、$p_0 \approx 3.965$ MPa，激波后总压为 117.553 kPa，即驻点处静压 $p_s = 117.553$ kPa。

设射流总压比 $\mathrm{PR} = \dfrac{p_{0j}}{p_{0\infty}}$，其中 p_{0j} 为射流总压，$p_{0\infty}$ 为来流总压。由气体状态方程、声速方程及总压与静压的关系方程可以得到射流总压比与马赫数的关系，参见式(5.1)~式(5.4)：

$$p = \rho R T \tag{5.1}$$

$$c = \sqrt{\gamma R T} \tag{5.2}$$

$$q = \frac{1}{2}\rho v^2 \tag{5.3}$$

$$\frac{p_0}{p} = \left(1 + \frac{\gamma - 1}{2} Ma^2\right)^{\frac{\gamma}{\gamma - 1}} \tag{5.4}$$

射流总压比的表达式为

$$\mathrm{PR} = \frac{p_{0j}}{p_{0\infty}} = \frac{p_j \left(1 + \dfrac{\gamma - 1}{2} Ma_j^2\right)^{\frac{\gamma}{\gamma - 1}}}{\dfrac{2q}{Ma_\infty^2 \gamma}\left(1 + \dfrac{\gamma - 1}{2} Ma_\infty^2\right)^{\frac{\gamma}{\gamma - 1}}} \tag{5.5}$$

其中，$\gamma = 1.4$；q 为动压；p_j 为射流静压；Ma_j 为逆喷马赫数；Ma_∞ 为来流马赫数。

本章采用的等动压设计方法，$q = 63\,277\ \text{Pa}$，即

$$PR = \frac{p_j\,(1 + 0.2Ma_j^2)^{3.5}Ma_\infty^2}{9.04 \times 10^4\,(1 + 0.2Ma_\infty^2)^{3.5}} \tag{5.6}$$

由上面的分析可知，在等动压条件下，不同马赫数对应驻点处的压强为 120 kPa 左右，因此可取 $p_j = p_s \approx 120\ \text{kPa}$ 来研究宽速域条件下，临界射流压比随马赫数的变化趋势。此时，式(5.6)转化为

$$PR \approx \frac{1.33\,(1 + 0.2Ma_j^2)^{3.5}Ma_\infty^2}{(1 + 0.2Ma_\infty^2)^{3.5}} \tag{5.7}$$

图 5.2 表示了射流马赫数为 1 时，临界射流总压比随来流马赫数的变化趋势。当 $Ma_j = 1$ 时，在曲线上部区域 $p_j > p_s$，此时逆向射流能够喷出，形成逆向射流流场。

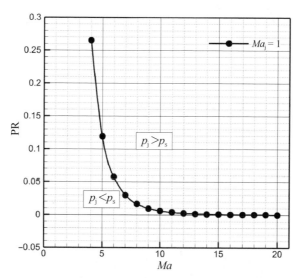

图 5.2　射流总压比随来流马赫数的变化趋势

当来流马赫数为 6 时，曲线代表不同射流马赫数对应的最小射流总压比，在曲线上部区域，$p_j > p_s$，才能使逆向射流喷出。因此，可以根据此分析得到相应的射流条件。而射流喷出的临界压强并非是形成稳态流场的压强，而形成稳态流场的临界压强值要高于能够喷出的临界压强。

图 5.3 为来流马赫数为 6 时，临界喷注总压比随射流马赫数的变化趋势。

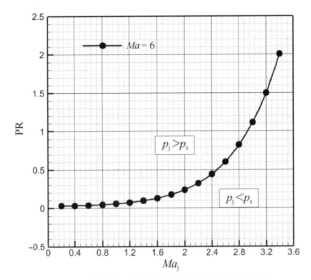

图 5.3　射流总压比随射流马赫数的变化趋势

当 $Ma_\infty = 1$、$Ma_j = 1$ 和 $p_j = p_s$ 时，PR = 0.056；当 $p_j \geqslant p_s$ 时，PR $\geqslant 0.056$，此时逆向射流能够喷出。

5.2　新型逆向射流减阻防热机理研究

在讨论逆向射流的减阻特性时，选取减阻比(E)作为减阻的主要研究指标，如式(5.8)所示，其中 D_0 为无逆向射流方案的阻力。

$$E = \frac{D - D_0}{D_0} \times 100\% \tag{5.8}$$

在讨论逆向射流的防热特性时，选取斯坦顿数作为降低表面热流的主要性能指标，斯坦顿数可以由式(2.62)和式(2.63)计算得到。

5.2.1　新型逆向射流方案设计

圆形喷孔作为传统喷孔构型具有方案简单且易于实现等优势，但在考虑三维效应影响时，采用圆形喷孔并不一定是最优的射流方案。为了得到最优的射流方案，本小节选取了几种特殊的喷孔类型来探索，分别有圆形、正方形、椭圆形、三角形、正六边形、五角星、矩形及圆环，具体如图5.4所示。

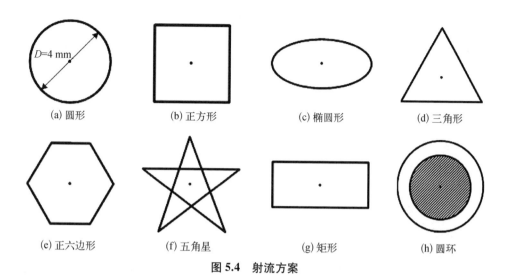

图 5.4　射流方案

以圆孔射流构型为参考,采用等射流面积的设计方法,射流孔直径 D = 4 mm,面积 S = 12.57 mm^2,中心为钝头体的圆心。其中,三角形射流构型的重心与钝头体圆心重合,钝头体半径 R_0 = 25 mm。

由不同的射流方案与面积公式可以确定具体的射流喷口几何参数,具体参数如表 5.2 所示。

表 5.2　逆向射流方案的构型参数

方　案	面　积　公　式	形状特征值/mm	备　注
圆形	$S = \pi R^2$	$R = 2$	R 为射流孔半径
正方形	$S = L^2$	$L = 3.545$	L 为正方形边长
椭圆形	$S = \pi \times a \times b$	$a = 2.828,\ b = 1.414$	a 为椭圆长半轴,b 为椭圆短半轴
三角形	$S = \dfrac{3\sqrt{3}}{4}R^2$	$R = 3.110$	R 为射流构型外接圆半径
正六边形	$S = \dfrac{3\sqrt{3}}{2}R^2$	$R = 2.199$	R 为射流构型外接圆半径
五角星	$S = R \times r \times n \times \sin\left(\dfrac{\pi}{n}\right)$	$R = 3.346,\ r = 1.278$	R 为射流构型外接圆半径,r 为射流构型内转点所在圆的半径

（续表）

方　案	面积公式	形状特征值/mm	备　注
矩形	$S = a \times b$	$a = 5.014, b = 2.507$	a 为矩形长，b 为矩形宽
圆环	$S = \pi(R^2 - r^2)$	$R = 2.828, r = 2$	R 为外环半径，r 为内环半径

5.2.2　物理模型及数值计算

结合 5.2.1 节的设计方案，本节采用 SOLIDWORKS 三维造型软件得到了不同射流构型的物理模型，如图 5.5 所示。不同物理构型在空间上对流场的影响不同，采用等面积设计方法是为了保证射流质量流率相同，进而能够定量地分析射流形状对流场特性的影响。为了更好地分析流场特性，选取几条特征线上的值对流场参数进行了分析，如图 5.5(f) 所示，分别为上缘线、侧缘线和下缘线。

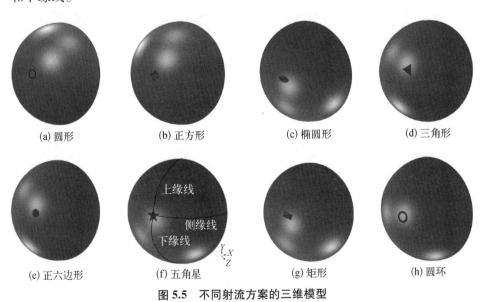

(a) 圆形　　(b) 正方形　　(c) 椭圆形　　(d) 三角形

(e) 正六边形　　(f) 五角星　　(g) 矩形　　(h) 圆环

图 5.5　不同射流方案的三维模型

5.2.3　计算网格及边界条件

基于构建好的物理模型，本节采用商业软件 ICEM CFD 14.0 完成了网格生成工作,为了更好地模拟流场特性,使用了结构网格,并对壁面网格进行加密处理,第一层网格高度为 10^{-7} m,网格数量为 100 万,本节同样对网格无关性进行验证。以五角星为例,下面展示网格基本信息,如图 5.6 所示。

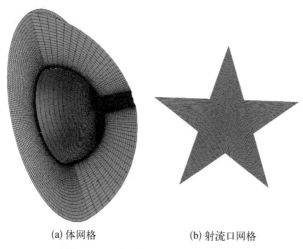

(a) 体网格　　　　　　(b) 射流口网格

图 5.6　五角星射流方案网格类型

根据流动物理特征,设置计算域外边界为压力远场,逆向射流的条件为压力入口,壁面采用等壁温条件,具体参数如表 5.3 所示。

表 5.3　边 界 条 件

压 力 远 场	压 力 入 口	壁　　面
理想气体	空气	
$Ma = 3.98$	$Ma_{in} = 1.0$	
$p_e = 9\ 270\ \mathrm{Pa}$	$p_{0in} = 0.4P_0$	$T_w = 295\ \mathrm{K}$
$T_e = 95.25\ \mathrm{K}$	$T_{ein} = 300\ \mathrm{K}$	

5.2.4　网格无关性验证

基于以上物理模型、计算网格及边界条件,选用三维同等网格尺度的圆形射流模型进行网格无关性验证。选用三个网格尺度开展了此项研究,网格规模分别为粗网格(750 000)、中等网格(1 000 000)和精细网格(1 250 000),三套不同尺度网格均保证壁面网格雷诺数为 10。图 5.7 展示了不同网格尺度下的流场参数对比。

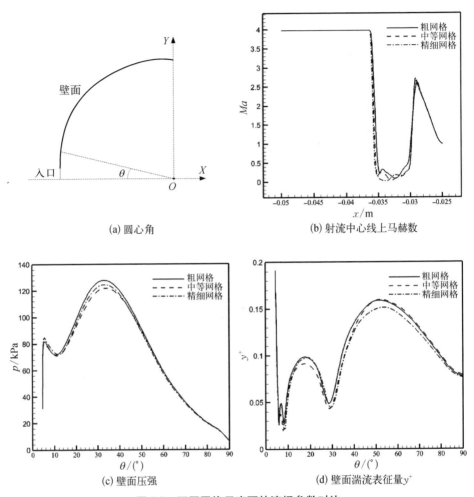

(a) 圆心角　　　　　　　　　(b) 射流中心线上马赫数

(c) 壁面压强　　　　　　　　　(d) 壁面湍流表征量y+

图 5.7　不同网格尺度下的流场参数对比

　　对比可以发现,不同网格尺度对流场参数的影响很小,不同尺度网格获得的脱体激波位置与壁面压强展现了很好的一致性;壁面 y^+ 值也均低于 1,说明壁面网格雷诺数适合 SST k-ω 湍流模型去捕获壁面流场参数,而且能够获得精确的边界层内流场参数。

　　三种尺度网格均能很好地捕获压强场,中等尺度网格与精细尺度网格的计算结果差别很小,精细网格对流场的捕获更加精细,如图 5.8 所示。对于粗网格来说,虽然计算效率高,但计算精度相比另外两种尺度的网格要粗,而精细网格在计算过程中需要耗费更多的计算时间和计算资源,中等网格能够弥补两者的劣势,故选用中等网格对流场进行数值模拟。

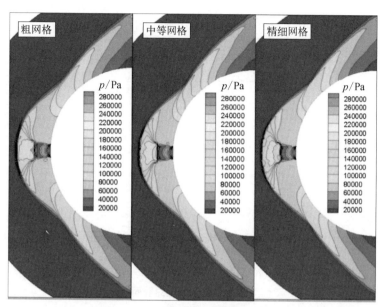

图 5.8　不同网格尺度下的压强云图对比

5.2.5　减阻与防热特性讨论与分析

不同射流方案的减阻性能不同,根据阻力特性分析,五角星射流方案的减阻效果最好,能够减阻约 23.6%,三角形射流方案次之,圆环的减阻性能较差,仅能够减阻约 10.4%,如表 5.4 所示。在众多逆向射流设计方案中,正方形喷孔模型热流峰值最低,仅为 136 kW/m²,且热流峰值的位置也距离射流口中心较远,说明形成的回流区面积较大。圆环喷孔的最高热流峰值在靠近钝头体前缘,且热流值比无喷流情况下的驻点热流值还高,说明圆环射流不能起到减阻防热效果。

表 5.4　阻力及峰值热流特性分析

三 维 模 型	无喷流	圆形	正方形	矩形	椭圆形	圆环	五角星	三角形	正六边形
阻力/N	91.857	79.281	77.849	81.120	79.698	82.267	70.210	74.277	80.403
减阻比/%	0.000	−13.7	−15.3	−11.7	−13.2	−10.4	**−23.6**	−19.1	−12.5
热流峰值/(kW/m²)	423	199	**136**	158	220	**587**	232	181	169
热流峰值位置 θ/(°)	0.0	33.0	**39.1**	35.7	30.0	1.1	30.6	37.5	35.5

考虑到减阻性能的优劣,下面对几种特殊射流方案的特性进行了对比分析,图 5.9 给出了不同射流方案壁面热流分布的数值仿真结果。

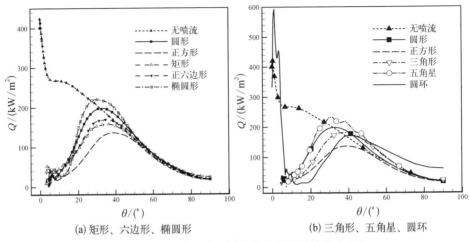

图 5.9　不同射流方案上缘线上的壁面热流分布对比

由图 5.9 可知,圆钝头的壁面热流从驻点处沿壁面方向逐渐降低,驻点热流值最高,最大值为 423 kW/m²;加入逆向射流后,钝头体壁面受到的气动加热大大降低,尤其是在驻点及回流区域。由于回流区的存在,壁面热流的峰值沿壁面向后移动,其中椭圆形射流方案和圆形射流方案在二次压缩激波后的壁面热流值高于同等位置圆钝头的热流值,且有射流方案的最大热流值为 220 kW/m²,比圆钝头的最高热流值降低了 50%;矩形射流方案与正六边形射流方案的壁面热流分布几乎一致;五角星射流方案与椭圆形射流方案的壁面热流分布趋势几乎一致;三角形射流方案的热流值低于五角星射流方案,且热流峰值位置比五角星射流方案更远离射流口中心位置。由表 5.4 可知,正方形射流方案的热流峰值最低,且峰值热流位置离射流口中心最远,在 $\theta = 39.1°$ 的位置,且正方形射流方案能够减阻 15.3%,同等条件下的减阻效果较好;而圆环射流方案在壁面中心点附近会产生更高的热流值,最高值达到 587 kW/m²,约是无射流方案驻点热流的 1.4 倍,防热性能极差;矩形、正方形、三角形和六边形均能很好地降低壁面热流峰值,圆形、椭圆形和五角星射流方案的防热性能次之,圆环的防热性能比无射流方案更差,因此不宜选取。综合减阻防热两方面的特性,正方形射流方案的效果较好。

图 5.10 为几种特殊射流方案对称面上的壁面热流分布对比。表 5.5 为非轴对称射流方案峰值热流特性分析。

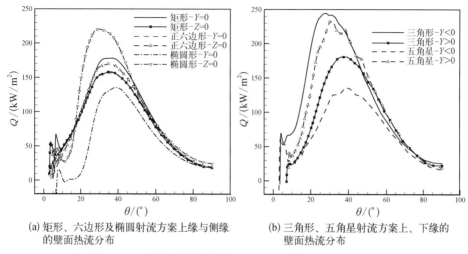

(a) 矩形、六边形及椭圆射流方案上缘与侧缘
　　的壁面热流分布

(b) 三角形、五角星射流方案上、下缘的
　　壁面热流分布

图 5.10　几种特殊射流方案对称面上的壁面热流分布对比

表 5.5　非轴对称射流方案峰值热流特性分析

三　维	矩　形		椭圆形		正六边形		三角形		五角星	
	上缘	侧缘	上缘	侧缘	上缘	侧缘	上缘	下缘	上缘	下缘
热流峰值/(kW/m^2)	158	178	220	135	170	156	181	244	232	136
热流峰值位置 $\theta/(°)$	35.8	35.3	19.4	39.1	35.2	36.3	37.5	27.7	30.6	38.3

　　由图 5.10 和表 5.5 可知,三种不同射流方案上缘与侧缘的壁面热流分布均是先增加后降低,然后再急剧增加进而逐渐降低,在出口处的壁面热流几乎一致,说明射流方案对回流区的影响明显,进而影响热流分布。正六边形射流方案上缘与侧缘的峰值热流相差最小,仅为 $14\ kW/m^2$,峰值位置相差 $1.1°$,侧缘的热流峰值较低,且位置距离射流口中心较远,这是因为侧缘线的边缘距中心的长度大于上缘线边缘距中心的距离;椭圆形射流方案上缘与侧缘的峰值热流相差最大,为 $85\ kW/m^2$,峰值位置也相差最大,相差 $19.7°$,侧缘线上的热流峰值较低,且峰值热流的位置距离射流口中心较远,这是由于侧缘线的边缘距中心的距离是上缘线边缘距离射流口距离两倍;矩形射流上缘与侧缘的峰值相差也不大,且最大峰值位置相差不大,仅为 $0.5°$,侧缘线上的热流峰值高,但峰值热流位置距离射流口中心较近,这与其他两种射流方案所获得的结论

正好相反。矩形侧缘线的边缘距离射流口中心较远,但其热流峰值却高于上缘热流峰值,且热流峰值的位置距离射流口较近。这说明射流形状对逆向射流壁面热流的影响明显且不同。矩形射流形状存在刚性转弯,而椭圆形射流形状在变形方向上较平滑,六边形射流形状在拐角处的变形也较为平滑,因此,存在转弯棱角的壁面热流分布较为近似且峰值热流位置也接近;而类似椭圆形这种非轴对称射流形状,侧缘与上缘的热流峰值相差较大,且热流峰值的位置相差也较大,距离射流口距离越远,在此方向上的峰值热流位置也较远。三角形射流方案上缘热流峰值低于下缘热流峰值,且射流口上缘峰值热流位置距离射流口中心的距离远于下缘峰值热流位置,上缘峰值热流比下缘峰值热流值低 25.4%;而五角星射流口的热流峰值位置现象与三角形喷口方案正好相反,下缘峰值热流比上缘低 41.4%;峰值热流位置较远的说明在此方向形成的回流区域较大,再附激波与分离激波相互作用影响位置离射流口中心较远;而五角星射流下缘线的热流在急剧升高后又突然急剧下降,说明五角形一个角的喷射位置对其流场作用的结果,在空间形成的回流区域影响到对称面下缘壁面的热流分布。

图 5.11 给出了不同射流方案流场参数的变化趋势。由图 5.11(a)可知,在射流流量相同的情况下,不同逆向射流方案所形成的弓形激波位置不同,且射流的穿透度不同,同时在靠近射流口位置附近的流动参数也有很大的差别。五角星射流方案的穿透性更强,形成弓形激波位置距离射流口较远,约为钝头半径的 0.54;矩形射流方案的穿透性次之,弓形激波位置距离射流口 $0.51R_0$(R_0 为球头半径)。圆形射流和正方形射流形成的分离激波位置相似,接近 $0.49R_0$;圆环射流方案形成的分离激波位置最近,仅为钝头半径的 0.32;椭圆射流方案与正六边形射流方案形成的激波位置相似,为钝头半径的 0.46;三角形射流方案形成的激波位置为钝头半径的 0.45;无逆向射流钝头体形成的弓形激波位置为钝头半径的 0.19,激波压缩比较严重,故在激波与钝头体头部之间形成高压区,在钝头体驻点处将形成高温区,对钝头体进行加热,而采用逆向射流模式有助于降低气动加热,改善气动加热环境。由图 5.11(b)可知,无射流壁面压强沿壁面方向逐渐降低,在驻点处压强最高,最高值为来流静压的 21.5 倍;而圆环射流方案在靠近壁面中心处的最高压强是来流静压的 31.5 倍,在靠近驻点处形成高温高压区域,相比无射流方案局部压强要大且温度更高,不仅起不到降低热流及有效减阻的作用,反而使局部承受更高压强及温度,对壁面材料产生更大的威胁,因此圆环射流方案减阻防热性能较差。

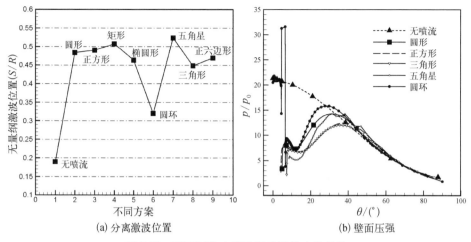

(a) 分离激波位置　　　　　　　(b) 壁面压强

图 5.11　不同射流方案流场参数的变化趋势

5.2.6　流场特性分析

图 5.12 为所有新型射流方案的静压云图对比。研究发现,所有射流方案均形成了稳定流场,圆环射流方案未能很好地将弓形激波推出并远离壁面,三角形和五角星射流方案因为射流口的上下非对称性导致对称面流场上下并不对称,三角形射流使流场向上偏移,在上半部分形成较大的回流区,而五角星射流方案使流场略微向下偏移,下半部分形成较大的回流区,这与对图 5.10 和表 5.5 的分析结果一致。在圆形、三角形与五角星射流方案中靠近射流口区域的马赫数高于 1,这是由于此区域温度较低。圆环射流方案在射流口外侧形成的回流区较小,在钝头体顶端将形成高温高压区,气动加热比较严重。

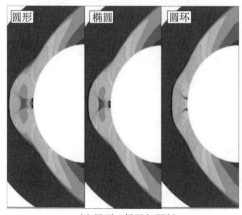

(a) 圆形、椭圆与圆环

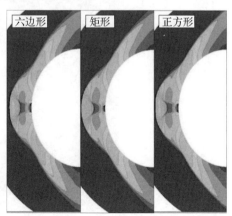

(b) 六边形、矩形和正方形

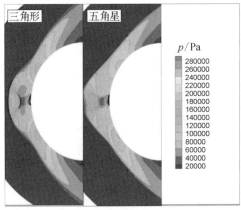

(c) 三角形和五角星

图 5.12 新型射流方案的静压云图对比

图 5.13 给出了五角星射流方案的静压及流线图,流线图能更好地反映射流流场的流动规律。在上壁面形成的回流区要明显比下壁面的回流区大,而且射流与自由来流相互作用的距离要远,流场呈非对称性分布,说明非轴对称射流方案存在明显的三维流场效应。大的回流区有利于射流口周围的壁面热防护,而再附激波相对较弱,再附点的压强值及热流值相对较低,具有很好的减阻防热功效。

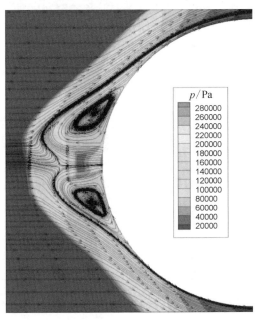

图 5.13 五角星射流方案的静压及流线图

　　图 5.14 给出了三角形与五角星射流方案等值面（$Ma = 1$）的对比。在三维空间中，射流形成的流场极其相似，然而两种方案形成的马赫盘略有不同，而且五角星射流方案在空间流场中的非对称性更加明显。五角星射流的马赫盘向内凹陷，而三角形射流形成的马赫盘向外突起。而且五角星射流在三维流场中的影响区域更大。这些现象均说明五角星在三维空间流场的影响更明显。

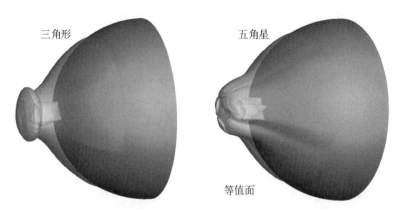

图 5.14　三角形与五角星射流方案等值面（$Ma = 1$）对比

5.2.7　小结

　　本节针对逆向射流在三维流场空间的影响展开了相关研究，提出了多种逆向射流方案，通过数值仿真研究了其减阻防热特性，得出如下结论。

　　（1）根据阻力特性分析，五角星射流方案的减阻效果最好，能够减阻约 23.6%，三角形射流方案次之，圆环的减阻性能较差，能够减阻约 10.4%。圆环射流不能起到减阻防热的效果。

　　（2）正方形射流方案的热流峰值最低，且峰值热流的位置离射流口中心最远，在 $\theta = 39.7°$ 的位置，且正方形射流方案能够减阻 15.3%，同等条件下的减阻效果较好，综合防热减阻两方面的特性来说，正方形射流方案的效果最好。

　　（3）射流形状对流场的影响不同，带明显拐角的射孔形成的流场不同于平滑过渡的射孔形成的流场，矩形射孔长边对称面上的热流峰值位置比短边对应的热流峰值位置近，这与椭圆射孔形成的热流峰值位置特性相反。

　　（4）五角星射流方案的穿透能力最强，矩形射流方案次之。圆形射流和正方形射流形成的分离激波位置相似；圆环射流方案形成的分离激波位置最近；椭圆射流方案与六角形射流方案形成的激波位置相似，为钝头半径的 0.46；三角形射流方案形成的激波位置为钝头半径的 0.45;说明带拐角的射流方案对三维流场的影响更明显,减阻防热效果更好,存在最优多角喷孔形状,以实现最优减阻防热性能。

5.3 等 N 角形减阻防热机理研究

基于 5.2 节的研究成果可知,五角星的射流方案有明显的三维空间效应,具有很好的减阻防热效果。本节基于以上研究成果提出了等 N 角形逆向射流方案,通过研究得到最优射流构型,并对其流场特性进行研究。本节讨论所用的性能指标均采用 5.2 节提出的参数指标。

5.3.1 等 N 角形逆向射流方案设计

根据逆向射流原理可知,射流形状对整个飞行器的流场影响至关重要。在等面积外形中,圆所能达到的最外边界最小,因此在三维流场中对流场的影响域也较小,将分离激波所能推出的最远位置也较近,那势必会在钝头体附近产生较强的激波,进而产生较大的阻力。同时在射流口附近产生的回流区也较小,对整个流场的影响域较小。

本节采用等射流面积的设计方法,以圆形射流方案为参照,设计出了等多角形射流方案:通过改变射流形状的角数,改变射流在三维流场中的影响域来减小阻力;在等射流面积基础上,通过控制等多角形的扩张角数及内转角的位置来调整等多角形喷孔的形状,以此方法来控制射流对流场的影响区域,通过扩大喷孔对流场的影响区域来改善高超声速飞行器的性能,实现最优减阻与防热特性,为飞行器设计提供技术支持。下面给出等 N 角形逆向射流方案的设计步骤。

步骤 1 确定喷孔面积 S。

根据钝化半径 R_0,选择射流面积 S,建议射流面积 S 满足: $0.01\pi R_0^2 < S < 0.25\pi R_0^2$。

步骤 2 确定等 N 角形喷孔的 N 值。

当飞行器以高超声速飞行时,波阻将占总阻力的 50% 以上,同时随着飞行马赫数的增加,波阻将急剧增加。因此,减阻主要集于波阻的降低。逆向射流能够改变原有弓形激波的流场,使弓形激波转变成分离激波,从而实现减阻目的。阻力的减小不仅能够提高飞行器的升阻比,而且相对情况下能够提高推进效率,节省燃料。当 $N \to \infty$ 时，射流形状将变成圆形，对三维流场的影响域减小。因此，在等射流面积的前提下，随着 N 的增加，射流的影响域先增加后逐渐减小，存在最优喷角个数，使射流的影响域最大，进而减阻效果最好。因此，选择合适的角数 N，能够提高射流的减阻性能。其中 N 必须满足：$N > 2$ 且为整数，建议 N 不大于 20。

步骤 3　确定 R 与 r 的值。

由等多角形射流面积公式 $S = RrN\sin\left(\dfrac{\pi}{N}\right)$ 可知，当射流面积 S 和角数 N 确定后，等多角形射流方案的外接圆半径 R 与内转角定点所在圆的半径 r 呈反比关系；根据 $m = r/R$ 关系可知，确定了 m 即可确定 R 与 r，建议 m 的取值区间为 $[0.2, 0.8]$。

θ 为相邻两喷角的夹角，$\theta = 2\pi/N$。

步骤 4　确定 R 与 r 值之后，生成等 N 角形射流形状。

得到 S、N 及 m 后，根据相关关系式求得 R 与 r，在三维造型软件（SOLIDWORKS、CATIA 或 Pro/E 等）中生成射流形状，然后在钝头体前缘生成逆向射流方案。最终，得到等多角形的逆向射流方案外形。

另外需要注意，r 值不能太小，R 理论上不能超过钝头体半径 R_0，但实际上 R 值不易过大，且 $r < R < 0.5R_0$。可以通过控制多角形的数量及大小来控制对高超声速飞行器前体流场特性的影响，进而实现对减阻防热的控制。

本节主要研究射流喷孔的角个数对三维流场的影响。为了排除因射流位置最远端的不同对结果分析的干扰，在等射流面积的基础上，选择射流口外接圆半径 R 为常数。本节基于等多角形射流方案设计方法给出了设计方案图，如图 5.15 所示，其中 O 为多角形喷孔的中心。

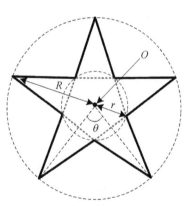

图 5.15　等多角形射流方案

5.3.2　射流方案及网格

基于 5.3.1 节的设计方法，本节设计了等 N 角形射流方案，其中 N 分别为 3、4、5、6、7、8 和 9，射流中心位于钝头体的中心线上。基于圆形射流模型，采用等射流面积的设计方法确定不同射流方案的射流形状，具体参数参见 5.3.1 节，

射流在 YOZ 平面的位置如图 5.16(c)所示。

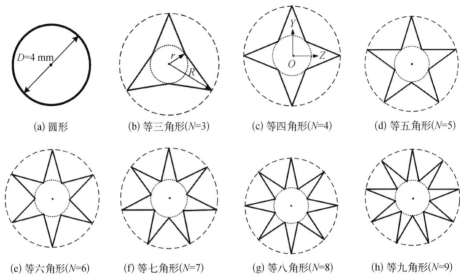

(a) 圆形   (b) 等三角形($N=3$)   (c) 等四角形($N=4$)   (d) 等五角形($N=5$)

(e) 等六角形($N=6$)   (f) 等七角形($N=7$)   (g) 等八角形($N=8$)   (h) 等九角形($N=9$)

图 5.16　射流方案

由 N 的不同来确定不同的喷孔形状,根据等喷孔面积公式可以求得不同射流方案,具体射流参数如表 5.6 所示,其中钝头体半径 $R_0 = 25$ mm。

表 5.6　射流方案的具体构型参数

N	S/mm^2	R/mm	r/mm	$\theta/(°)$
3			1.446	120
4			1.328	90
5			1.278	72
6	12.566	3.346	1.252	60
7			1.237	51.428 57
8			1.227	45
9			1.220	40

根据不同射流方案构建物理模型,以等七角形射流方案为例,如图 5.17 所示。

本节同样采用 ICEM CFD 14.0 对等 N 角形射流方案的计算网格进行了生成,以等七角形射流方案为例,图 5.18 展示了等七角形的计算网格及射流口网格。网格数量为 100 万,等 N 角形网格均保证在 98 万~102 万,且在壁面处进行

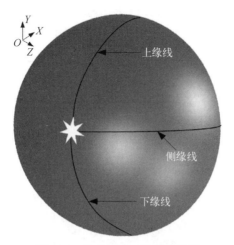

图 5.17　等七角形三维射流模型

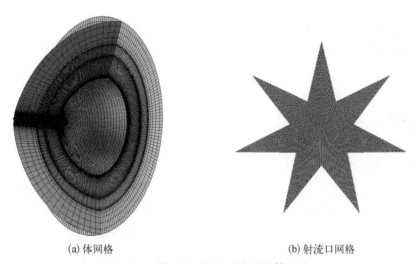

(a) 体网格　　　　　　　　　　　　　(b) 射流口网格

图 5.18　等七角形射流方案的计算网格

网格加密,第一层网格高度为 10^{-7} m。

5.3.3　减阻与防热特性

根据 5.2 节分析可知,射流形状对减阻特性影响明显,五角星射流方案优于圆形、方形、椭圆形等常规构型射流方案。考虑到射流构型角个数不同,减阻特性也将不同,存在最佳射流角数。因此,本节在等 N 角形射流方案设计的基础上展开分析。

　　研究结果表明,随着 N 增加,阻力系数先降低,后升高,最后几乎保持不变,等七角形射流方案的减阻效果最好,能够减阻约 26.4%。N 从 3 到 9,最大减阻比与最小减阻比相差不足 5 个百分点,说明 N 的个数对减阻特性影响不大。逆向射流能够显著降低壁面最大热流,且壁面热流峰值随 N 的增加,整体先降低,后增加;当 $N=7$ 时,壁面热流峰值最小,防热效果最好,最大热流降低 60.6%;不同射流方案的流场中最高温度差别不大,当 N 为 7 时,静温峰值最低,为 385.3 K,如表 5.7 和图 5.19 所示。其中,参考阻力为无逆向射流条件下的阻力,减阻比的计算参见式(5.8),防热比即相对于无喷流状态下向热流峰值变化率。

表 5.7　阻力及峰值热流特性分析

三 维 模 型	无喷流	$N=3$	$N=4$	$N=5$	$N=6$	$N=7$	$N=8$	$N=9$
阻力系数	0.910	0.712	0.710	0.694	0.692	0.670	0.684	0.683
减阻比/%	0.0	−21.8	−22.0	−23.7	−24.0	**−26.4**	−24.8	−25.0
热流峰值/(kW/m²)	423.5	224.5	197.6	202.5	200.4	**166.7**	185.8	196.7
防热比/%	0.0	−47.0	−53.3	−52.2	−52.7	**−60.6**	−56.1	−53.6
静温峰值/K	398.6	385.9	386.7	387.7	387.5	385.3	386.3	386.7

　　图 5.19 为不同射流方案流场参数变化趋势对比。由图 5.19(a)、(b)可知,在来流与逆向射流相互作用区域,沿射流中心线马赫数的变化趋势为"急剧降低—缓慢降低—升高—降低",静温则先升高,后降低,再升高。在 0.24 ~ 0.28R_0,马赫数降为 0,说明此时速度为 0,而此时的静温为 300 K;来流与逆向射流的主要作用区域为 0.16~0.48R_0。由图 5.19(c)可知,在射流口上缘沿壁面方向,壁面压强先小幅降低,后急剧升高,再降低;当 $N=5$ 时,回流区再附点的压强最高,为 123 kPa,而当 $N=4$ 时,回流区再附点的压强值最低,为 111.5 kPa;而当 N 从 7 增加到 9 的过程中,回流区再附点的压强值几乎一致,约为 115 kPa,且再附点位置也几乎一致,位于 $\theta=36.5°$ 处;而当 N 为 3 和 5 时,再附点位置位于 $\theta=34°$;当 N 为 4 和 6 时,再附点位置位于 $\theta=35°$,说明随着 N 的增加,回流区区域增加;而回流区起始位置位于 $\theta=13°$ 处,N 的改变对回流区起始位置影响不大,其中 θ 为圆心角。由图 5.19(d)可知,在等射流面积的前提下,随着 N 的增加,激波脱体距离先逐渐增加,再降低,但激波位置的变化幅度不大,最大误差为 0.07R_0,说明喷角的个数对激波位置的影响不大,当 $N=7$ 时,激波位置与物面的距离最远,穿透力最强,约为无逆向射流情况的 3 倍,说明逆向射流的减阻效果明显。

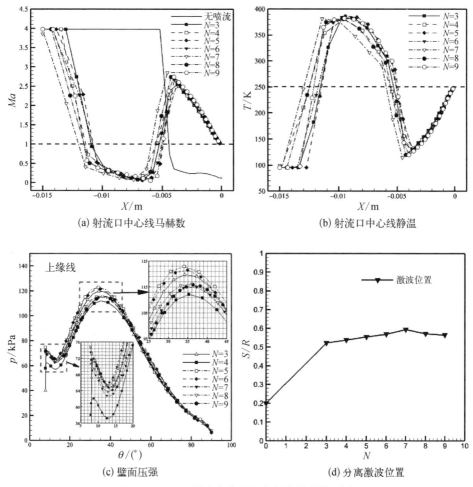

(a) 射流口中心线马赫数　　(b) 射流口中心线静温

(c) 壁面压强　　(d) 分离激波位置

图 5.19　不同射流方案流场参数变化趋势对比

图 5.20 给出了不同射流方案对称面上的壁面热流分布对比。由图 5.20(a) 可知,当喷角个数为奇数时,对称壁面上缘的热流峰值明显低于喷角为偶数时的热流峰值,其中当 N 为 5 时,壁面上缘的热流峰值最低,为 161 kW/m^2,位于 $\theta = 30°$ 处;而当 N 为 7 时,壁面上缘的热流峰值为 165 kW/m^2,位于 $\theta = 37°$ 处;而当 N 为 4 和 6 时,壁面上缘的热流峰值为 197 kW/m^2,位于 $\theta = 30°$,其位置与 N 为 5 时相同;而当 N 为 9 时,热流峰值位置离中心最远,位于 $\theta = 41°$ 处。由图 5.20(b) 可知,当 N 为 3 时,壁面下缘的热流峰值最高,约为 217 kW/m^2,而当 N 为 5 时,壁面下缘的热流峰值最低,仅为 145 kW/m^2,而除了 N 为 5 和 7 以外的所有射流方案,壁面下缘的热流峰值均不低于 185 kW/m^2。综合两图分析可知,

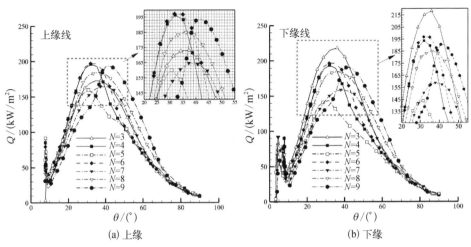

图 5.20　不同射流方案对称面上壁面热流分布的对比

N 为 5 和 7 两种射流方案能够有效降低热流峰值,起到一定的防热功效。

　　图 5.21 给出了对称面上不同射流方案上下壁面的热流分布对比。由图 5.21(a)可知,对称面上下缘的壁面热流分布趋势基本完全重合,这是因为射流形状的角数为偶数,上下缘沿 XOZ 平面对称,结果和物理现象相吻合;当 N 为 8 时,热流变化更平缓,且热流峰值低于 N 为 4 和 6 两种方案。

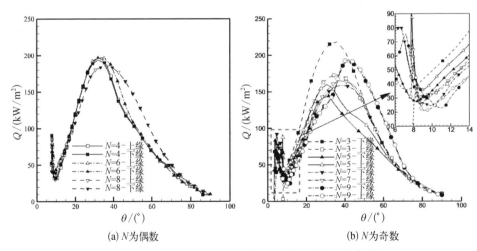

图 5.21　对称面上不同射流方案上下壁面的热流分布对比

　　由图 5.21(b)可知,当 N 为奇数时,对称面壁面上下缘热流分布差别较大,随着 N 的增加,壁面热流峰值先降低后升高,且壁面上下缘热流峰值的差值越来越小;当 N 为 9 时,壁面上下缘热流分布及变化趋势几乎一致,说明在等喷孔面积的前提下,当 N 增加到足够大时,喷孔的三维效应使得射流流场与圆形喷孔更加类似,但喷孔内径越来越小,不利于加工与工程实用;而随着 N 的增加,回流区起始点的位置逐渐远离喷孔中心;当 N 为 9 时,回流区起始点位置离喷孔中心最远,且喷孔下缘回流区的起始点比上缘回流区起始点远,说明在喷孔上缘形成的回流区大于喷孔下缘的回流区。

5.3.4　流场特性分析

图 5.22 为不同射流方案壁面热流分布云图对比。由图 5.22 可知,在同一热流分布标尺下,当 N 为 7 时,壁面热流峰值最低,为 $160\,\mathrm{kW/m^2}$;当 N 为 3 时,最高热流峰值位置位于射流口内切圆对应的母线上,而当 N 从 4 到 9,最高热流峰值位置位于各个喷角顶点的母线上,另外当 N 为 9 时,壁面上会形成圆环状的最高热流分布,其现象类似于圆形射流方案。

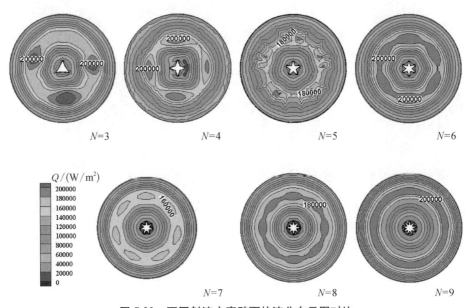

图 5.22　不同射流方案壁面热流分布云图对比

等 N 角形射流方案,形成的壁面热流等值线形状与等 N 边形形状类似,这是喷孔形状的特有性。当 N 为 5 时,最高热流没有形成在对称面上,N 为 5 的最高热流低于 N 为 7 的最高热流,实际在壁面的三维空间中,N 为 5 的最高热流高于 N 为 7 的最高热流。且当 N 为 3 时,射流形状类似三角形射流,射流角较少,

没有体现出等 N 角形射流方案的优势。而在所有射流方案的云图分布中,并非完全对称的,这是因为计算采用的是全流场计算,在计算过程中会存在一定的计算误差与舍入误差。

结合减阻防热特性分析,在等喷孔面积的前提下,等七角形射流方案的减阻防热特性最好。

图 5.23 给出了 $N = 7$ 时的流场特性分析。由图 5.23(a)可知,在马赫数为 1 的接触面外部,自由来流与逆向射流相互作用,形成弓形激波;在马赫数为 1 的接触面内部,来流与射流继续相互作用,形成亚声速区域,形状类似于桃心形;在射流口外侧形成两个低速回流区,如图 5.23(b)所示。而在射流口与亚声速区之间存在超声速区域,逆向射流先加速后减速,这是因为在靠近射流口处有一个低温区,声速较低,而在气流主要作用区域静温较高,在射流口两侧回流区内静温也较高,最高温度为 385.3 K。

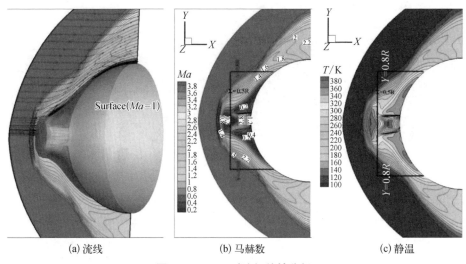

(a) 流线   (b) 马赫数   (c) 静温

图 5.23　$N = 7$ 时流场特性分析

5.3.5　小结

本节设计了等 N 角形逆向射流方案,用数值仿真方法开展了其减阻防热特性研究,通过研究得出如下结论。

(1) 根据阻力特性分析,等七角形射流方案的减阻效果最好,能减阻约 26.4%;但 N 从 3 到 9 变化过程中,最大减阻比与最小减阻比相差不足 5%,说明射流构型的角个数对减阻特性影响不大。逆向射流能够显著降低壁面最大热流,当 $N = 7$ 时,壁面热流峰值最小,防热效果最好,热流峰值降低 60.6%,且当 N 为 7 时,流场中的静温峰值最低,为 $385.3\,\mathrm{K}$。结合减阻与防热特性分析,在等射流面积的前提下,等七角形射流方案的减阻防热特性最好。

（2）当射流构型的角个数为奇数时,对称壁面上缘的热流峰值明显低于射流构型角个数为偶数时的热流峰值,且对称面壁面上下缘热流分布差别较大。随着 N 的增加,壁面热流峰值先降低后升高,且壁面上下缘热流峰值的差值越来越小;当 N 增加到足够大时,射流口的三维效应使得射流流场与圆形射孔更加类似。随着 N 的增加,回流区起始点的位置逐渐远离射流口中心。因此,等奇数射流方案一定程度上能够实现流动控制功效。

（3）当 N 为 3 时,最高峰值热流位置位于射流口内切圆对应的母线上,而当 N 为 4~9 时,最高热流峰值的位置位于各个射流角顶点的母线上。当 N 为 9 时,在壁面上形成圆环状的最高热流分布,其现象类似于圆形射流方案。等 N 角形射流方案形成的壁面热流等值线形状与等 N 边形类似,这是喷孔形状的特有性。

5.4　流动参数对等 N 角形逆向射流减阻防热特性影响

本节开展流动参数对等 N 角形射流流场特性影响的研究。基于研究结果可知,当 N 取 7 时,逆向射流的减阻与防热性能最优。因此对 $N = 7$ 时射流方案的流场特性进行详细研究,主要包括攻角、侧滑角及射流角对流场特性的影响。攻角和侧滑角的范围为 $[-15°,\ 15°]$,射流角度的范围为 $[-5°,\ 5°]$。

5.4.1　攻角对流场特性的影响

当飞行器在飞行过程中,攻角对其流场及气动特性影响很大,通过调整攻角改变飞行器的气动性能,进而实现相应的姿态改变。因此,本节首要讨论攻角对等 N 角形射流构型流场特性的影响。

图 5.24 展示了攻角对等七角形射流方案气动性能的影响。由研究可知,随攻角绝对值的增加,阻力系数与减阻比不断增加,而升力系数与升阻比的绝对值先增加后降低,最大升阻比出现在 $10°$ 攻角处。这说明在无攻角情况下的减阻性能最优,然而当逆向射流用于飞行器时,$0°$ 攻角并非最佳飞行状态。因为等七角形射流构型关于 XOZ 平面非对称,所以在 XOY 平面的流场信息呈现非对称性。

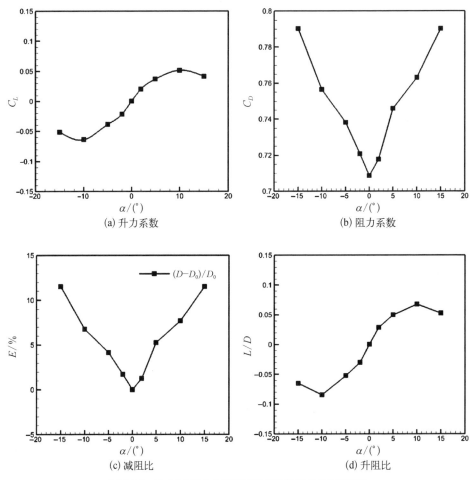

图 5.24　攻角对等七角形射流方案气动性能的影响

图 5.25 给出了不同攻角条件下,沿上缘线与下缘线上静压与斯坦顿数的对比。研究发现,在迎风面上的静压与斯坦顿数明显高于背风面上的值,而且在迎风面上的气动加热更严峻。

不同攻角条件下,壁面压强变化趋势一致,均沿上、下缘线方向先升高后降低。当攻角为 0°时,上下壁面的静压分布一致;当攻角小于 0°时,上下缘线上静压的差值随着攻角的增加而增加;当攻角为 -10°时,静压峰值在所研究的攻角范围内最高,达到 290 kPa,如图 5.25(a)所示。然而,当攻角大于 0°时,最大静压出现在 15°攻角处,其值略大于 250 kPa,如图 5.25(b)所示。随着攻角的增加,最大静压的位置向射流口中心移动。同时,气动加热随攻角的变化表现出不同的特性。气动加

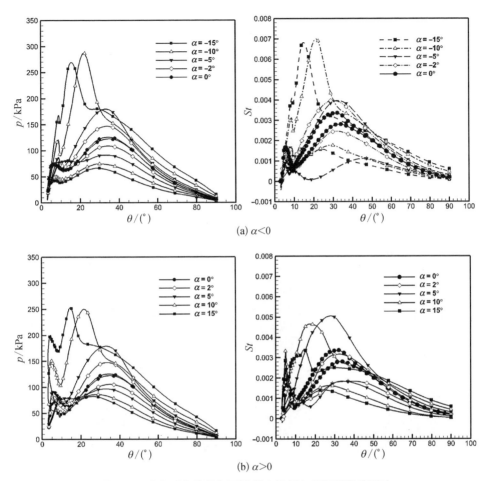

图 5.25　攻角对上缘线与下缘线上静压与斯坦顿数的影响

热在 XOY 平面上表现出非对称性,当攻角为 $-10°$ 时,整个流场中的最大斯坦顿数最高,此状态下的气动加热环境最严峻。在迎风面上的气动加热环境比在背风面上的气动加热环境严重,这些现象均说明射流口形状对气动加热环境影响明显。当攻角为 $-10°$ 时,气动加热最强,最大斯坦顿数达到 0.007;当攻角为 $-5°$ 时,斯坦顿数在背风面的分布明显不同于其他攻角的分布趋势。当攻角为正时,随攻角的增加,斯坦顿数先增加后降低;当攻角为 $5°$ 时,最大斯坦顿数为 0.005 2。另外,在迎风面上,$2°$ 攻角状态下的气动加热环境优于 $0°$ 攻角状态下的气动加热环境。正攻角条件下的气动加热环境比负攻角条件下的气动加热环境温和,这也说明了对等七角射流构型来说,正攻角飞行状态对于防热环境来说更有利。

图 5.26 给出了不同攻角条件下静温云图对比。通过对比发现在整个流场

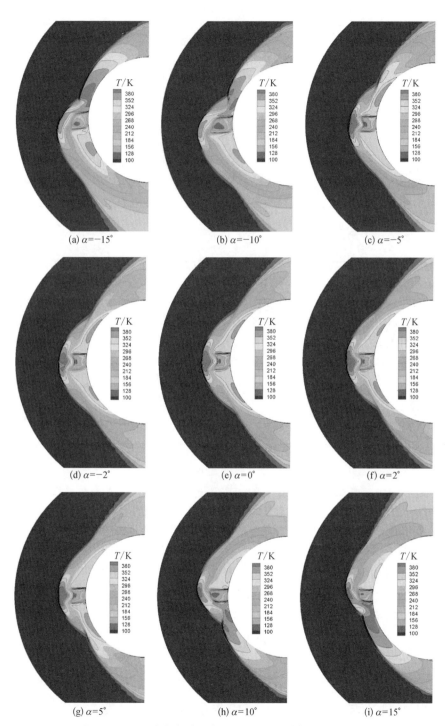

图 5.26 不同攻角条件下在 XOY 平面上的静温云图对比

中的最大静温值约为 400 K,攻角对流场的最大静温值影响不明显。大攻角对流
场结构影响更明显些,小攻角对流场的影响不大。当攻角为-15° 与 15° 时,在迎
风面上高温区域明显增加,且再附激波的结构也明显不同于小攻角条件下的流
场结构,然而两者在迎风面的流场也略有不同,且呈非对称性。当攻角为 15°
时,下壁面的激波压缩更加靠近射流口中心,而且在背风面的高温区分布也不同
于攻角为-15° 条件下的背风区温度分布。正攻角对迎风面的激波压缩要强于负
攻角条件下的激波压缩。

　　图 5.27 给出了不同攻角条件下在 XOY 平面上马赫数云图的对比。当攻角
的绝对值从 0° 到 15° 变化的过程中,激波压缩逐渐变强,在迎风面的回流区逐渐
变小,而背风面的回流区逐渐增加。当攻角的绝对值较大时,膨胀激波越来越明
显,流场也更复杂。随着攻角增加,脱体激波再附点的位置向射流口中心靠近。

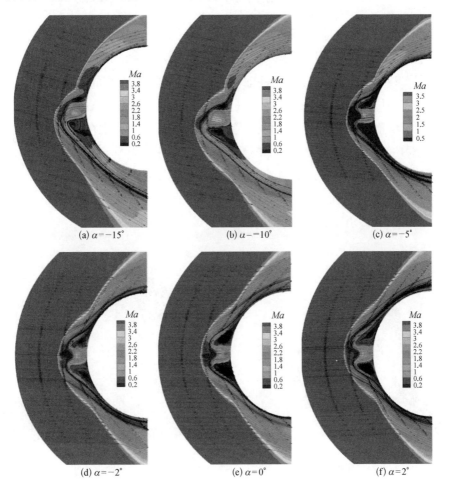

(a) $\alpha = -15°$　　　　　　(b) $\alpha = -10°$　　　　　　(c) $\alpha = -5°$

(d) $\alpha = -2°$　　　　　　(e) $\alpha = 0°$　　　　　　(f) $\alpha = 2°$

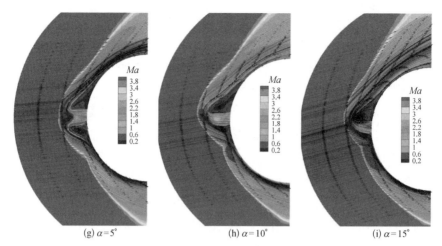

(g) $\alpha=5°$ (h) $\alpha=10°$ (i) $\alpha=15°$

图 5.27　不同攻角条件下在 XOY 平面上的马赫数云图对比

当攻角为 10° 与 −10° 时,在对称面上沿驻点线上的流动参数变化明显,且在上下壁面上的流动参数呈现明显的非对称性,如图 5.27(b)和(h)所示。

图 5.28 给出了攻角为 0° 条件下不同切面上压强与流线的对比图。当二面角为 51.4° 时,能够反映整个流场的基本信息,因为射流形状在空间上呈周期性分布。当攻角为 0° 时,壁面上的最大静压值为 120 kPa,且出现在回流区后方。另外,流场中的高压区主要出现在分离激波后。当二面角为 90° 时,在 XOZ 平面上的激波再附点比在 XOY 平面上的激波再附点位置更加靠近射流口中心。当二面角为 180° 时,在上下壁面上的回流区也因射流形状的非对称性而不同,如图 5.28(c)所示。这些现象均说明等 N 角形射流方案在空间流场中有明显的三维效应。

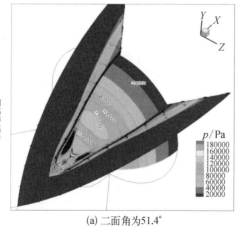

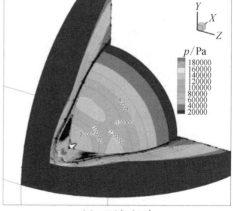

(a) 二面角为51.4°   (b) 二面角为90°

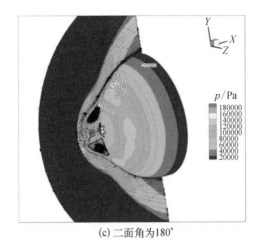

(c) 二面角为180°

图 5.28　攻角为 0°条件下不同切面上静压云图与流线图的对比

5.4.2　侧滑角对流场特性的影响

本节讨论不同侧滑角条件下等七角形逆向射流方案的减阻防热特性,研究侧滑角对流场特性的影响。

图 5.29 给出了侧滑角对等七角形气动性能的影响。通过对比发现,随着侧滑角绝对值的增加,侧向力系数的绝对值先增加后降低,在 $\beta = -10°$ 时,侧向力系数的绝对值达到最大。另外,阻力系数与减阻比随着侧滑角绝对值的增加而不断增加。这也说明,侧滑角并不能实现等七角形进一步降低阻力的效果,当 $\beta = 0°$ 时,阻力最小,如图 5.29(b)和(c)所示,其中阻力的参考值 D_0 为 0°侧滑角条件下的阻力值。因为数值有误差,阻力系数与减阻比并非完全对称。减阻比 E 为正,说明当有侧滑角时,逆向射流的阻力增加。

图 5.30 展示了侧滑角对壁面流场参数的影响。因为等七角形关于 XOY 平面是对称的,所以只讨论在侧缘线上的流场参数,参见图 5.30。很明显,在迎风面上的静压与斯坦顿数明显高于背风面上的数值,说明在迎风面上的气动加热更严重。不同侧滑角条件下,壁面静压的分布趋势类似,沿壁面方向均是先增加后降低。当侧滑角的绝对值不大于 5°时,静压峰值的位置几乎一致,约在 $\theta = 34°$ 处。当侧滑角的绝对值大于 5°时,静压峰值的位置向射流口中心移动,当 $\beta = -10°$ 时,静压峰值最大,位于迎风面上,其值为 275 kPa。在背风面上,静压值几乎均低于 100 kPa,同时,在背风面的气动加热环境优于迎风面的气动加热环境。当侧滑角较小时,壁面的最大斯坦顿数低于无侧滑角情况,说明小侧滑

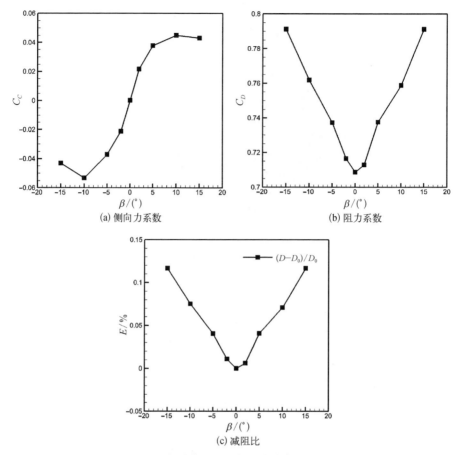

(a) 侧向力系数　　　　(b) 阻力系数

(c) 减阻比

图 5.29　侧滑角对等七角形射流方案气动性能的影响

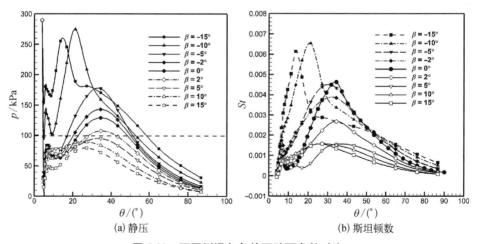

(a) 静压　　　　(b) 斯坦顿数

图 5.30　不同侧滑角条件下壁面参数对比

角对于防热有一定好处。随着 $|\beta|$ 的增加,最大斯坦顿数的位置向射流口中心移动,当 $\beta = -10°$ 时,最大斯坦顿数最高,其值为 0.006 6,约为无侧滑角条件下的 1.5 倍。当 β 较大时,不能实现防热功能。

图 5.31 给出了不同侧滑角条件下,XOZ 平面上的静温云图对比。当侧滑角较大时,来流的激波压缩更强,随着 β 的增加,高温区向射流口中心方向移动,且高温区面积增加。当 β 较小时,流场结构比较一致,说明小侧滑角对流场影响不明显。随着侧滑角的增加,回流区面积在迎风面上逐渐减小,在背风面上逐渐增加,尤其在大侧滑角时,激波压缩更明显,流场结构改变更明显。整个流场的最大静温值不超过 400 K。

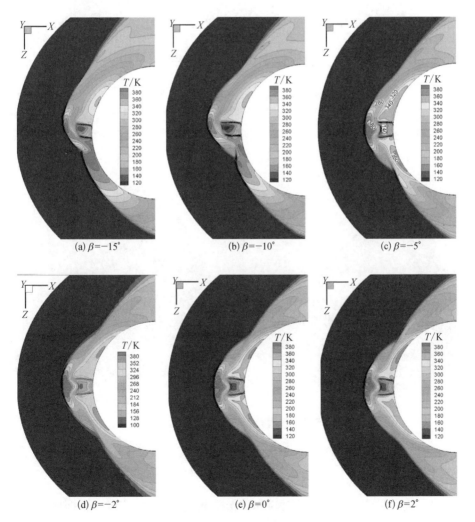

(a) $\beta = -15°$　　(b) $\beta = -10°$　　(c) $\beta = -5°$

(d) $\beta = -2°$　　(e) $\beta = 0°$　　(f) $\beta = 2°$

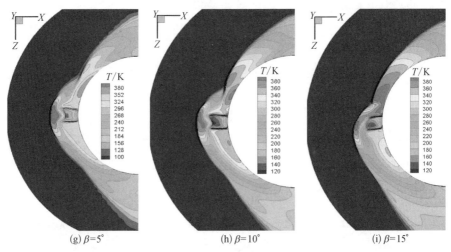

(g) $\beta=5°$ 　　　　　　　(h) $\beta=10°$ 　　　　　　　(i) $\beta=15°$

图 5.31　不同侧滑角条件下 *XOZ* 平面上静温云图对比

图 5.32 为 $-5°$ 侧滑角条件下的静压云图对比。对比发现,静压在迎风面与背风面的分布相差很大,当 $\beta=-5°$ 时,在迎风面上的最大静压值为 170 kPa,而在背风面上的静压值仅为 110 kPa,高压区主要出现在迎风面上,在迎风面上的静压云图比背风面上的静压分布要更密集。

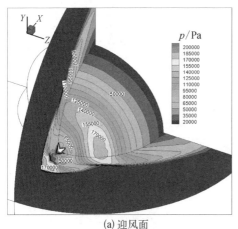　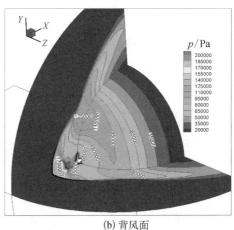

(a) 迎风面　　　　　　　　　　　　　　(b) 背风面

图 5.32　侧滑角为 $-5°$ 时静压云图对比

5.4.3　射流角对流场特性的影响

为了进一步了解流动参数对逆向射流流场的影响,本节讨论不同射流角度条件下的等七角形减阻防热特性,研究射流角对流场特性的影响。

表 5.8 为不同射流角条件下的流场参数对比。当 $\delta = 0°$ 时,升力系数为正,而当 $\delta = -5°$ 时,升力系数为负,其绝对值为 0° 条件下升力系数的 32.5 倍。另外,射流角对阻力系数与减阻比的影响不明显,说明射流角对升力性能影响明显。同时,射流角对流场中的最大静温影响较小,然而,δ 能够降低流场中的最大热流值,从而改善流场的气动加热环境。当 $\delta = 0°$ 时,$Q_{\max}$ 为 245.6 kW/m²,当 $\delta = -5°$ 时,$Q_{\max}$ 能够降低约 22.4%,然而当 $\delta = 5°$ 时,$Q_{\max}$ 仅能够降低约 9.2%,这是因为等七角形射流形状关于 XOZ 平面是非对称的,所以不同射流角反映的减阻防热性能不同。从以上分析可知,存在最佳射流角不仅能够保证好的减阻性能,而且能够拥有好的防热性能。

表 5.8　不同射流角条件下的流场参数对比

$\delta/(°)$	C_L	C_D	$E/\%$	$T_{\max}/K$	$Q_{\max}/(kW/m^2)$	$St_{\max}$
−5	−0.007 48	0.713	0.64	396.6	190.5	0.003 6
0	0.000 23	0.709	0	396.2	245.6	0.004 6
5	0.008 58	0.714	0.76	395.6	222.9	0.004 2

注:δ 是射流角,−5° 表示射流角朝向 Y 轴的负方向。

图 5.33 为不同射流角条件下,马赫数云图与流线图对比。对比发现,射流角对流场的整体结构影响较小,不同射流角条件下的回流区几乎保持一致。

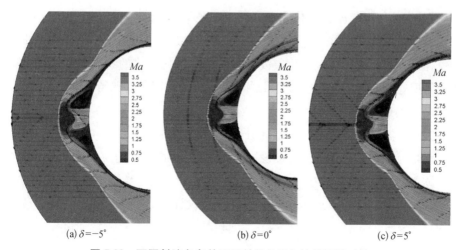

(a) $\delta = -5°$　　　　　(b) $\delta = 0°$　　　　　(c) $\delta = 5°$

图 5.33　不同射流角条件下马赫数云图与流线图的对比

5.4.4 小结

本节研究了攻角、侧滑角及射流角对等七角形射流方案流场特性的影响,通过研究得出如下结论。

(1) 在本节考虑的范围内,有攻角和侧滑角情况下本方案不具有较好的减阻防热效果,当攻角为−10°时,最大斯坦顿数最大,流场的气动加热环境最严峻。正攻角条件下的气动加热流场更温和,在气动加热与峰值热流降低方面,正攻角比负攻角更具有优势。

(2) 随着侧滑角的增加,侧向力系数先增加后降低,最大侧向力系数出现在 $\beta = 10°$,在迎风面上的静压和斯坦顿数明显高于在背风面上的值,而且在迎风面上的气动加热更明显。当侧滑角小于 5°时,最大静压的位置几乎一致,位于 $\theta = 34°$ 处。当侧滑角大于 5°时,最大静压出现的位置随侧滑角的增加向射流口中心移动。

(3) 射流角对阻力系数有轻微的影响,但射流角能够降低流场中的最大热流并改善气动加热特性。当 $\delta = -5°$ 时,Q_{max} 能够降低 22.4%,而当 $\delta = 5°$ 时,Q_{max} 仅能够降低 9.2%。存在最优射流角使逆向射流不仅具有好的减阻性能,而且具备好的气动防热性能

5.5 逆向射流对钝化高超声速飞行器减阻防热影响研究

5.5.1 逆向射流在钝化乘波飞行器上的方案设计

在钝化乘波飞行器上应用逆向射流的方案很多,如圆形喷孔、方形喷孔、多个喷孔组合等。为了适应钝化乘波飞行器细长钝化前缘的特点,本节选用喷缝作为新型逆向射流方案来实现钝化乘波飞行器的减阻与防热特性。

1. 方案设计

钝化乘波飞行器的前缘有不同分区,包括驻点、鼻区、变钝化半径区域与一致钝化半径区域。钝化乘波体前缘属于扁平形,因此,较小射流面积的射流方案对于钝化乘波飞行器的空间三维流场影响较小。不同前缘钝化半径有不同的鼻区,因此,喷缝形状将根据鼻区面积的大小来设计,如图 5.34 所示。其中,物理模型几何参数的定义如表 5.9 所示,主要包括三个部分:整机特征尺寸、钝化前缘以及逆向射流喷缝尺寸。

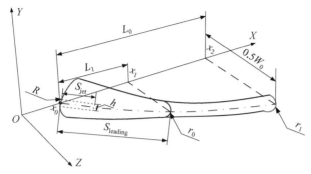

图 5.34　逆向射流应用于变钝化半径前缘的方案示意图

表 5.9　物理模型几何参数

部件名称	符　号	参 数 定 义
整机	L_0	飞行器长度
	W_0	飞行器宽度
	H_0	飞行器高度
钝化前缘	R	头部钝化半径
	r_1	尾部钝化半径
	r_0	变钝化前缘尾部钝化半径
	S_{leading}	变钝化前缘长度
逆向射流	S_{jet}	喷缝长度
	h	喷缝高度

2. 物理模型

　　基于图 5.34 设计理念,采用变钝化前缘设计方法,设计得到了变钝化半径乘波飞行器构型,如图 5.35 所示。其中,L_0 即 l_{w},长度为 0.6 m。

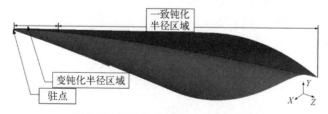

图 5.35　变钝化半径乘波飞行器模型

　　结合变钝化半径及喷缝的设计方法,得到带喷缝的变钝化半径前缘构型,如图 5.36 所示。

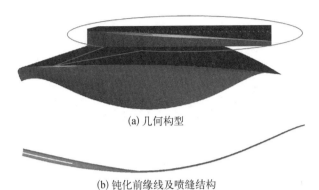

(a) 几何构型

(b) 钝化前缘线及喷缝结构

图 5.36　带喷缝的变钝化半径乘波体构型

3. 算例选取及数值网格

为了研究逆向射流对钝化乘波飞行器性能的影响,本节选取几种不同的钝化方案与逆向射流方案进行了减阻防热性能研究,方案设计参数如表 5.10 所示。Case 1 和 Case 2 为常规钝化类,采用一致钝化半径方法;Case 3 为变钝化半径方法;Case 4 为带逆向射流的变钝化半径乘波飞行器。

表 5.10　不同方案的构型参数设计

方　案	L_1/L_0	R/L_0	r_0/R	r_1/r_0	S_{jet}/m	$S_{jet}/S_{leading}$	h/R
Case 1		0.000 33					
Case 2	—		—	—	—		
Case 3	0.06	0.001 33	0.25	1.0			
Case 4					0.008 6	0.166	0.25

基于上述几种不同方案的几何模型,采用商业网格生成软件 ICEM CFD 生成结构计算网格,网格规模如表 5.11 所示。

表 5.11　不同方案的网格规模介绍

方　案	网格类型	网格数量	壁面第一层网格高度/m
Case 1		1 237 146	
Case 2	结构网格	1 283 184	10^{-6}
Case 3		1 268 714	
Case 4		2 799 254	

以 Case 4 的外形为例,展示了面网格和部分体网格,如图 5.37 所示。

(a) 面网格和部分体网格 　　　　　　　　　　(b) 钝化前缘头部网格

图 5.37　Case 4 的网格布局(经软件自带质量评估,网格单元 Quality 参数值均在 0.6 以上)

对于只有外流的钝化乘波飞行器,网格数量保证在 100 万以上后,并且在飞行器前段进行足够的网格加密,网格数量对计算结果几乎没有影响[1],Case 1~3 的网格数量在 125 万左右,满足乘波飞行器外流的计算网格无关性标准。对于带逆向射流的钝化乘波飞行器方案,为了保证数值仿真的准确性,在射流口高度方向布了 12 个节点。同时,为了保证网格的连续性,需要在钝化前缘展向方向上增加网格节点数,而且在钝化前缘与物面接触处也要增加网格的节点数;最后,为了更好地捕获射流区域流场的特性,在垂直于射流口方向也需要通过增加网格节点数来对空间网格进行加密,因此 Case 4 的网格数量急剧增加,约为 280 万,这样既能保证在射流口附近复杂流场的捕获,也能保证和满足对外流流场的计算。另外,保证四种方案的网格在壁面处的第一层网格高度同为 10^{-6} m,以满足对边界层内流场的数值仿真。其中数值计算的边界条件如表 5.12 所示。

表 5.12　数值计算边界条件 1

压 力 远 场	射 流 总 压 比	压 力 入 口	壁　　面
理想气体 $Ma = 6.0$ $P_e = 2\,511.01$ Pa $T_e = 221.65$ K	PR = 0.4	空气 $Ma_{in} = 1.0$ $P_{0in} = $ PR $\cdot P_0$ $T_{ein} = 300$ K	$T_w = 300$ K

本节所采用的数值计算网格均在后端面处截止,不考虑底阻,如图 5.37 所示。

5.5.2 逆向射流对钝化乘波飞行器性能影响

1. 气动力性能研究

本节主要讨论钝化方法和逆向射流对钝化乘波飞行器气动力/气动热特性的影响。

为了更好地研究逆向射流对钝化乘波飞行器的影响,选取垂直于来流方向的 5 个切面和不同切线讨论流场特性。不同切面与切线在 X 方向的坐标分别为 0.411、0.412、0.413 37、0.445 和 0.7,其中钝化前缘线的驻点处位置为 0.410 54,喷缝末端在流线方向的坐标为 0.413 37,变钝化半径末端在流线方向的位置为 0.445。同时也讨论了对称面上的流场特性。

图 5.38 给出了不同方案的气动性能对比。如图 5.38(a)所示,对于无逆向射流的钝化乘波飞行器来说,有黏条件下的升力系数均低于无黏条件下的升力系数;而对于带逆向射流的钝化乘波飞行器而言,此结论正好相反。另外,Case 1 和 Case 3 的升力系数比 Case 2 的高,而 Case 4 的升力系数低于 Case 2 的升力系数。由图 5.38(b)可知,黏性对阻力特性影响明显,有黏条件下的阻力系数明显高于无黏条件下的阻力系数,黏性阻力约占总阻力的 35%。Case 2 的阻力系数比 Case 1 的高,而和 Case 3 的阻力系数几乎保持一致。Case 4 的阻力系数在所有算例中最低。

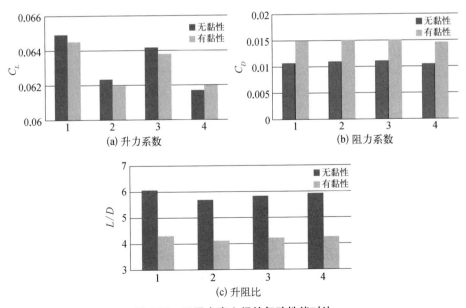

图 5.38 不同方案之间的气动性能对比

通过前面分析可知,黏性条件下的升阻比明显低于无黏条件下的升阻比,如图 5.38(c)所示。不论无黏流动或有黏流动,Case 1 的升阻比均最大,当钝化半径从 0.2 mm 增加到 0.8 mm 时,升阻比将降低 7%~8%,这是因为弓形激波更加明显,阻力增加。同时,随着钝化半径的增加,压缩面的面积减小,升力降低。另外,Case 3 的升阻比比 Case 2 的高,这也说明变钝化半径能够很好地提高钝化乘波飞行器的气动性能。由 Case 3 和 Case 4 的对比可知,带逆向射流的钝化乘波飞行器的阻力更小。这说明,逆向射流能够在一定程度上实现钝化乘波飞行器的减阻特性,因此,升阻比性能增加。这也说明喷缝能够提高钝化乘波飞行器的气动性能。同时,变钝化半径方法与逆向射流的结合能够使升阻比提高 4%~5%,无黏升阻比为 5.91。

图 5.39 为沿驻点线方向上的流场特性分析,图中 R8、R8(r2) 和 R8(r2-jet)

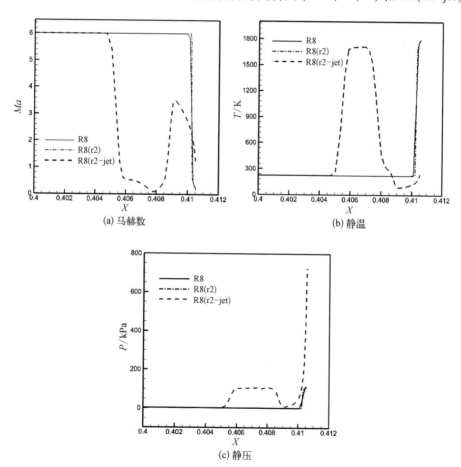

(a) 马赫数　(b) 静温

(c) 静压

图 5.39　沿驻点线方向上的流场参数分析

分别对应 Case 2、Case 3 和 Case 4。当 R 保持一致时,变钝化半径乘波飞行器比常规钝化半径乘波飞行器的激波压缩能力更强。Case 4 的脱体激波距离突然增加,激波后的马赫数变化趋势是"突降—缓降—升高—降低"。在升高段,马赫数大于 1,这是因为在此区域处于低温区,声速较低。在 $X = 0.408$ 位置,Case 4 的马赫数接近 0,这说明在此位置速度为 0,如图 5.39(a) 和(b) 所示。另外,如图 5.39(b) 所示,在沿驻点线方向喷缝附近及喷缝附近的回流区内都存在低温区,这种流场特性能够改善气动加热环境。如图 5.39(c) 所示,在同一来流条件下,激波压缩的能力是一定的,因此,激波后的最大静压几乎一致,其值为110 kPa,约为来流静压的 43.8 倍。接近喷缝附近静压突增,这是因为当射流总压比为 0.4 时,逆向射流的射流静压非常高。

图 5.40 展示了不同算例中沿各个切线的压强分布对比。在同一切面上,不

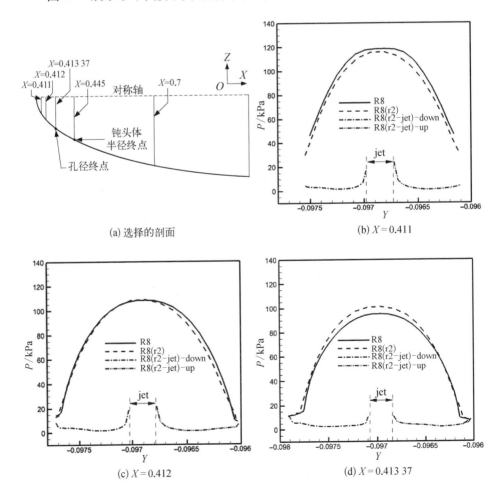

(a) 选择的剖面

(b) $X = 0.411$

(c) $X = 0.412$

(d) $X = 0.413\ 37$

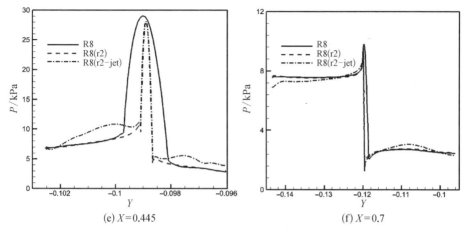

(e) $X=0.445$　　　　　　　　　(f) $X=0.7$

图 5.40　不同切面上压强分布的对比

同的算例有不同的压强分布。在 $X=0.411$ 位置,Case 3 的压强比 Case 2 的压强要低,而在 $X=0.412$ 位置上,两者差别不大,如图 5.40(b)和(c)所示。在 $X=0.413\,37$ 位置上,Case 3 的压强值比 Case 2 的高,如图 5.40(d)所示。这些现象表明,钝化方法对压强分布影响明显。在 $X=0.411$ 位置上,喷缝对压强的影响非常明显,Case 4 的压强分布明显低于 Case 2 和 Case 3 的压强分布。然而在 $X=0.412$ 和 $0.413\,37$ 两个位置上,压强分布结果与在 $X=0.411$ 位置上的结果相似。这些现象说明,在靠近喷缝附近的上下壁面处存在回流区和低压区,钝化半径 R 对于压强分布的影响比较明显,如图 5.40(e)所示。

同时,在 $X=0.445$ 处,Case 4 中上下两个平面上的压强分布高于另外两种情况。这是因为分离激波再附于壁面,而分离激波后的激波再附点出现在 $X=0.445$ 附近。据此我们能够预测回流区的面积,另外,在 $X=0.7$ 的位置,几种不同算例的压强分布是相似的,如图 5.40(f)所示。

2. 流场特性研究

为了更好地了解流场特性,针对 Case 3 和 Case 4 两个算例,选择几个不同的切面,对不同流场参数的流场信息进行详细研究。

图 5.41 给出了 Case 2、Case 3 和 Case 4 在钝化前缘上的压强分布对比。虽然钝化半径 R 相同,但是不同的钝化方法有不同的压强分布。Case 3 的高压区面积比 Case 2 的高压区面积大,它们的高压区均出现在鼻区附近,如图 5.41 所示。

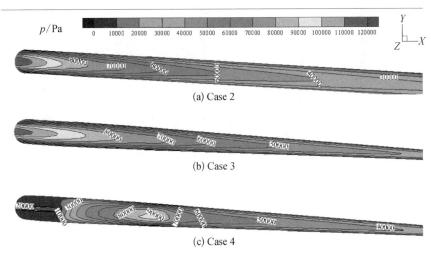

图 5.41　钝化前缘上不同算例的压强分布对比

图 5.42 给出了对称面上,不同流场参数的云图对比,分别为马赫数、静温和静压。Case 4 的分离激波位置明显比 Case 3 的分离激波位置远,而且 Case 4 的高温和高压区离壁面较远,在钝化头部周围被低温低压区包围,很好地降低了壁面受热的程度,这也将导致壁面热流降低,改善气动加热环境。从图 5.42(b)和(c)可以看出,存在最优射流比能够使分离激波再附于压缩面,使得钝化乘波体具有更好的气动性能。

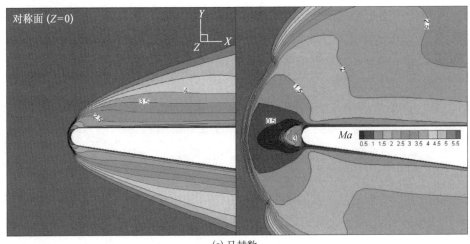

(a) 马赫数

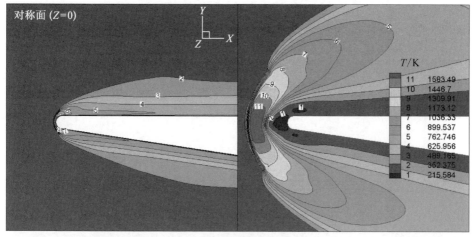

(b) 静温

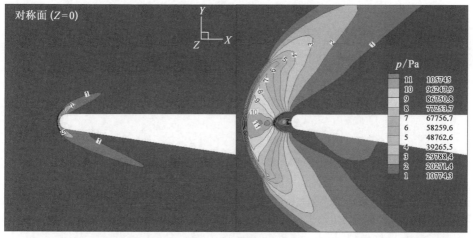

(c) 静压

图 5.42　对称面上 Case 3 和 Case 4 流场参数的云图对比

图 5.43 给出了 Case 3 和 Case 4 在不同切面上的马赫数云图对比。如图 5.43、图 5.38 和图 5.39 所示,逆向射流对流场的影响非常明显,尤其是在喷缝位置,且逆向射流的影响区域沿着 X 方向逐渐减小。当逆向射流应用于钝化乘波飞行器时,在靠近上下壁面处存在低马赫数区域。然而,这种现象并没有出现在 Case 3 上,这也进一步证实了三维流场中回流区的存在。基于喷缝的中心面,上下流场几乎是对称的,喷缝能够提高气动特性,改善气动加热环境。

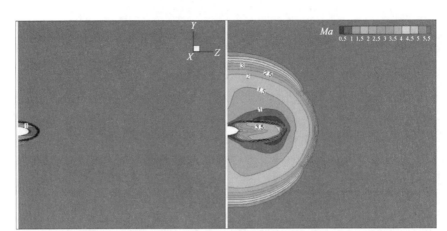

(a) X=0.411

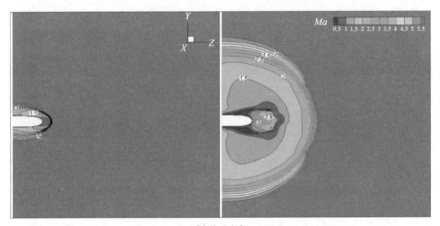

(b) X=0.412

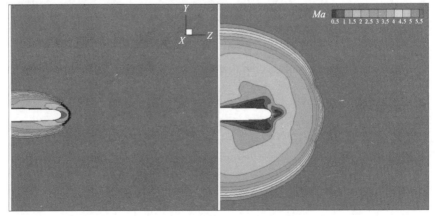

(c) X=0.4337

图 5.43　不同切面上 Case 3 和 Case 4 的马赫数云图对比

通过分析可知,在整个流场中,逆向射流能够改变鼻区的流场结构和改善气动加热环境。变钝化半径方法是一种提高钝化乘波飞行器气动性能、改善气动加热环境的有效方法。增加喷缝也是一种新型提高钝化乘波飞行器整体气动性能的手段。因此,这将使理想乘波飞行器向实用迈出坚实的一步。

3. 小结

本节将逆向射流应用于钝化乘波飞行器,采用喷缝的方式来提高乘波飞行器的性能。研究可得如下结论。

(1)在同一来流条件下,激波压缩能力是一定的,因此,激波后的最大静压几乎一致,其值为 110 kPa,约为来流静压的 43.8 倍。

(2)黏性对升力特性影响较小,对阻力性能影响明显;Case 1 的升阻比最大。当变钝化半径方法被采用时,升力系数将增加,阻力系数几乎保持不变,升阻比特性增加。

(3)变钝化半径方法是一种提高钝化乘波飞行器整体性能的有效方式,它能使升阻比提高 3%。逆向射流能够改变鼻区周围的流场结构,改善整个流场的气动加热环境。存在最优 P_{0in}/P_0 能够使脱体激波再附于下壁面,进而使钝化乘波飞行器获得更好的气动性能。

(4)变钝化半径和逆向射流的结合是一种创新的方式,能够提高钝化乘波飞行器的整体性能,升阻比能够提高 4%~5%。喷缝作为逆向射流的新形式,更适合钝化乘波飞行器,而且也是提高气动性能及改善气动加热特性非常有效的方式。

5.5.3　射流压比对钝化乘波飞行器的影响

在钝化前缘的驻点处压强系数随马赫数变化很小,但对于不同的来流马赫数,驻点处的压强值将各不相同。针对不同的来流马赫数,不同的逆向射流压比对钝化乘波飞行器的减阻防热效果不同。本节研究射流压比对钝化乘波飞行器性能的影响。

1. 参数选择

本节采用的物理模型为 5.5.2 节中讨论的 Case 4,几何模型如图 5.36 所示,具体模型参数及数值如表 5.13 所示。网格布局如图 5.37 所示,网格数量参见表 5.11 中 Case 4。

由 5.5.2 节研究,本节选用 PR 为 0.1、0.2、0.3、0.4、0.5 和 0.6 来研究逆向射流总压比对钝化乘波飞行器气动性能的影响,边界条件如表 5.14 所示。

表 5.13　物理模型几何参数及数值

参　　数	符　　号	数值/m
飞行器长度	L_0	0.600 0
飞行器宽度	W_0	0.365 2
飞行器高度	H_0	0.099 5
头部钝化半径	R	0.000 8
尾部钝化半径	r_1	0.000 2
变钝化前缘尾部钝化半径	r_0	0.000 2
变钝化前缘长度	S_{leading}	0.051 6
喷缝长度	S_{jet}	0.008 6
喷缝高度	h	0.000 2

表 5.14　数值计算边界条件 2

压力远场	喷注总压比	压力入口	壁　　面
理想气体		空气	
$Ma = 6.0$		$Ma_{\text{in}} = 1.0$	
$P_e = 2\,511.01\ \text{Pa}$	PR = 0.1 ~ 0.6	$P_{0\text{in}} = \text{PR} \cdot P_0$	$T_w = 300\ \text{K}$
$T_e = 221.65\ \text{K}$		$T_{e\text{in}} = 300\ \text{K}$	

2. 性能分析

图 5.44 展示了射流总压比对钝化乘波飞行器气动性能的影响。横坐标中"1"、"2"等分别对应 PR = 0.1、PR = 0.2 等算例。

研究发现,黏性对阻力系数的影响较大,黏性阻力约占总阻力的 28%,如图 5.44(a)所示;而黏性对升力系数影响不明显,射流总压比对升力系数的贡献不同,可正可负,如图 5.44(b)所示。黏性升阻比较无黏升阻比低,升阻比低约 28%,如图 5.44(c)所示;随着 PR 的增加,升力系数和阻力系数逐渐降低,升阻比随 PR 的变化不明显,其中不考虑黏性阻力时的升阻比为 5.9 左右,当考虑黏性时,升阻比为 4.25 左右,如图 5.44(c)所示。

3. 流场参数分析

图 5.45 展示了沿射流口中心驻点线方向上流场参数的变化趋势,PR 的变化范围为 0.1~0.4。

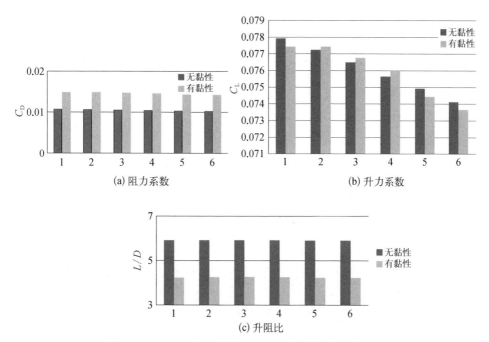

图 5.44　射流总压比对钝化乘波飞行器气动性能的影响

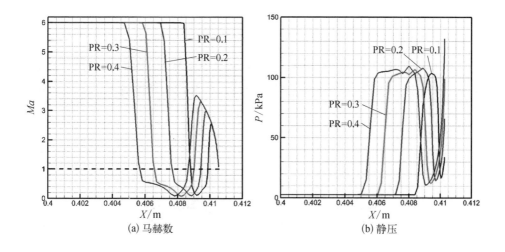

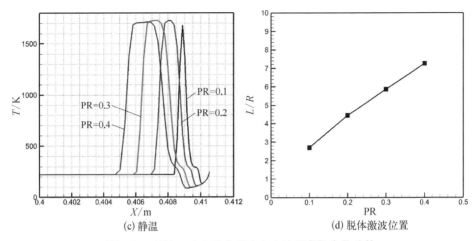

图 5.45 射流口中心驻点线方向上流场参数变化趋势

由图 5.45(a)可知,在沿驻点线方向上,来流马赫数经过激波压缩后,先急剧降低,后逐渐降低到 0,再急剧升高,最后再降低到射流口马赫数;随着 PR 的增加,脱体激波面形成的位置距离射流口越远,在射流马赫数加速段的速度增加幅度越大;当 PR = 0.1 时,激波脱体距离为 2.7R,当 PR = 0.4 时,激波脱体距离为 7.3R,如图 5.45(d)所示。驻点线方向上,压强先增加后几乎保持不变,再急剧降低,再升高;随着 PR 的增加,压强维持在恒定值的区域增大,此值约为 108 kPa,约为来流静压的 43 倍,如图 5.45(b)所示。静温在驻点线上先急剧升高,后几乎保持在 1 700 K 左右,然后急剧下降,直到低于物面静温值,最后再升高;随着 PR 的增加,恒定静温的区域增加;当 PR = 0.1 时,激波后几乎不存在恒定静温区,如图 5.45(c)所示。

图 5.46 给出了不同射流总压比条件下,对称面壁面压强分布对比。其中图 5.46(a)为钝化头部上下壁面的压强分布,图 5.46(b)为机身上下壁面压强分布,图 5.46(c)为钝化头部下壁面与机身前体下壁面上的压强分布对比。其中"Head-Down-01"代表 PR = 0.1 条件下,钝化头部射流口下壁面;"Head-Up-01"代表 PR = 0.1 条件下,钝化头部射流口上壁面;"Lower-01"代表 PR = 0.1 条件下,机身下壁面;"Upper-01"代表 PR = 0.1 条件下,机身上壁面。

随着射流总压比的增加,钝化头部的压强值逐渐降低,且上下壁面压强的差值越来越小;当 PR 为 0.1 和 0.2 时,钝化头部的压强值沿壁面方向先增加后降低,而 PR 为 0.3 和 0.4 时,钝化头部的压强先急剧降低,然后逐渐升高,再保持不变,如图 5.46(a)所示;上壁面的压强低于下壁面的压强,如图 5.46(a)和(b)

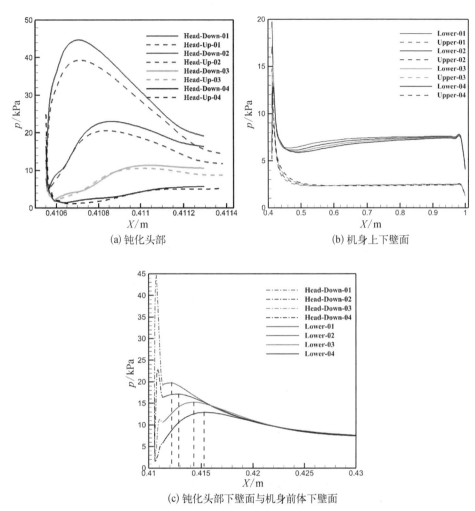

(a) 钝化头部

(b) 机身上下壁面

(c) 钝化头部下壁面与机身前体下壁面

图 5.46　不同射流总压比条件下,对称面壁面压强分布对比

所示;随着 PR 的增加,机身上下壁面的压强差值逐渐减小;当 $X > 0.5\,\mathrm{m}$ 时,机身上壁面的压强值几乎保持不变,接近来流静压值,而当 $X > 0.7\,\mathrm{m}$ 时,机身下壁面的压强值保持不变,约为来流静压的 2.8 倍,如图 5.46(b) 所示。不同射流总压比在对称面上对应的最大静压值的位置不同,当 PR 为 0.1 和 0.2 时,最大静压值出现在钝化头部区域,而当 PR 为 0.3 和 0.4 时,最大静压值出现在机身下壁面处;当 PR 为 0.1 时,对称面上的静压值高达 45 kPa,PR 约为 0.2 时最大静压值的 2 倍;随着 PR 的增加,在机身下壁面的最大静压值出现的位置逐渐向后端面移动,这说明激波在下壁面再附点的位置随 PR 的增加而向后移动,回流区面积逐渐增加；在激波再附后的局部区域内，不同射流总压比对应的下壁面的压强分布几乎一致，如图 5.46(c) 所示。

图 5.47 给出了不同射流总压比条件下，$X = 0.411$ 切面上沿 Z 方向上的静压变化曲线对比。如图 5.47(a) 所示，随着 PR 的增加，在 $X = 0.411$ 切面上的静压值逐渐降低，当 PR = 0.5 和 0.6 时，上下壁面的压强几乎一致；当 PR ≥ 0.3 时，$X = 0.411$ 切面在回流区内，因此压强值偏低；当 PR = 0.1 和 0.2 时，下壁面的压强先增加后降低，而当 PR ≥ 0.3 时，下壁面的压强值先逐渐降低，然后突然升高。如图 5.47(b) 所示，对于上壁面压强分布来说，当 PR = 0.1 时，压强依然是先增加后降低，而 PR ≥ 0.2 时，压强值先逐渐降低，然后突然升高，压强升高区域靠近射流口。

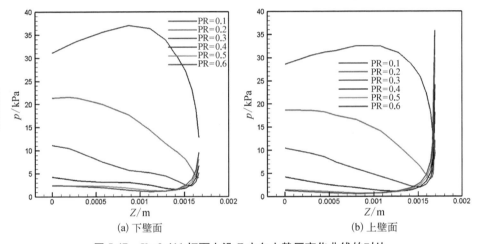

(a) 下壁面 (b) 上壁面

图 5.47 $X = 0.411$ 切面上沿 Z 方向上静压变化曲线的对比

图 5.48 展示了不同射流总压比条件下，$X = 0.411$ 切面上沿 Y 方向上的静压变化曲线对比，更加清楚地说明了射流口附近压强分布随 PR 的变化趋势。研究发现，在射流口区域，当 PR 较小时，流动状态对壁面压强的分布起主导作用；随着 PR 升高，射流的压强起主导作用。

图 5.49 展示了当 PR = 0.4 时，对称面上的静温与静压分布云图对比。流场中最高静压出现在射流口附近，这是因为射流的静压值较高。在激波后，最高静压值约为 110 kPa，而在变钝化前缘上的最大静压值约为 90 kPa。流场中的最高静温值出现在激波后，约为 1 700 K。在对称面上的物面附近均为低压区，因此，温度梯度也较小，这也有助于降低壁面热流分布，改善壁面处的气动加热环境。

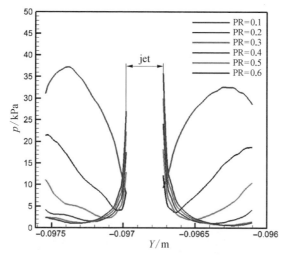

图 5.48　$X = 0.411$ 切面上沿 Y 方向上静压变化曲线的对比

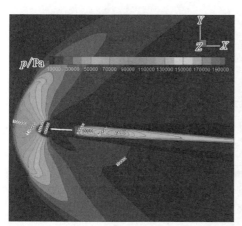
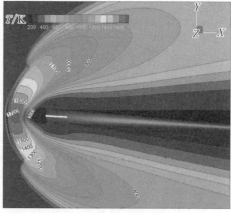

图 5.49　当 PR = 0.4 时, 对称面上的静温与静压分布云图

　　图 5.50 展示了不同射流总压比条件下, 对称面上的静温分布云图对比。在机身头部及前体, 流场具有一定的对称性, 尤其是在头部可以近似简化为圆钝头的逆向射流。随着 PR 的增加, 逆向射流的影响域增加, 高温区的面积也逐渐增加, 在射流口前端的低温区面积逐渐增加。当 PR ≥ 0.4 时, 低温区将钝化头部全部包裹, 这将有利于防热; 当 PR = 0.4 时, 在机身上壁面区域出现低温区; 当 PR ≥ 0.4 时, 低温区逐渐增加, 在机身下壁面区域也出现低温区, 且流场保持稳定, 流场结构几乎保持不变。

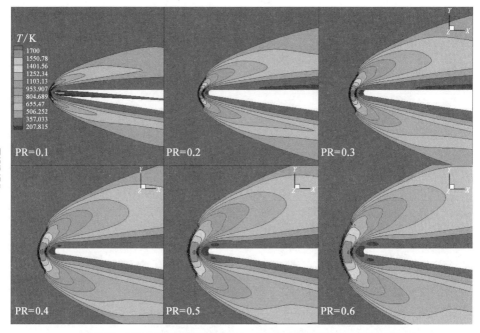

图 5.50　不同射流总压比条件下,对称面上的静温分布云图对比

5.5.4　来流参数对带逆喷钝化乘波飞行器的影响

本节研究来流马赫数及攻角对带逆喷钝化乘波飞行器性能的影响。马赫数取值为 6、8 和 10,攻角取值为 0°、2°和 5°。射流状态取 PR = 0.4 时的算例为基准,其他边界条件的设置参见 5.5.3 节。

1. 攻角对流场特性影响

根据对乘波飞行器的研究成果可知,最大升阻比一般出现在小攻角状态,因此本部分主要讨论小攻角飞行状态对其流场特性的影响,来流马赫数为 6。

图 5.51 展示了攻角对带逆喷钝化乘波飞行器气动性能的影响。其中,图中"1"、"2"和"3"分别代表 0°、2°和 5°攻角对应的算例。

随着攻角的增加,阻力系数急剧增加,从 0°到 2°,阻力系数约增加为原来的 1.63 倍;而从 0°到 5°,阻力系数约增加为原来的 3.02 倍。升力系数随攻角的增加同样逐渐增加,从 0°到 2°,升力系数约增加为原来的 1.47 倍;而从 0°到 5°,升力系数约增加为原来的 2.18 倍。黏性对阻力系数影响明显,对升力系数影响较小。

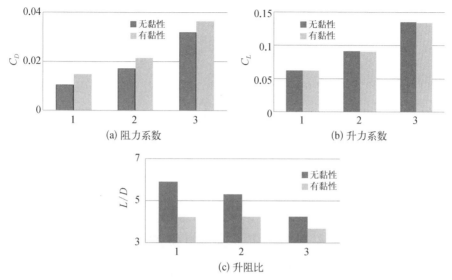

图 5.51　攻角对带逆喷钝化乘波飞行器气动性能的影响

对于无黏流动,升阻比随攻角的增加而降低。对于黏性流动,当攻角从 0°到 2°时,升阻比略微增加;而当攻角从 2°到 5°时,升阻比约降低 15%。

图 5.52 展示了沿驻点线方向上,攻角对流场参数的影响。在靠近射流口附近,攻角对流场参数几乎没有影响。而在来流与逆向射流相互作用区域内,随着攻角的增加,射流在沿驻点线方向的穿透度能力逐渐增加,如图 5.52(a)所示。

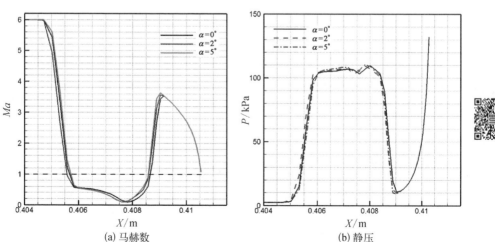

(a) 马赫数　　　　　　　　　　　　　　(b) 静压

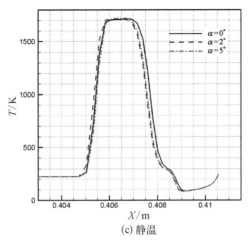

(c) 静温

图 5.52　沿驻点线方向上，攻角对流场参数的影响

　　由图 5.52 可知，随着攻角的增加，驻点线上的最大静温值几乎维持在 1 700 K，且在 $X = 0.406$ 到 $X = 0.407$ 之间，即距离射流口 $5.63R \sim 3.13R$ 区域内，存在等温等压区域，其中 R 的值参见表 5.13。在此区域中马赫数不高于 0.5，属于亚声速区。在接近 $X = 0.408$ 处，马赫数接近 0，说明此处的速度接近 0。沿驻点线方向上，马赫盘的位置从距离射流口 $6.35R$ 处到距离射流口 $2.75R$ 处，跨度约为 $3.6R$。而从射流口到距离射流口 $2.75R$ 处，马赫数先增加后急剧降低，射流口马赫数先增加的原因是，此区域处于低温区，静温先逐渐降低后逐渐升高。因此，回流区内为低温区，静温值较低，这有利于改善气动加热环境。

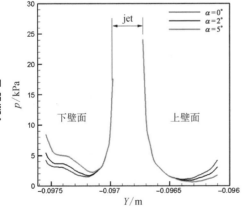

图 5.53　不同攻角条件下，$X = 0.411$ 切面上沿 Y 方向上的静压变化曲线对比

　　图 5.53 展示了不同攻角条件下，$X = 0.411$ 切面上沿 Y 方向上的静压变化曲线对比。对于此剖面，在机身下壁面，随着攻角的逐渐增加，压强值逐渐增加，增加幅度较大；在机身上壁面，随着攻角的增加，压强值逐渐降低。这是因为，当飞行器在小攻角状态下飞行时，下壁面处于迎风压缩区，上壁面处于背风膨胀区。

　　图 5.54 给出了 $Ma = 6$ 条件下，攻角对对称面上壁面压强分布的影响。在钝化头部处，压强沿 X 方向先急剧

降低后逐渐升高。随着攻角的增加,钝化头部下壁面的压强逐渐增大,而钝化头部上壁面的压强逐渐降低。当攻角为 5° 时,钝化头部下壁面的压强值升高最多,上下壁面的压强差最大,如图 5.54(a)所示。在机身上下壁面上,压强变化趋势和钝化头部压强变化趋势类似,如图 5.54(b)所示。由图 5.54(c)可知,对称面上的压强先升高后逐渐降低,压强“驼峰”的位置为对称面上压强的最高值,其位置即回流区再附点的位置。随着攻角的增加,下壁面的“驼峰”压强增加,且回流区再附点的位置向射流口位置移动。

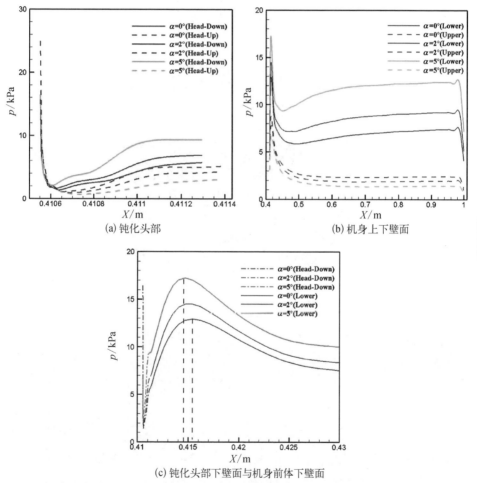

(a) 钝化头部　　　　　　　　(b) 机身上下壁面

(c) 钝化头部下壁面与机身前体下壁面

图 5.54　*Ma* = 6 条件下,攻角对对称面上壁面压强分布的影响

图 5.55 展示了对称面上静压分布随攻角的变化趋势。图 5.56 给出了 PR = 0.4 条件下,对称面上静温分布随攻角的变化趋势。对比发现,随着攻角的增加,

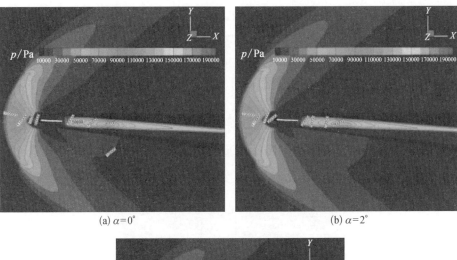

(a) $\alpha=0°$　　　　　　　　(b) $\alpha=2°$

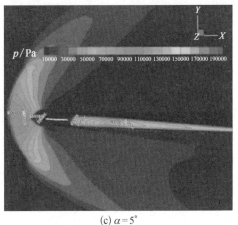

(c) $\alpha=5°$

图 5.55　在对称面上,静压分布随攻角的变化趋势

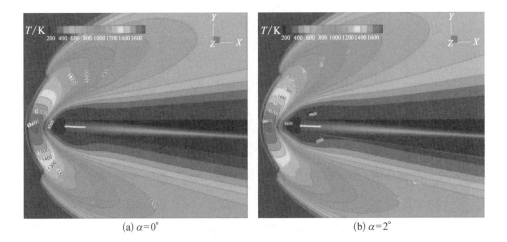

(a) $\alpha=0°$　　　　　　　　(b) $\alpha=2°$

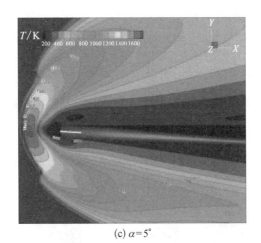

(c) $\alpha=5°$

图 5.56　在对称面上,静温分布随攻角的变化趋势

钝化头部下部的低压区面积逐渐减小,下壁面的激波压缩角变小,而上壁面的激波膨胀角增大,攻角对变钝化前缘上的压强分布影响不明显。在机身周围存在低温低压区,随着攻角的增加,压缩面周围的低温低压区面积减小,背风面周围的低温低压区面积增加。

研究发现,小攻角对带逆喷的钝化乘波飞行器的气动性能影响不明显,对流场的整体结构影响较小。

2. 来流马赫数对流场特性影响

本节主要讨论来流马赫数对带逆喷钝化乘波飞行器流场特性的影响,来流参数采用等动压设计方法,基准为 $Ma=6$、$H=25$ km 高空的大气参数。逆向射流马赫数为 1.0。

采用数值仿真计算完成后,在阻力输出时,参考值(reference value)均采用各自的来流条件。边界条件如表 5.15 所示。

表 5.15　不同方案的边界条件

压　力　远　场			压　力　入　口		
Ma	p_e/Pa	T_e/K	Ma_{in}	PR	T_e/K
6	2 511.01	221.65			
8	1 433.91	225.32	1.0	0.4	300
10	917.76	228.29			

图 5.57 给出了马赫数对带逆喷钝化乘波飞行器气动性能的影响。其中,

图中"1"、"2"和"3"分别代表马赫数为 6、8 和 10 对应的算例。随着马赫数增加,升力系数、阻力系数、升阻比都逐渐下降。当马赫数从 6 变化到 8 时,升阻比下降 8%,而当马赫数从 6 变化到 10 时,升阻比下降 20%。因此,当射流条件确定时,即射流流量相同时,来流马赫数的增加对升阻比的提高不利,如果要获得高马赫数条件下的等效升阻比,需要通过提高射流的流量来实现。

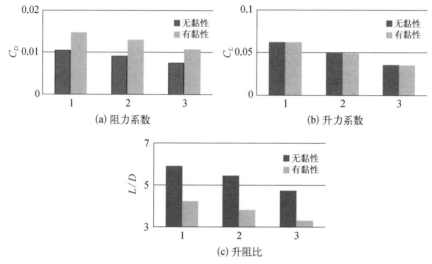

图 5.57 马赫数对钝化乘波飞行器气动性能的影响

图 5.58 给出了马赫数对流场参数的影响规律。当射流总压比确定时,随着来流马赫数的增加,射流总压升高,进而射流的静压也升高。静压的提高使得逆向射流的穿透度提高,随着马赫数的增加,激波脱体距离不断增加,如图 5.58(d)所示。当 $Ma = 6$ 时,激波脱体距离为 $7.39R$,而当马赫数增加到 10 时,激波脱体距离增加到 $28.83R$ 处,约增加 3 倍。而马赫盘的跨度也从 $3.6R$ 增加到 $14.45R$。从射流口出发沿驻点线方向,马赫数先逐渐增加后急剧降低,经过一段亚声速区后,马赫数再急剧升高。马赫数在第一次升高过程中,最大马赫数约能达到来流马赫数的 50% ~ 60%,如图 5.58(a)所示。在脱体激波后,静压的升高有所不同,如图 5.58(b)所示。随着马赫数的增加,脱体激波后的静温值急剧增加,但在靠近射流口附近的静温分布相似,均属于低温区,而且低温区的面积逐渐增加,能够实现对钝化前缘面的包裹,低温区有助于改善钝化前缘的气动加热环境。

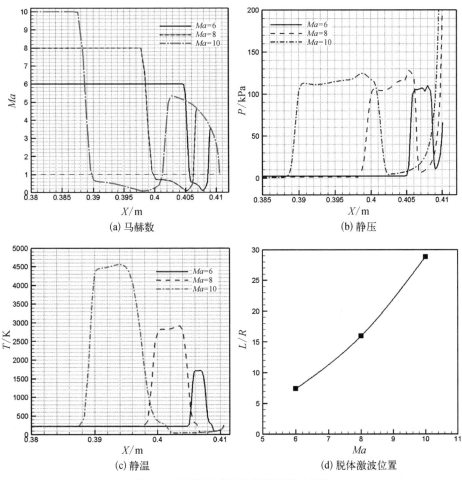

图 5.58　马赫数对流场参数的影响规律

图 5.59 展示了不同马赫数条件下, $X = 0.411$ 切面上沿 Y 方向上的静压变化曲线对比。在此剖面上, 随马赫数增加, 上下壁面的压强均逐渐增加, 这是由射流口静压值不断增加导致的;同时可以看出, 从对称面到射流口方向压强逐渐升高。

图 5.60 给出了马赫数对对称面上壁面压强分布的影响。随着马赫数的增加, 钝化头部的压强分布趋于一致, 沿着物面方向, 均是先急剧降低后缓慢升高, 如图 5.60(a) 所示。马赫数对上下壁面的压强分布影响比较明显, 随着马赫数的增加, 回流区的面积逐渐增加, 在物面上的压强最高值位置向机身后部移动。沿流线方向, 压强分布先急剧升高后急剧降低, 然后稳定在一定值后保持不变。在机身前部上壁面, X 为 0.42~0.5 时, 随着马赫数的增加, 静压值逐渐增加;在 X

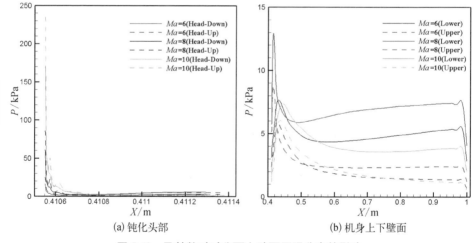

图 5.59　不同马赫数条件下,$X=0.411$ 切面上沿 Y 方向上的静压变化曲线对比

为 0.5~0.7 时,呈现复杂大小关系;而在 X 为 0.7~1 时,下壁面压强值随马赫数的增加而逐渐降低。另外,当马赫数增加时,上下壁面的压强差不断降低,这也导致升阻比随马赫数逐渐降低。

(a) 钝化头部　　　　　　　　(b) 机身上下壁面

图 5.60　马赫数对对称面上壁面压强分布的影响

图 5.61 给出了不同马赫数条件下,对称面上的静压分布云图对比。随着马赫数的增加,弓形激波的角度变大,而且对流场的影响域增加,由逆向射流引起的两条"弓形激波带"更加明显,且两者之间的宽度越大,逆向射流使得机身头部及前部处于低温低压区内。与钝化乘波飞行器相比,逆向射流大大改善了驻点周围的流场环境。

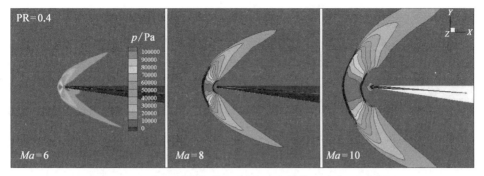

图 5.61　不同马赫数条件下,对称面上的静压分布云图对比

图 5.62 展示了不同马赫数条件下,不同剖面上的静压分布云图对比。其中,横向切面位于 $X = 0.445$ 处,此处是变钝化半径前缘线与一致钝化前缘线的相交点。随着马赫数的增加,机身周围的低温低压区逐渐增加,逆向射流对流场的影响域增大,这主要是由于逆向射流压强增加。

图 5.63 展示了不同马赫数条件下,对称面上静温分布云图对比。随着马赫

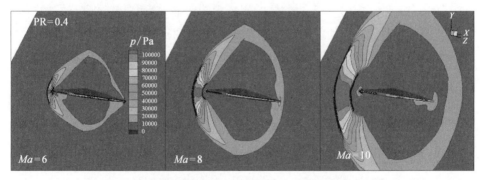

图 5.62　不同马赫数条件下,不同剖面上的静压分布云图对比

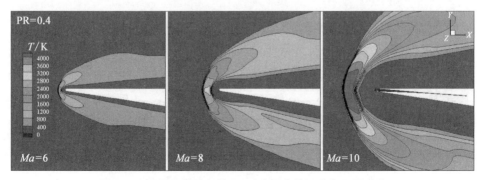

图 5.63　不同马赫数条件下,对称面上静温分布云图对比

数的增加,激波的压缩能力增强,因而会形成较小的激波压缩角度,然而随着射流静压的不同,逆向射流形成的弓形激波不同,弓形激波角随马赫数的增加而增加,且激波后的静温值明显升高,在此高温区内,虽然声速较高,但速度比较小,因此马赫数较低。

5.5.5　小结

本节主要研究了逆向射流对钝化乘波飞行器减阻防热特性的影响,基于钝化乘波飞行器上的构型特点,设计适合钝化乘波飞行器的喷缝形式逆向射流方案。数值仿真了逆向射流流场,研究了喷压比对钝化乘波飞行器的影响,同时研究了来流参数对带逆向射流钝化乘波飞行器性能的影响。通过研究得到如下结论。

(1)变钝化半径和逆向射流的结合是一种创新的方式,能够提高钝化乘波飞行器的整体性能。喷缝作为逆向射流的新形式,更加适合钝化乘波飞行器,而且也是非常有效的方式,能够提高气动力性能和改善气动热特性。

(2)当流量一定时,PR对前体的流场影响明显,然而对整个飞行器的阻力影响不明显。射流总压比的提升能够增加射流口周围低温区域的面积,将钝化前缘包裹在低温区内,改善前缘钝化区域的气动加热环境。

(3)等动压条件下,临界射流总压比与来流马赫数有关,随着马赫数的增加,射流总压比逐渐降低。当射流马赫数确定时,要实现同样的逆向射流效果,来流马赫数越高,需要的射流总压比越小。

5.6　射流方式对钝化乘波飞行器性能的影响

对于逆向射流来说,射流流量、射流马赫数与射流构型均会对逆向射流流场产生影响,本节为了研究这些因素对逆向射流流场的影响,开展多种射流方案对逆向射流流场特性影响的研究。

5.6.1　方案设计

本节选用三个构型来研究射流方式对逆向射流流场的影响,如表5.16所示。基于喷缝的设计思想,如图5.34所示,保持喷缝高度(h)为常数,通过改变S_{jet}来改变射流形状。

表 5.16 不同喷缝构型的尺寸 （单位：m）

算　　例	S_{jet}	h
Case 1	0.004 30	
Case 2	0.006 45	0.000 2
Case 3	0.008 60	

根据不同的射流构型，考虑三种不同的射流方法来研究射流形式对逆向射流流场的影响。

（1）等流量射流。以 Case 2 为基准，当射流马赫数为 1.0 时，为了保证等流量，Case 1 和 Case 3 的射流马赫数分别为 1.49 和 0.75。

（2）等马赫数射流。针对不同构型，当射流马赫数保证不变时，射流流量随射流构型的变化而变化，射流流量与射流构型面积成正比，射流马赫数为 1.0。

（3）等构型射流。针对同一射流构型，当射流马赫数改变时，射流流量随之改变，射流流量与射流马赫数成正比。

针对以上三种射流方法，分别展开对应研究。

数值计算网格同样采用 ICEM 来生成，拓扑结构同 5.5 节射流方案一样，数值方法、边界条件同样与 5.5 节相同，来流马赫数为 6。

基于以上三种不同的射流方法，此部分数值研究其对应的流场特性，针对其性能开展分析与讨论。

5.6.2 等流量射流

以 Case 2 为基准，本节采用等流量设计方法，得到了 Case 1 和 Case 3 分别对应的射流马赫数，为 1.49 和 0.75，分别对应超声速和亚声速。其中，射流边界条件如表 5.17 所示。

表 5.17 射流边界条件 1

方　　案	射 流 马 赫 数	射 流 总 压 比	射流静压/MPa
Case 1	1.49		0.436
Case 2	1.0	PR = 0.4	0.838
Case 3	0.75		1.089

表 5.18 列出了等流量射流条件下,不同射流方案的气动力系数对比。参考面积选取变钝化半径乘波飞行器在 *XOZ* 平面上的投影面积。

表 5.18　等流量射流条件下,不同射流方案的气动力系数对比

类　型	区　　域	压阻系数	摩阻系数	阻力系数
Case 1	变钝化前缘	**0.000 437**	0.000 029	0.000 466
	一致钝化前缘	0.000 052	0.000 062	0.000 114
	上壁面	0.000 000	0.000 857	0.000 857
	下壁面	**0.010 660**	0.002 194	0.012 854
	总　计	0.011 149	**0.003 142**	**0.014 291**
Case 2	变钝化前缘	**0.000 371**	0.000 028	0.000 399
	一致钝化前缘	0.000 053	0.000 064	0.000 117
	上壁面	0.000 000	0.001 279	0.001 279
	下壁面	**0.010 305**	0.002 814	0.013 119
	总　计	0.010 729	**0.004 185**	**0.014 914**
Case 3	变钝化前缘	**0.000 311**	0.000 026	0.000 337
	一致钝化前缘	0.000 052	0.000 064	0.000 116
	上壁面	0.000 000	0.001 240	0.001 240
	下壁面	**0.010 268**	0.002 733	0.013 000
	总　计	0.010 631	**0.004 063**	**0.014 693**

由表 5.18 可知,等流量射流条件下,射流面积越小,射流方案的压阻系数越高,且主要贡献部件为变钝化前缘与下壁面;Case 1 的摩阻系数最小,Case 2 的摩阻系数最高;Case 2 的阻力系数最高,Case 1 的阻力系数最小。这可能是因为射流马赫数大于 1,为超声速逆喷,当射流和来流相互作用时,会在上下壁面形成较大的回流区,进而减小来流黏性作用的有效面积,导致摩阻降低。

另外,对于 Case 1,压阻占总阻力的 78%;而对于 Case 2 和 Case 3,压阻仅占总阻力的 72%。因此,在等流量射流情况下,随着射流面积的增加,压阻所占比例下降,黏性阻力的作用增强。

图 5.64 给出了等流量射流条件下,不同射流驻点线方向流场参数变化趋势。不同射流形状,驻点线上的流动参数变化趋势一致。Case 1 的马赫盘区域较小,从 $X = 0.406\,5$ m 到 $X = 0.408\,4$ m 处,约 2.5R。而 Case 2 和 Case 3 的马赫盘区域从 $X = 0.406\,2$ m 到 $X = 0.408\,6$ m 处,约 3.0R。Case 1 的脱体激波位置离射

流口较近,Case 2 和 Case 3 的脱体激波位置以及沿驻点线方向的参数变化趋势
一致。

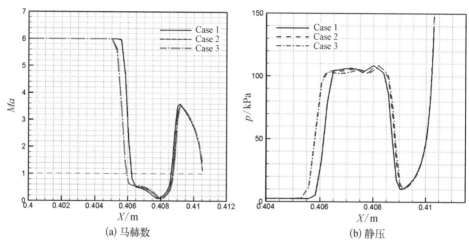

(a) 马赫数　　　　　　　　　　　　(b) 静压

图 5.64　等流量射流条件下,不同射流驻点线方向上流场参数变化趋势

　　图 5.65 给出了等流量射流条件下,不同射流构型在不同切面上静温分布云
图对比。等流量射流条件下,喷缝面积的增加导致射流马赫数降低,靠近壁面处
的低温区厚度逐渐降低,而影响域逐渐增加。在变钝化半径尾端,靠近钝化前缘
处的静温分布相似。

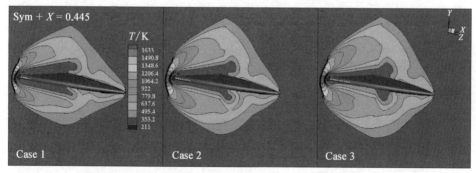

图 5.65　等流量射流条件下,不同射流构型在不同切面上静温分布云图对比

　　图 5.66 给出了等流量射流条件下,不同射流构型切面上静压分布云图对
比。随着射流面积的增加,脱体激波扩张角逐渐增加,而且在三维空间的影响域
增加,在下壁面逐渐产生高压区,等流量射流在射流口方向形成的流场几乎相
同,如图 5.66(a)所示。在切面 $Z = 0.005$ 上,因射流的三维效应,Case 1 的高压

区仍在脱体激波位置；而 Case 2 在此切面上射流的作用弱于 Case 3 的射流作用，如图 5.66(b) 所示。图 5.66(c) 展示了 $X = 0.411$ 切面上压强云图对比。对比可以发现，在等流量情况下，随着射流面积的增加，射流马赫数逐渐降低，然而 Case 3 在横向切面上的影响域明显大于 Case 1，因此，射流面积对流场的影响域起主要作用。在壁面周围的低压区面积随射流面积的增加而增加；在 $X = 0.413$ 切面上，Case 1 在钝化壁面上的压强逐渐升高，而 Case 3 在此切面上还在逆向射

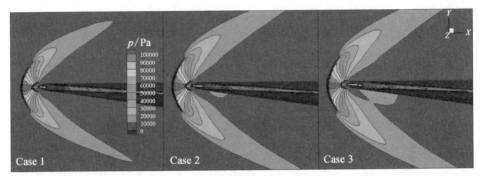

(a) 对称面($Z = 0$)

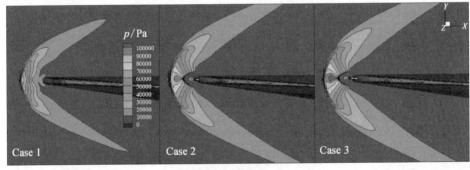

(b) $Z = 0.005$

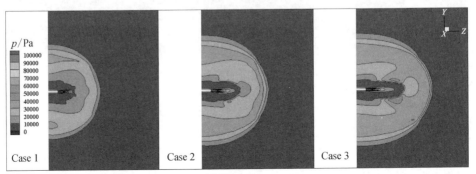

(c) $X = 0.411$

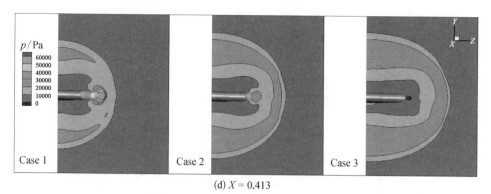

(d) $X = 0.413$

图 5.66　等流量射流条件下,不同射流构型切面上静压分布云图对比

流的作用区,机身周围还处在低压区内,如图 5.66(d)所示。在变钝化半径头部,喷缝面积对流场的影响起主要作用。

图 5.67 给出了等流量射流条件下,不同射流构型在变钝化前缘上的静压分布云图对比图。随着射流面积的增加,钝化前缘的高压区向后端面移动,且高压区的面积逐渐减小。射流面积越小,靠近射流口处的压强等值线越密集。

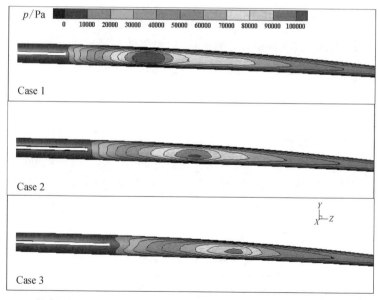

图 5.67　等流量射流条件下,不同射流构型在变钝化前缘上的静压分布云图对比

图 5.68 给出了等流量射流条件下,对称面上马赫数云图与空间 $Ma = 1$ 的等值面对比。

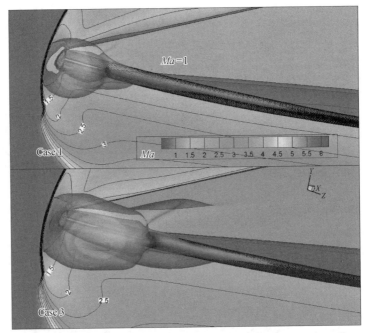

图 5.68　等流量射流条件下,对称面上马赫数云图与空间 $Ma=1$ 的等值面对比

对比发现,Case 3 的马赫盘的面积和尺度明显大于 Case 1,尤其是沿着钝化前缘方向。当射流流量相同时,射流面积越大,射流马赫数越小。当射流总压比为 0.4 时,射流马赫数越小,射流的静压值越高。这说明,当射流流量一定时,喷缝形状对三维流场的影响起主导作用。

5.6.3　等马赫数射流

本节的研究基于三种不同的算例,其变量为射流面积;而根据等射流马赫数的准则,射流流量随射流面积的增加而增加。本节研究等射流马赫数的条件下,不同射流方案对流场特性的影响,射流马赫数为 1。其中,射流边界条件如表5.19 所示。

表 5.19　射流边界条件 2

方　　案	射流马赫数	射流总压比	射流静压/MPa
Case 1			
Case 2	1.0	PR = 0.4	0.838
Case 3			

图 5.69 给出了等射流马赫数条件下,不同射流方案驻点线方向上流场参数变化趋势。当射流马赫数相同时,随着射流面积的增加,脱体激波距离射流距离越远。当射流面积增加一倍时,脱体激波位置从 6.14R 增加到 7.25R,增加约 18.1%,而且马赫盘的面积也有所增加;沿射流方向,马赫数增加的趋势与幅度相同,加速升高的最高马赫数为 3.6。

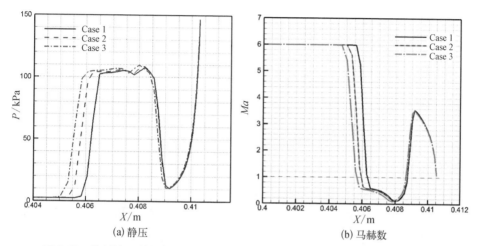

(a) 静压　　　　　　　　　　　　(b) 马赫数

图 5.69　等射流马赫数条件下,不同射流方案驻点线方向上流场参数变化趋势

表 5.20 列出了当射流马赫数为 1 时,不同射流方案的气动力系数对比。参考面积同样选取变钝化半径乘波飞行器在 XOZ 平面上的投影面积。

表 5.20　当射流马赫数为 1 时,不同射流方案的气动力系数对比

类　型	区　域	压阻系数	摩阻系数	阻力系数
Case 1	变钝化前缘	**0.000 428**	0.000 029	0.000 457
	一致钝化前缘	0.000 052	0.000 061	0.000 113
	上壁面	0.000 000	0.000 820	0.000 820
	下壁面	**0.010 668**	**0.002 190**	0.012 858
	总　计	0.011 148	0.003 100	**0.014 248**
Case 2	变钝化前缘	**0.000 373**	0.000 028	0.000 401
	一致钝化前缘	0.000 052	0.000 064	0.000 116
	上壁面	0.000 000	0.001 279	0.001 279
	下壁面	**0.010 305**	**0.002 814**	0.013 119
	总　计	0.010 730	0.004 185	**0.014 915**

（续表）

类　型	区　　域	压阻系数	摩阻系数	阻力系数
Case 3	变钝化前缘	**0.000 318**	0.000 026	0.000 344
	一致钝化前缘	0.000 052	0.000 064	0.000 116
	上壁面	0.000 000	0.001 270	0.001 270
	下壁面	**0.010 240**	**0.002 776**	0.013 016
	总　　计	0.010 610	0.004 136	**0.014 746**

由表 5.20 可知，等射流马赫数条件下，Case 1 的压阻系数最高，Case 3 的压阻系数最小；而 Case 1 的摩阻系数最小，Case 2 的摩阻系数最高；两者的相互作用最终导致 Case 2 的阻力系数最高，而 Case 1 的阻力系数最小。因此，当射流马赫数一定时，随射流面积的增加，阻力系数先增加后降低。

另外，对于 Case 1 来说，压阻占总阻力的 78.2%；而对于 Case 2 和 Case 3 来说，压阻仅占总阻力的 72%。这说明，在射流马赫数一定的情况下，随着射流面积的增加，压阻所占比例下降，而黏性阻力所占比例上升。在射流面积逐渐增加的过程中，压阻所占比例逐渐降低，然后稳定在一定范围内。此结论与等流量射流方案所得结论一致。

图 5.70 给出了等马赫数射流条件下，不同射流构型切面上静压分布云图对比。在等射流马赫数条件下，随着射流面积的增加，射流流量增加，此时脱体激波的扩张角逐渐增加；在下壁面逐渐形成高压区；在射流面积从 Case 1 向 Case 2 增加的过程中，对称面上的流场改变明显，逆向射流的影响域急剧增加；Case 2 和 Case 3 方案在射流方向上的压强分布等值线图基本一致，如图 5.70(a)所示。由于不同射流条件下，射流马赫数相同，所以其在横向切面上射流附近的高压区流场完全一样。而由于逆向射流三维流场效应的影响，不同射流面积在横切面上的压强云图不同；三种不同射流面积在横向切面上形成的低压区厚度相同，在射流附近机身上下壁面的流场分布具有一定的对称性，如图 5.70(b)所示。

图 5.71 给出了等马赫数射流条件下，不同射流构型在不同切面上静温分布云图对比。喷缝构型对静温分布的影响同压强分布相似，在对称面和切面 $X = 0.445$ 处，Case 2 和 Case 3 的静温分布相似；三种不同算例在靠近壁面处的低温区厚度相同，流场最高温度为 1 700 K 左右。

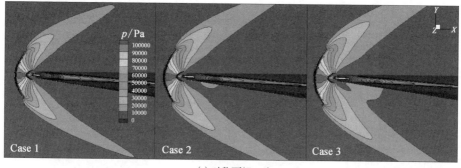

(a) 对称面($Z = 0$)

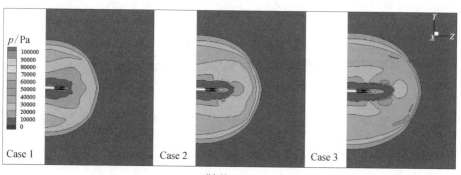

(b) $X = 0.411$

图 5.70　等马赫数射流条件下,不同射流构型切面上静压分布云图对比

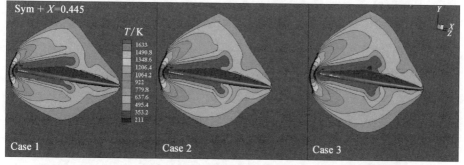

图 5.71　等马赫数射流条件下,不同射流构型在不同切面上静温分布云图对比

　　图 5.72 给出了等马赫数射流条件下,不同射流构型在变钝化前缘上的静压分布云图对比。随着喷缝长度的增加,钝化前缘上的高压区逐渐向后移动,且高压区减弱,面积减小。相比之下,Case 1 在靠近射流附近的压强等值线分布最密,Case 3 的压强分布比较均匀;Case 3 在钝化前缘线上的最高压强峰值为 90 kPa,相比 Case 1 和 Case 2 要低。因此,当射流马赫数确定时,存在合适的喷缝长度使钝化前缘上的压强分布更均匀。

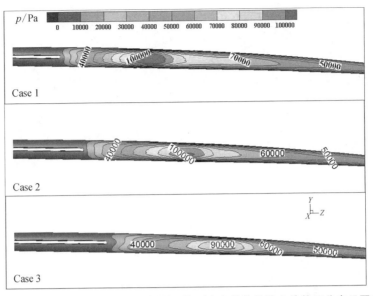

图 5.72 等马赫数射流条件下，不同射流构型在变钝化前缘上的静压分布云图对比

图 5.73 给出了等射流马赫数条件下，对称面上马赫数云图与空间 $Ma=1$ 的等值面对比。

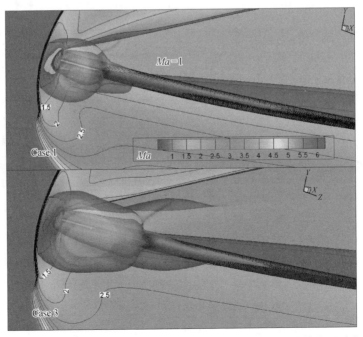

图 5.73 等射流马赫数条件下，对称面上马赫数云图与空间等值面对比

当射流马赫数相同时,射流面积增加,射流流量增加。当射流总压比确定时,射流口的静压值也相同。随着射流面积的增加,马赫盘的面积明显增加,且内外两个马赫数为 1 的等值面之间的体积增加;在机身上下壁面形成的回流区面积增加。这也有助于改善流场结构,提高飞行器的整体性能。通过分析可知,射流面积与形状对钝化乘波飞行器流场的影响起主导作用。

5.6.4　等构型射流

以 Case 1 构型为基准,研究射流马赫数对逆向射流流场的影响。当射流构型确定时,射流流量随射流马赫数的增加而增加。本节主要讨论通过改变射流马赫数使射流流量改变的方式对逆向射流流场的影响。选用三个不同的马赫数来研究,分别为 1.0、1.49 和 1.98,射流边界条件具体信息如表 5.21 所示,其中,来流边界条件参见 5.5 节。

表 5.21　射流边界条件 3

方　　案	射 流 马 赫 数	射 流 总 压 比	射流静压/MPa
	1.0		0.838
Case 1	1.49	PR = 0.4	0.436
	1.98		0.208

图 5.74 给出了射流马赫数对驻点线方向上流场参数的影响。当射流马赫数从 1.0 增加到 1.49 时,脱体激波的位置变化不大,而当射流马赫数继续增加

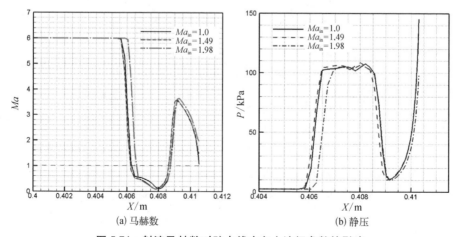

(a) 马赫数 　　　　　(b) 静压

图 5.74　射流马赫数对驻点线方向上流场参数的影响

时,脱体激波位置向射流方向靠近,从距离射流口 6.14R 处移动到 5.56R 处,且马赫盘的宽度也减小;沿射流方向马赫数升高的幅度略有升高,马赫数约为 3.7。这是因为,在等射流总压比条件下,随着射流马赫数的增加,射流静压逐渐降低;当射流静压从 0.838 MPa 降低到 0.436 MPa 时,逆向射流穿透度能力几乎不变,然而,当射流静压从 0.436 MPa 继续降低时,射流穿透度能力逐渐下降。

表 5.22 列出了不同射流马赫数条件下,Case 1 构型气动力系数对比。参考面积同样选取变钝化半径乘波飞行器在 XOZ 平面上的投影面积。

表 5.22　不同射流马赫数条件下,Case 1 构型气动力系数对比

逆喷马赫数	区　　域	压阻系数	摩阻系数	阻力系数
Ma = 1.0	变钝化前缘	**0.000 428**	0.000 029	0.000 457
	一致钝化前缘	0.000 052	0.000 061	0.000 113
	上壁面	0.000 000	0.000 820	0.000 820
	下壁面	**0.010 668**	**0.002 190**	0.012 858
	总　计	0.011 148	0.003 100	**0.014 248**
Ma = 1.49	变钝化前缘	**0.000 437**	0.000 029	0.000 466
	一致钝化前缘	0.000 053	0.000 065	0.000 118
	上壁面	0.000 000	0.001 201	0.001 201
	下壁面	0.010 453	0.002 642	0.013 095
	总　计	0.010 943	0.003 937	**0.014 880**
Ma = 1.98	变钝化前缘	**0.000 452**	0.000 029	0.000 481
	一致钝化前缘	0.000 053	0.000 065	0.000 119
	上壁面	0.000 000	0.001 203	0.001 204
	下壁面	0.010 488	0.002 656	0.013 144
	总　计	0.010 993	0.003 953	**0.014 948**

由表 5.22 可知,随着逆喷马赫数的增加,变钝化前缘的压阻系数逐渐升高,摩阻系数不变;一致钝化前缘的压阻系数几乎不变,而摩阻系数稍稍增加;上壁面的压阻系数为 0,摩阻系数逐渐升高;下壁面的摩阻系数逐渐升高;综合来说,随着逆喷马赫数的增加,压阻系数先略有下降后逐渐上升,摩阻系数逐渐增加;对于总阻力系数来说,随逆喷马赫数的增加,阻力系数逐渐增加。在逆喷马赫数从 1.0 到 1.49 变化过程中,摩阻的增加导致总阻力的增加;在逆喷马赫数从 1.49 到 1.98 变化过程中,压阻降低,而摩阻的增加导致总阻力的增加。这说明,逆喷

马赫数对阻力特性的影响主要通过对摩阻的影响来体现。对于逆喷马赫数为 1.0 和 1.49 两种情况,压阻占总阻力的 78%,当逆喷马赫数为 1.98 时,压阻只占总阻力的 73%,摩阻所占比例逐渐升高。

　　图 5.75 给出了等射流构型条件下,射流马赫数对切面静压分布影响对比。随射流马赫数的增加,脱体激波的激波角不断减小,且激波后的高压区面积减小;射流马赫数从 1.0 到 1.49 变化的过程中,流场结构变化不明显;而当逆喷马赫数继续增加时,流场结构变化明显,在机身上下壁面的压强等值线与脱体激波形成的等值线连接在一起,说明在逆向射流方向的影响域较小,如图 5.75(a) 所示;同时,在射流方向的高压区面积明显减小,且在机身周围的流场分布变化更大,低压区包围机身的情况不再明显,这是由于逆喷静压降低,如图 5.75(b) 所示。

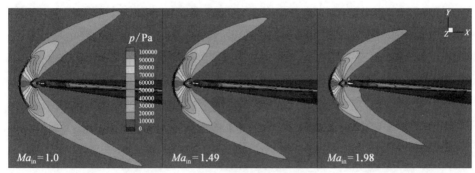

(a) 对称面($Z = 0$)

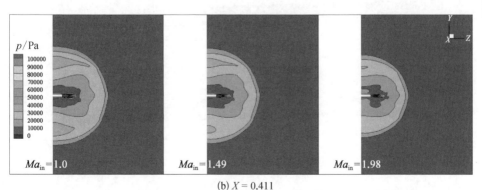

(b) $X = 0.411$

图 5.75　等射流构型条件下,射流马赫数对切面上静压分布云图的影响对比

　　图 5.76 给出了等射流构型条件下,射流马赫数对静温分布云图的影响。当射流构型相同时,在 $X = 0.445$ 切面上,逆喷马赫数对静温分布影响不明显;逆喷

马赫数对对称面上温度分布影响比较明显,随着逆喷马赫数的增加,激波后的高温区域逐渐减小;三种不同情况在靠近壁面处的低温区厚度相同。

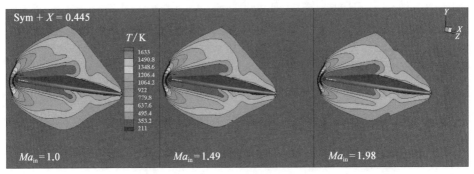

图 5.76　等射流构型条件下,射流马赫数对静温分布云图影响对比

图 5.77 为等射流构型条件下,逆喷马赫数对变钝化前缘上静压分布的影响对比。逆喷马赫数对钝化前缘上的压力分布影响不明显;随着逆喷马赫数的增加,靠近射流口附近的压力等值线逐渐变密,且高压区向射流口方向移动;当逆喷马赫数为 1.98 时,在钝化前缘上下壁面处出现压力等值线;三种情况在钝化前缘上的高压区面积相同。因此,当射流面积和总压射流比确定时,逆喷马赫数对流场的影响不是越高越好,存在临界值。在一定范围内,射流马赫数对流场的

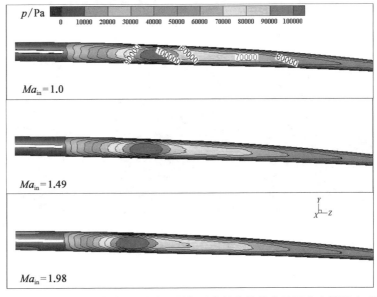

图 5.77　等射流构型条件下,逆喷马赫数对变钝化前缘上静压分布的影响对比

影响不大,可以根据实际情况选择合适的射流马赫数。

图 5.78 给出了不同射流马赫数条件下,对称面上马赫数云图与空间 $Ma = 1$ 的等值面对比。

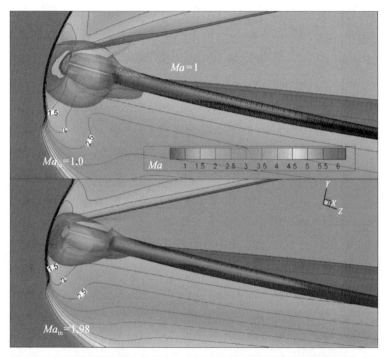

图 5.78　不同射流马赫数条件下,对称面上马赫数云图与空间等值面对比

很明显,当射流马赫数为 1.0 时,逆向射流形成的马赫盘面积较大,说明逆向射流影响域较大,且在靠近射流口区域的马赫数为 1 的面积也较大;对称面上的马赫数云图的对比说明,随着射流马赫数的增加,脱体激波的扩张角度逐渐减小。当射流构型一定时,随着射流马赫数增加,逆向射流的流量也随之增加。当射流总压比相同时,马赫数越高,射流静压值降低。通过分析可知,随着射流马赫数的增加,逆向射流的影响域逐渐减小,且在机身上下壁面的回流区面积逐渐减小。

5.7　多孔逆向射流减阻防热机理研究

本节基于钝化乘波飞行器的喷缝构型,对其进行改进,提出多孔逆向射流方案,并研究其对钝化高超声速飞行器的减阻防热特性影响。

5.7.1　设计方案

在钝化乘波飞行器的前缘,压强分布呈扁平椭圆状,喷缝能够较好地实现减阻防热的目的,为了探索更好且更适用于钝化高超声速飞行器的减阻防热方案,本节提出多孔逆向射流减阻方案。图 5.79 给出了多孔逆向射流方案构型示意图。

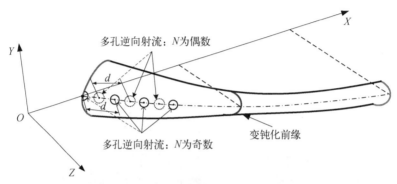

图 5.79　多孔逆向射流方案构型示意图

当 N 为奇数时,喷孔中心位于钝化前缘中心线上;当 N 为偶数时,喷孔基于 XOY 平面对称,喷孔不在驻点处。基于等射流面积,开展多孔逆向射流方案设计,多孔逆向射流面积计算公式如式(5.9)所示:

$$S = N\pi R^2 \tag{5.9}$$

基于 5.6 节的研究结果,选喷缝作为基准模型,射流面积 S 为 0.864 mm^2。基于式(5.9)计算可得不同 N 条件下的喷孔半径,如表 5.23 所示。

表 5.23　不同多孔逆向射流的喷孔半径

模型	$N=3$	$N=4$	$N=5$	$N=6$	$N=7$	$N=8$	$N=9$
R/mm	0.428	0.371	0.332	0.303	0.280	0.262	0.247

5.7.2　数值方法及网格

采用 ICEM 生成数值仿真网格,如图 5.80 所示,网格数量为 480 万。在射流口和壁面处进行网格加密,同时在流动突变处进行加密。其中,壁面处的第一层

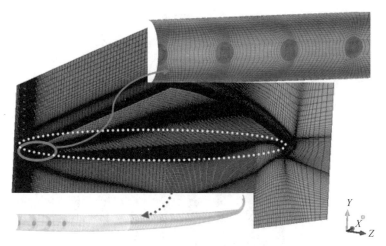

图 5.80　多孔逆向射流计算网格

网格高度为 10^{-6} m,壁面的网格雷诺数为 2。

采用本书所介绍的数值方法,边界条件如表 5.24 所示,收敛标准与前面章节相同,此处不再赘述。

表 5.24　数值计算边界条件 3

压 力 远 场	喷 注 总 压 比	压 力 入 口	壁　　　面
理想气体 $Ma = 6.0$ $p_e = 2\,511.01$ Pa $T_e = 221.65$ K	PR = 0.4	空气 $Ma_{in} = 1.0$ $p_{0in} = \text{PR} \cdot P_0$ $T_{ein} = 300$ K	$T_w = 300$ K

5.7.3　性能分析

图 5.81 给出了多孔逆向射流的减阻特性对比,参考阻力为无逆向射流的钝化高超声速飞行器在马赫数为 6 条件下的阻力。不同逆向射流方案的减阻特性不很明显,然而表现出了不同的减阻规律。当 N 为奇数时,随着多孔射流数的增加,减阻效果逐渐增加。当 N 为偶数时,减阻趋势相反,如图 5.81 所示。当 N 为 9 时,减阻特性最好,减阻 2.82%。当 N 为 3 和 4 时,减阻特性与喷缝方案相似。当 N 为 8 时,阻力降低最少,仅为 1.18%。这些现象表明,N 为奇数的减阻方案比 N 为偶数时的减阻方案更好。当 N 为偶数时,主激波结构变化更明显。

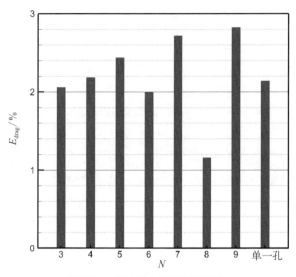

图 5.81 多孔逆向射流减阻效果

为了更好地了解多孔逆向射流对钝化高超声速飞行器减阻防热特性的影响,选择 5 个特殊参考面和 5 个特殊曲线详细讨论流场特性,如图 5.82 所示。不同切面分别为 Z 为 0、0.001、0.002 和 0.004,同时也详细讨论了驻点线上流场参数。

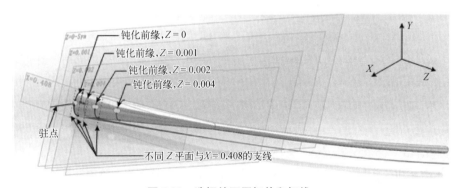

图 5.82 选择的不同切片和切线

图 5.83 为不同喷孔状态下对称面上的静温云图分布。当来流马赫数为 6 时,激波后的最大静温值约为 1 800 K。当 N 为奇数时,随着喷孔个数的增加,高温区的面积逐渐减小,脱体激波的角度逐渐减小,激波脱体距离逐渐减小。当 N 为偶数时,对称面上的流场分布变化较大。随着喷注孔的增加,喷孔逐渐变小,对称面上的高温区逐渐靠近壁面,对称面上的弓形高温区逐渐减小,说明钝头体

头部驻点区域的防热效果逐渐变差。当 N 为 3 和 4 时,对称面上形成的流场相似。说明喷孔的位置和大小对对称面上的流场影响明显。

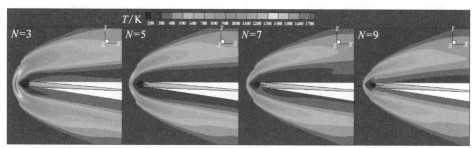

(a) N 为奇数

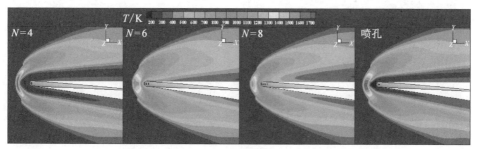

(b) N 为偶数

图 5.83　不同喷孔状态下,对称面上的静温云图分布

图 5.84 给出了不同喷孔条件下,钝化高超声速飞行器前缘的压力分布对比。随着喷孔个数的增加,在钝化前缘上的高压区逐渐向后移动,且高压区面积逐渐减小;另外,在钝化前缘头部处的压力逐渐增加。这也说明当喷孔半径较小

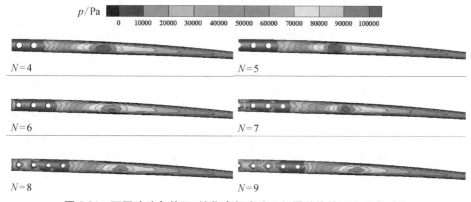

图 5.84　不同喷孔条件下,钝化高超声速飞行器前缘的压力分布对比

时,逆向射流的区域影响域不能完全包括钝化前缘。多孔射流喷注表现出了明显的三维效应,存在最佳喷孔个数和喷孔半径使得逆向射流的减阻防热性能最佳。相比来说,当喷孔个数为奇数时,多孔逆向射流的减阻防热性能更优。

图 5.85 给出了驻点线上的流场参数变化规律。随着 N 的增加,激波后沿驻点线方向上的压力分布变化规律不同。当 N 为奇数时,激波后压力的总体变化规律为"急剧升高—基本稳定—急剧下降—基本稳定—急剧增加(靠近喷口处)";随着喷孔个数的增加,激波脱体距离逐渐减小。当 N 为 4 时,激波后压力的总体变化趋势为"急剧升高—基本稳定—急剧降低—基本稳定",当 N 为 6 和 8 时,激波后压力的总体变化趋势为"急剧升高—逐渐下降—略微升高(靠近壁面处)",随着 N 的增加,激波脱体距离逐渐减小,如图 5.85(a)所示。

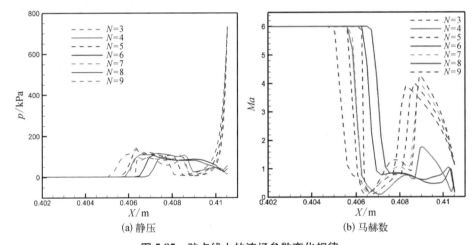

(a) 静压   (b) 马赫数

图 5.85　驻点线上的流场参数变化规律

当 N 为奇数时,激波后马赫数的变化规律为"急剧降低—逐渐升高—急剧降低",波后最高马赫数达到 4 左右。当 N 为 4 时,激波后马赫数的变化趋势为"急剧降低—逐渐升高—急剧降低",然而波后马赫数最高达到 1.8;当 N 为 6 和 8 时,激波后马赫数的变化趋势为"急剧降低—缓慢降低—略微升高—急剧降低"。这些现象说明,喷注方式对流场影响明显;另外,喷孔直径对驻点线上的流场特性参数影响明显。喷孔直径越大,激波脱体距离越远,而且在展向的影响范围越大。存在最优喷注方案,使得喷孔个数、喷孔间距和喷孔半径之间存在多目标最优解,使多孔喷注的减阻防热性能最优,如图 5.85(b)所示。

图 5.86 给出了不同钝化前缘线上的静压分布对比。如图 5.86(a)所示,当 N 为奇数时,在对称面上的钝化前缘线的静压分布靠近喷口附近的回流区内压

力较低,然后压力逐渐增加,在再附点处的压力达到最大值;当 N 为 3 时,喷口半径较大,脱体激波再附点不再位于钝化头部上;随着喷口数量的增加,喷口半径减小,再附点的位置逐渐向喷口中心移动;当 N 为 9 时,再附点的静压值最高,为 27.2 kPa;当 N 为偶数时,驻点处的压力值最高;当 N 为 4 时,对称面上的压力分布比较均匀,驻点处的最大压力值小于 N 为 7 和 9 时再附点的压力值;当 N 为 6 和 8 时,驻点处的最高压力值明显高于其他喷注方案。如图 5.86(b)所示,在 $Z = 0.001$ 平面上,当 N 为奇数时,压力分布相对比较均匀;当 N 为 3 时,最高压力出现在前缘头部,当 N 为 5 时,在钝化前缘中间处的压力分布几乎保持一致,且钝化前缘上的最大压力值最小;当 N 为偶数时,再附点的压力值随着 N 的增加而增加。如图 5.86(c)所示,在 $Z = 0.002$ 平面上,当 N 为奇数时,压力变化趋

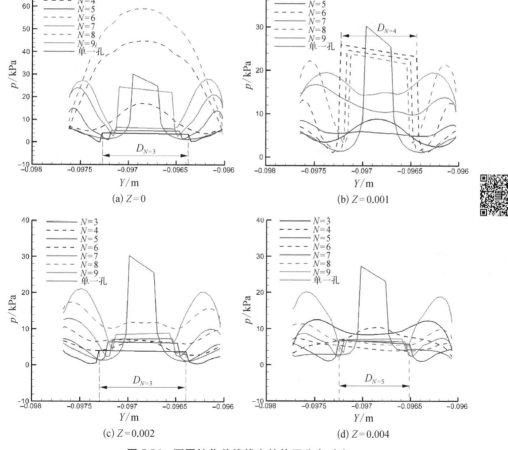

图 5.86 不同钝化前缘线上的静压分布对比

势和在对称面上的分布相似,当 N 为 3 时的压力值最低;当 N 为偶数时的压力变化更均匀。如图 5.86(d)所示,在 $Z = 0.004$ 切面上,N 为 3 时的压力分布升高,N 为 9 的压力分布与 $Z = 0.002$ 切面上的分布类似。当 N 为偶数时,压力分布更加相似,稳定在约 9 kPa。说明喷孔直径和喷孔数量对压力分布影响明显。

图 5.87 为不同切面上斯坦顿数沿着钝化前缘线上的分布规律。其中壁面温度为 300 K,参考温度为来流温度 221.65 K。基于斯坦顿数计算公式可得其分布规律。当斯坦顿数为负值时,对应的壁面热流为负值,说明来流对壁面进行加热,反之,说明壁面对来流进行加热。如图 5.87 所示,在无逆向射流情况下,壁

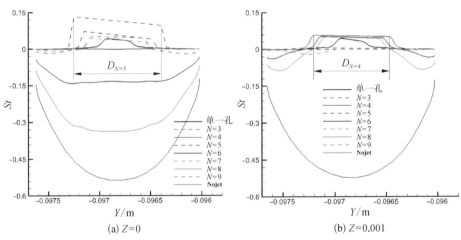

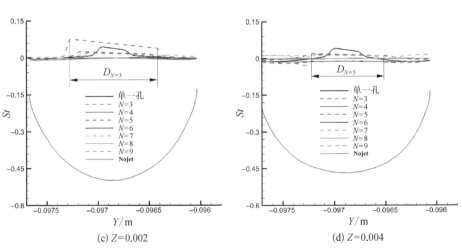

图 5.87　不同切面上斯坦顿数沿着钝化前缘线上的分布规律

面的斯坦顿数值很高,说明气动加热很严重,对热防护提出了很高的要求;同时,在远离对称面处,最大斯坦顿数逐渐减小,说明壁面的气动加热环境逐渐减弱。对于喷缝的逆向射流方案,在不同切面上的壁面热流分布相似,而多孔喷注方案表现出了不同的分布规律,说明喷缝的逆向射流在横向流场的作用不明显,而多孔喷注方案存在明显的三维效应,存在最优喷注方案使得多孔喷注实现最优减阻防热效果。

如图 5.87(a)所示,在对称面上,当 N 为偶数时,随着 N 的增加,壁面上的斯坦顿数绝对值逐渐增加;当 N 为 4 时,壁面加热几乎维持在 0 附近,说明壁面的气动加热很弱;当 N 为 6 时,壁面的斯坦顿数在钝化前缘头部基本保持不变,当 N 为 8 时,最大斯坦顿数绝对值增加,气动加热很严重;说明逆向射流对气动热影响非常明显,喷孔直径对逆向射流横向流场影响明显,喷孔直径和相互之间的间隔存在最优搭配。当 N 为奇数时,在喷口附近小范围内,斯坦顿数为正值,说明在回流区内,温度降低,壁面向流场防热,喷孔直径越大,回流区面积越大;而在再附点区域附近斯坦顿数为负值,说明在再附点附近温度升高,来流向壁面加热,但其加热量很低,说明逆向射流能够很好地起到防热效果。如图 5.87(b)所示,在 $Z = 0.001$ 平面上,当 N 为偶数时,随着 N 的增加,喷孔直径逐渐减小,再附点区域的斯坦顿数的绝对值也逐渐增加,说明气动加热逐渐增强;当 N 为基数时,壁面斯坦顿数很小,说明逆向射流喷孔之间的横向作用比较明显,减热效果也较好。如图 5.87(c)所示,在 $Z = 0.002$ 平面上,当 N 为奇数时,存在回流区使得壁面对来流进行加热;当 N 为偶数时,壁面热流为小量,说明气动加热很弱;同样在 $Z = 0.004$ 切面上,斯坦顿数分布类似,如图 5.87(d)所示。这些现象说明逆向射流能够很好地实现钝化高超声速飞行器的防热效果,同时,多孔喷注具有很强的横向三维效应,存在最优多孔喷注方案。

图 5.88 给出了不同喷注方案在 $X = 0.408$ 切面上的马赫数云图。从图中可以看出,喷孔直径对逆向射流流场影响显著,多孔喷注的三维效应很明显。在 $X = 0.408$ 切面上,当 N 为奇数时,马赫数云图分布近似椭圆形,随着 N 的增加,马赫数云图的面积逐渐减小;当 N 为 3 时,马赫数云图分布近似圆形,当 N 为 5 时,小马赫数对应的低温区面积最大。当 N 为偶数与喷缝喷注方案时,马赫数云图分布近似"眼镜"形状,随着 N 的增加,马赫数云图的面积逐渐减小,当 N 为 4 时,马赫数云图分布近似"矩形",马赫盘的面积最大。N 为 4、5 和喷缝喷注方案形成的马赫数云图分布类似。通过对比可以发现,多孔喷注方案更优于喷缝喷注方案,能够更加充分利用横向的三维流场效应。

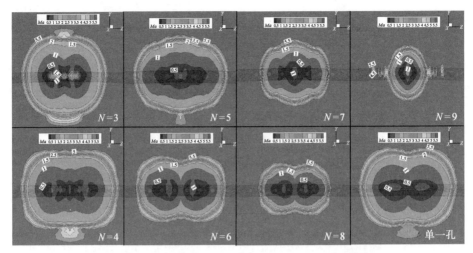

图 5.88　不同喷注方案在 X = 0.408 切面上的马赫数云图

图 5.89 给出了在 X = 0.410 9 切面上，N 为 9 的马赫数分布云图。在远离对称面处喷孔的穿透能力更强。由于喷孔直径较小，喷孔之间的空间区域没有被回流区全部包括。在逆向射流流量一定的前提下，喷孔数量增加，喷孔直径减小，在固定的喷孔间距之间，三维横向流场之间的影响逐渐减小，圆形喷孔的再附点再次出现在钝化前缘线上。

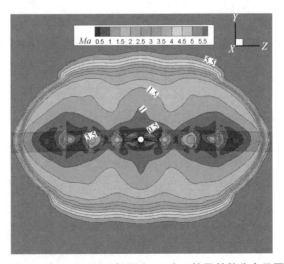

图 5.89　在 X = 0.410 9 切面上，N 为 9 的马赫数分布云图

图 5.90 给出了 N 为 5 和 6 时，马赫盘的三维等值面图。从图中可以看出，喷孔为奇数与偶数的流场特性差别明显，当 N 为 5 时，喷孔直径较大，马赫盘面

积也较大。在三维流场中存在双层马赫盘,包括区域为亚声速区域,当 N 为 5 时,亚声速区域更大;内层的马赫盘形状与喷孔形状和位置关系紧密,在三维横向流场中,喷孔之间存在相互干涉作用,对于指定的多孔喷孔直径,存在最优喷孔间距使得横向流场能够充分利用,实现最优减阻防热效果。

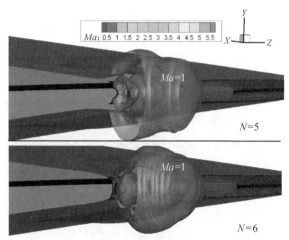
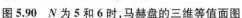
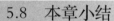

图 5.90　N 为 5 和 6 时,马赫盘的三维等值面图

5.8　本章小结

　　本章主要研究了逆向射流新型方案设计及对三维空间流场的影响。本章基于圆形喷孔设计了多种逆向射流方案,考虑了不同射流方案的三维流场效应,提出了等多角形逆向射流方案,并对其流场特性进行了研究;然后进一步研究了流场参数对等多角形逆向射流气动性能的影响,喷射角度的不同能够进一步影响等七角形的气动加热环境;同时研究了逆向射流在高超声速飞行器上的应用,以及逆向射流对变钝化高超声速飞行器性能的影响。通过研究得出如下结论。

　　(1)五角星射流方案的减阻效果最好,能够减阻约 23.6%,且其穿透能力也最强,圆环射流不能起到减阻防热的效果。正方形射流方案的防热效果最好,且峰值热流的位置离射流口中心最远。逆向射流形状对流场的影响不同,带明显拐角的射流形状对三维流场结构的影响更明显。

　　(2)等多角形射流构型的角个数对逆向射流的减阻特性影响不大,等七角形射流方案的减阻防热性能最好。等奇数射流方案的防热性能明显优于等偶数射流方案,且在一定程度上能够实现流动控制功能。

（3）有攻角和侧滑角情况下等多角形逆向射流构型的减阻防热效果不佳。逆向射流角度能够有效改善气动加热特性,存在最佳逆向射流角度使等 N 角形射流方案具有最优减阻与防热性能。

（4）当射流面积和射流流量一定时,逆向射流对变钝化乘波飞行器的总阻力影响不大。矩形射流和椭圆射流对流场的影响结果相似,对三维空间流场的影响也相似,这是由钝化乘波飞行器前缘构型决定的。

（5）等流量射流条件下,变钝化前缘与下壁面对压阻的贡献起主要作用。随着射流面积的增加,压阻所占比例下降,黏性阻力的作用增强。随着射流面积的增加,脱体激波的扩张角逐渐增加,且钝化前缘的高压区向后移动。

（6）等射流马赫数条件下,随射流面积的增加,阻力先增加后降低,黏性阻力所占比例逐渐上升;射流周围马赫盘的大小与射流形状呈正相关关系,射流形状对钝化乘波飞行器的流场影响起主导作用。

（7）多孔逆向射流方案优于喷缝逆向射流方案,N 为奇数时减阻防热效果优于 N 为偶数时的多孔逆向射流方案,通过充分利用多孔逆向射流的三维流场特性,能够很好地实现减阻防热效果,存在最优的多孔逆向射流方案使得多孔逆向射流减阻防热性能最好。

参考文献

[1] Li S B, Wang Z G, Huang W, et al. Aerodynamic performance investigation on waverider with variable blunt radius in hypersonic flows[J]. Acta Astronautica, 2017, 137: 362 – 372.

第6章

逆向脉冲射流及其组合体
在空间任务飞行器中的应用

发展空天飞行器技术,气动加热是一个无法回避的问题。空天飞行器在其飞行过程中既有亚声速飞行状态,又会经历超声速甚至高超声速的飞行状态,尤其是在飞行器再入过程中,飞行器将会处于一个极其严酷的热载荷环境中。与航天飞机或飞船不同的是,未来空天飞行器的减阻防热系统要可重复使用,这就给减阻防热系统设计提出了更高要求,既要具有高效的减阻防热效果,又要保证可重复使用。本章采用数值模拟方法,基于传统逆向射流减阻防热方案,对逆向脉冲射流的减阻防热机理及性能开展了系列研究,分别对比正弦波逆向射流与常规定常逆向射流的减阻防热效果,不同周期正弦波逆向脉冲射流的减阻防热效果以及不同波形逆向脉冲射流的减阻防热效果。在此基础上,将逆向脉冲射流与迎风凹腔结合,探索不同长径比逆向脉冲射流与迎风凹腔组合构型的减阻防热性能。

6.1 正弦波脉冲射流减阻防热性能研究

研究表明,脉冲射流能够提高横向射流流场燃料的穿透深度与混合效率,但逆向射流流场中应用脉冲射流的相关研究目前较少。本节将用正弦波脉冲射流代替传统减阻防热方案中的定常射流,利用数值模拟方法研究逆向脉冲射流的减阻防热机理和性能。

6.1.1 脉冲射流定义

第 2 章的研究内容确定了 SST k-ω 模型更加适合本研究,并且验证了网格的无关性,本节将基于此内容,采用 SST k-ω 模型和第 2 章所建立的网格进行逆向脉冲射流的数值模拟,求解器选用基于隐式的求解器,采用一阶迎风格式。

脉冲射流是通过控制射流出口总压的变化规律实现的,本节将采用正弦函数对射流的出口总压进行控制,函数周期 T 为 1 ms,其控制方程如式(6.1)和式(6.2)所示:

$$p_{0\mathrm{jet}}(t) = A\sin(ft) + \bar{p}_{0\mathrm{jet}} \tag{6.1}$$

$$p_{s0\mathrm{jet}}(t) = p_{s\mathrm{jet}}(t)\left(1 + \frac{\gamma - 1}{2}Ma^2\right)^{\frac{\gamma}{\gamma - 1}} \tag{6.2}$$

其中,$p_{0\mathrm{jet}}(t)$ 为总压;$\bar{p}_{0\mathrm{jet}}(t)$ 为出口平均总压;$p_{s\mathrm{jet}}(t)$ 为静压;A 为压力波波幅;f 为非定常压力波的圆频率;γ 为射流气体比热比;Ma 为射流马赫数。

在计算中,设置出口平均总压为 $\bar{p}_{0\mathrm{jet}}$ = 822 000 Pa, 压力波波幅为 A = 548 000 Pa, 圆频率为 $f = 2n\pi = 2\,000\pi = 6\,283.185\,3$ rad/s。

将上面列出的参数代入式(6.1)和式(6.2),得到逆向射流的总压与静压随时间的变化曲线方程,如式(6.3)和式(6.4)所示:

$$p_{0\mathrm{jet}}(t) = 548\,000\sin(6\,283.185\,3t) + 822\,000 \tag{6.3}$$

$$p_{s\mathrm{jet}}(t) = \frac{548\,000\sin(6\,283.185\,3t) + 822\,000}{1.892\,929} \tag{6.4}$$

脉冲射流总压比随时间变化曲线如图 6.1 所示。

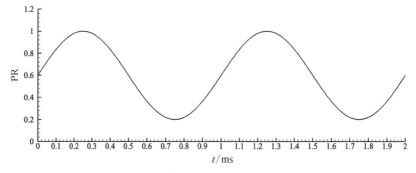

图 6.1 正弦波逆向脉冲射流总压比变化曲线图

FLUENT 中为用户提供了 UDF(user-defined function)选项,UDF 是用户自己编写的程序,通过编译器编译后可以和 FLUENT 一起运行来提高和增强 FLUENT 处理复杂模拟及应用的功能,从而可以解决一些标准 FLUENT 模块所不能解决的问题,要实现脉冲射流就必须用到该功能。

第 2 章的研究内容确定了 SST k-ω 湍流模型更加适合本研究,并且验证了网格的无关性,本节将基于此内容,采用 SST k-ω 湍流模型和第 2 章所建立的网格进行逆向脉冲射流的数值模拟,求解器选用基于隐式的非稳态求解器,采用一阶迎风格式。

自由来流为空气,由 21% 的氧气和 79% 的氮气组成,自左向右流动,空气假设为理想气体。在数值计算中,设置来流边界条件为压力远场,来流马赫数为 $Ma_\infty = 3.98$,静温为 $T_{s\infty} = 95.2 \text{ K}$,静压为 $p_{s\infty} = 9\,267.1 \text{ Pa}$;出口的边界条件类型设置为压力出口;逆向射流设置为压力入口,总压为 $p_{0\text{jet}}(t)$,静压为 $p_{s\text{jet}}(t)$,总温为 $T_{0j} = 300 \text{ K}$;壁面设置为无滑移等温边界条件,壁面温度设置为固定值 $T_w = 295 \text{ K}$。

计算中 FLUENT 中的参考值分别设置为:参考速度为来流速度 $v_\infty = 781.04 \text{ m/s}$,参考温度为来流静温 $T_{s\infty} = 95.2 \text{ K}$,参考压力为来流静压 $p_{s\infty} = 9\,267.1 \text{ Pa}$,参考密度为来流密度 $\rho_\infty = 0.337 \text{ kg/m}^3$,参考长度为钝头圆柱直径 $D = 50 \text{ mm}$,参考面积为钝头圆柱最大横截面积 $A = 1.96 \times 10^{-3} \text{ m}^2$,比热比设置为 $\gamma = 1.4$。

自由来流的速度为 $v_\infty = 781.038\,3 \text{ m/s}$,逆向射流总压与静压曲线的周期为 1 ms,在初始计算时,时间步长取为 $\Delta t = 1 \times 10^{-9} \text{ s}$,每个时间步长迭代 80 步。随着计算时间的增加,可以逐渐增大时间步长,同时适当增加每个时间步长的迭代次数,从而在保证计算结果正确性的基础上缩短计算时间。

6.1.2　数值模拟结果分析

通过流场结构能够确定射流的穿透类型及激波波系的变化,通过激波的脱体距离还能够大致判断逆向脉冲射流的减阻防热性能,能够揭示减阻防热性能变化的深层次原因。壁面热流则通过壁面斯坦顿数来间接表征,壁面斯坦顿数的变化能够反映出逆向脉冲射流的防热性能优劣。壁面压力的分布则间接反映了其阻力的大小。本节将主要通过以上参数的变化来进行分析。

图 6.2 给出了 $t = 0 \sim 1.5 \text{ ms}$ 各个时刻流场的压力云图。

从图 6.2 中可以看出,流场中可以清晰地观察到弓形脱体激波和马赫盘结构,逆向射流与自由来流在马赫盘处压力互相平衡。在马赫盘之后,射流与来流相遇形成了接触面,在自由来流的阻挡作用下,射流产生回流重新附于物面上,

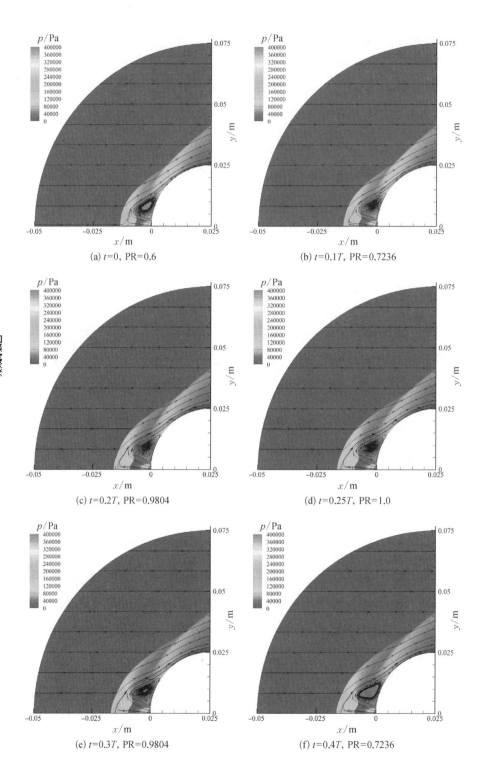

(a) $t=0$, PR=0.6

(b) $t=0.1T$, PR=0.7236

(c) $t=0.2T$, PR=0.9804

(d) $t=0.25T$, PR=1.0

(e) $t=0.3T$, PR=0.9804

(f) $t=0.4T$, PR=0.7236

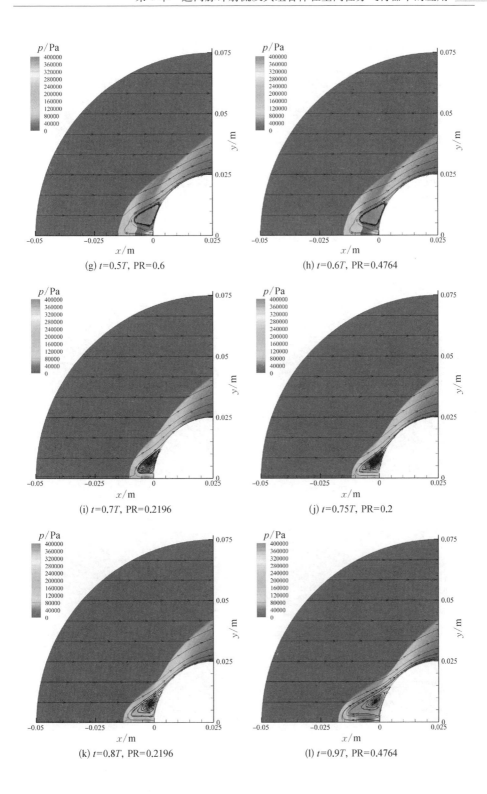

(g) $t=0.5T$, PR=0.6

(h) $t=0.6T$, PR=0.4764

(i) $t=0.7T$, PR=0.2196

(j) $t=0.75T$, PR=0.2

(k) $t=0.8T$, PR=0.2196

(l) $t=0.9T$, PR=0.4764

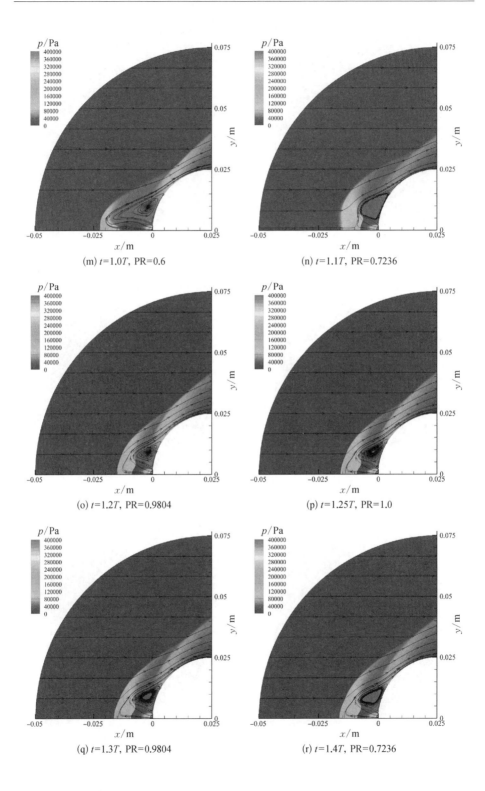

(m) $t=1.0T$, PR=0.6

(n) $t=1.1T$, PR=0.7236

(o) $t=1.2T$, PR=0.9804

(p) $t=1.25T$, PR=1.0

(q) $t=1.3T$, PR=0.9804

(r) $t=1.4T$, PR=0.7236

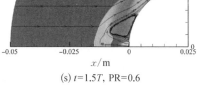

(s) $t=1.5T$, PR=0.6　　　　　　(t) PR=0.2时实验纹影图

图 6.2　$t=0\sim1.5$ ms 时间段内压力云图及 PR=0.2 时实验纹影图像

形成回流区。自由来流由于射流的阻挡向四周流去,于是在射流的回流再附点附近形成再压缩激波。在 $t=0\sim0.3$ ms,从流场的压力云图可以看到弓形激波的脱体距离不断增大,并且再压缩激波距离球体的周向距离也增大,这是由于逆向射流的总压增大,质量流量也随之增大,回流区内的逆向射流工质的总质量增大,因此弓形脱体激波和再压缩激波都一同被向外推。在 $t=0.4\sim0.7$ ms,弓形脱体激波的脱体距离减小,同时再压缩激波距离球体的周向距离也随之减小,这是由于逆向射流的总压减小,质量流量也相应减小,回流区的逆向射流工质总质量减小,弓形脱体激波和再压缩激波又被自由来流推回来。$t=0.75\sim1.0$ ms,从流场的压力云图中可以看到,弓形脱体激波的脱体距离不断增大,但与前面不同,再压缩激波距离球体的周向距离几乎没有变化,再压缩激波非常靠近物面,这是由于在 $t=0.4\sim0.7$ ms,逆向射流的总压不断减小,逆向射流的质量流量也随之减小,回流区内逆向射流工质减少,回流区的体积相应减小,而当逆向射流的总压再次增大时,由于在 0.1 ms 这么短的时间内,逆向射流的气体工质尚未流向回流区和再压缩激波处,只是将弓形脱体激波推到前面,再压缩激波几乎没有产生变化。在 $t=1.1\sim1.5$ ms,从流场的压力云图可以看到弓形脱体激波和再压缩激波恢复到 $t=0.1\sim0.5$ ms 的状态,并且 $t=1.1\sim1.5$ ms 流场的变化与 $t=0.1\sim0.5$ ms 流场的变化一致。

在这一个半周期内,自由来流与逆向射流的总压比变化范围为 0.2~1.0。值得注意的是,当自由来流与逆向射流的总压比为 PR=0.2 时,在定常流场的计算中,流场与其他情况不同,在这种条件下,逆向射流是一种长穿透模式,流场中不能形成稳定的弓形脱体激波和再压缩激波,因此球头圆柱的壁面不能被弓形激波和再压缩激波完全覆盖,自由来流与逆向射流和球头圆柱的壁面之间会存在强烈的热交换,比起不采用逆向射流的情况,当流场出现长穿透模式时,球头圆柱壁面的热载荷变得更加严重;但在上面的非定常计算中,当压比变为 PR = 0.2 时,流场依然产生了稳定的弓形脱体激波和再压缩激波,并没有出现在定常流场中出现的长穿透模式。

从以上分析可得出如下结论:

(1)随着逆向射流总压的周期性变化,流场也会产生周期性变化;

(2)在非定常计算中,出现了一个值得注意的现象,在压比变为 PR = 0.2 时,流场并没有出现在定常计算中出现的长穿透模式,反而产生了稳定的弓形脱体激波和再压缩激波,这种现象的产生具体会带来什么价值还需要展开进一步的研究。

图 6.3 给出了逆向射流喷孔前轴线方向上 $t = 0 \sim 0.5$ ms 不同时刻的压力分布曲线。从图中可以观察到每一时刻轴线上的压力曲线都有两次突跃,位于头部的突跃代表着弓形脱体激波,靠近壁面的突跃代表流场中的马赫盘,通过分析上述曲线可以得到弓形脱体激波的脱体距离。

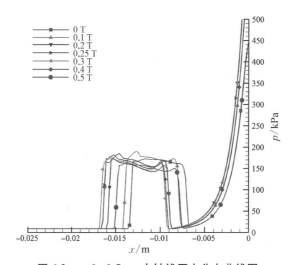

图 6.3 $t = 0 \sim 0.5$ ms 内轴线压力分布曲线图

图 6.4 给出了 $t = 0 \sim 1.5$ ms,在所列出的各个时刻流场中弓形脱体激波的脱体距离随时间的变化图。

由图 6.4 可以清楚地看出流场中弓形脱体激波的脱体距离。$t = 0 \sim$

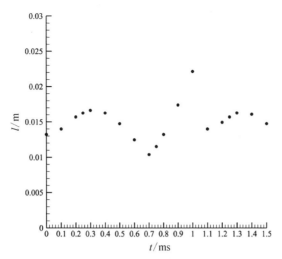

图 6.4　$t = 0 \sim 1.5\ \text{ms}$ 内弓形激波脱体距离变化图

0.3 ms,弓形脱体激波的脱体距离随着时间增大,激波被逐渐推离球头圆柱壁面,这与前面分析的流场压力云图结果一致。$t = 0.4 \sim 0.7\ \text{ms}$,弓形脱体激波的脱体距离随着时间减小,激波逐渐靠近球头圆柱壁面。$t = 0.75 \sim 1\ \text{ms}$,弓形脱体激波的脱体距离再次随着时间增大,激波再次被推离球头圆柱壁面。在 $t = 1.0 \sim 1.1\ \text{ms}$,弓形脱体激波的脱体距离急剧下降,再次恢复到 $t = 0.1\ \text{ms}$ 时弓形脱体激波的脱体距离,这其中的原因在前面分析流场压力云图时分析过,这里不再赘述。在 $t = 1.1 \sim 1.5\ \text{ms}$,弓形脱体激波的脱体距离变化与 $t = 0.1 \sim 0.5\ \text{ms}$ 的变化情况一致, 这也与前面分析的流场压力云图的变化情况相对应。从激波脱体距离的变化来看,其最大值与最小值出现的时间要落后于逆向脉冲射流总压最大值与最小值出现的时间,这说明激波脱体距离的变化存在迟滞效应。

从上述分析我们可以得出结论:在自由来流条件不变时,随着逆向射流总压的增大,弓形脱体激波的脱体距离增大,弓形脱体激波被推到前面;随着逆向射流总压的减小,弓形脱体激波的脱体距离减小,弓形脱体激波被向后推。弓形脱体激波的脱体距离随着逆向射流总压的周期性变化而产生与之相对应的周期性变化。激波脱体距离的变化存在迟滞效应。

图 6.5 给出了 $t = 0 \sim 1.0\ \text{ms}$ 壁面压力峰值随时间的变化图。

从图 6.5 一个周期 1.0 ms 内壁面压力峰值随时间的变化可以看出: $t = 0 \sim 0.3\ \text{ms}$,壁面压力峰值随时间不断减小,这是由于逆向射流的总压随时间不断增

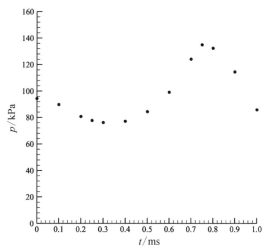

图 6.5 $t = 0 \sim 1.0$ ms 壁面压力峰值变化图

大,弓形脱体激波被不断地推向前方,因此壁面压力峰值随时间不断减小。$t = 0.4 \sim 0.75$ ms, 壁面压力峰值随时间不断增大,这是由于逆向射流的总压随时间不断减小,弓形脱体激波被不断向后推,因此壁面总体的压力随时间不断增大。$t = 0.8 \sim 1.0$ ms,壁面压力峰值又继续减小。 与激波脱体距离的变化类似,壁面压力峰值的变化同样落后于射流总压的变化。

从以上分析可知:当自由来流条件不变时,逆向射流的总压不断增大,壁面的压力峰值随之不断减小,壁面总体的压力载荷减小;逆向射流的总压不断减小,壁面的压力峰值随之不断增大,壁面总体的压力载荷增大。壁面压力分布的峰值随着逆向射流总压的周期性变化而产生与之相对应的周期性变化。壁面压力峰值的变化同样存在迟滞效应。

图 6.6 给出了 $t = 0 \sim 1.5$ ms 阻力随时间的变化图。从图 6.6 可以看出,一个半周期内球头圆柱阻力随时间的变化与壁面压力峰值的变化规律相同。$t = 0 \sim 0.3$ ms, 球头圆柱阻力随时间不断减小,这是由于逆向射流的总压随时间不断增大,弓形脱体激波被不断地推向前方,壁面总体压力随时间不断减小,因而阻力随之减小。$t = 0.4 \sim 0.75$ ms, 球头圆柱阻力随时间不断增大,这是由于逆向射流的总压随时间不断减小,弓形脱体激波被不断向后推,壁面总体的压力随时间不断增大,球头圆柱阻力同时增大。$t = 0.8 \sim 1.1$ ms,球头圆柱阻力又继续减小。$t = 1.2 \sim 1.5$ ms, 球头圆柱阻力的变化情况与 $t = 0.2 \sim 0.5$ ms 球头圆柱阻力的变化情况基本一致。

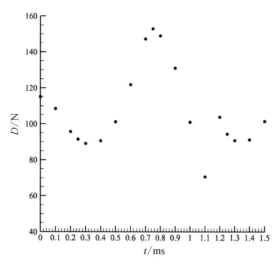

图 6.6　$t = 0 \sim 1.5\ \mathrm{ms}$ 阻力随时间变化图

图 6.7 给出了 $t = 0 \sim 1.5\ \mathrm{ms}$ 壁面斯坦顿数峰值随时间的变化图。

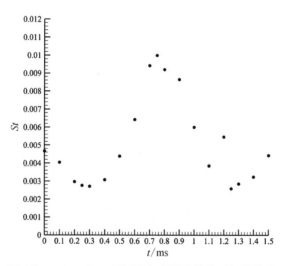

图 6.7　$t = 0 \sim 1.5\ \mathrm{ms}$ 壁面斯坦顿数峰值随时间变化图

从图 6.7 中可以看出：$t = 0 \sim 0.3\ \mathrm{ms}$，壁面斯坦顿数随时间不断减小，这是由于逆向射流的总压随时间不断增大，弓形脱体激波被不断推向前方，激波脱体距离增大，因此壁面的热载荷不断减小，壁面斯坦顿数不断减小。$t = 0.4 \sim 0.75\ \mathrm{ms}$，壁面斯坦顿数随时间不断增大，这是由于逆向射流的总压随时间不断减小，弓形脱体激波被不断向后推，激波脱体距离减小，因此壁面热载荷不断增大,壁面斯坦顿数不断增大。$t = 0.8 \sim 1.2$ ms,壁面斯坦顿数又继续减小。$t = 1.3 \sim 1.5$ ms,壁面斯坦顿数的变化情况与 $t = 0.3 \sim 0.5$ ms 壁面斯坦顿数的变化情况基本一致。

6.1.3 小结

在本节中,采用二维轴对称 RANS 方程和 SST k-ω 湍流模型对逆向脉冲射流的减阻防热机理展开了数值研究,通过以上研究可得出如下结论。

(1)采用脉冲射流时,在 PR = 0.2 时,流场结构呈现出短穿透模式,流场中可以观察到清晰的激波结构,在整个周期中,流场都未曾出现长穿透模式。

(2)激波脱体距离、斯坦顿数峰值及阻力都随时间的变化呈现出明显的周期性。

(3)激波脱体距离、斯坦顿数峰值及阻力随时间的变化都呈现出明显的迟滞现象。

6.2　周期对逆向脉冲射流减阻防热性能的影响

本节主要对射流出口总压随时间呈正弦规律变化的逆向脉冲射流减阻防热效果开展研究,并对不同周期正弦波逆向脉冲射流在超声速来流中的减阻防热效果开展数值模拟,以研究正弦波逆向脉冲射流的周期对减阻防热效果的影响。

6.2.1 不同周期脉冲射流定义

本节采用三组不同周期的正弦波逆向脉冲射流,三组正弦波逆向脉冲射流的振幅及平均值保持一致,设置振幅为 $A = 0.4$PR,平均值为 0.6PR。周期分别设置为 $T_1 = 0.5$ ms、$T_2 = 1.0$ ms 和 $T_3 = 2.0$ ms 三组,并对这三组不同周期的正弦波逆向脉冲射流进行数值计算。

三组正弦波逆向脉冲射流的出口总压控制方程分别如式(6.5)~式(6.7)所示:

$$p_{01}(t) = 548\,000\sin(12\,566.371t) + 822\,000 \tag{6.5}$$

$$p_{02}(t) = 548\,000\sin(6\,283.185\,3t) + 822\,000 \tag{6.6}$$

$$p_{03}(t) = 548\,000\sin(3\,141.592\,6t) + 822\,000 \tag{6.7}$$

式(6.5)、式(6.6)和式(6.7)分别为 $T_1 = 0.5\ \text{ms}$、$T_2 = 1.0\ \text{ms}$ 和 $T_3 = 2.0\ \text{ms}$ 时逆向脉冲射流出口总压的控制方程。

三组不同周期的正弦波逆向脉冲射流总压比随时间的变化曲线如图 6.8 所示。

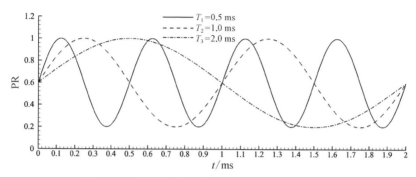

图 6.8　不同周期逆向脉冲射流总压比变化曲线图

利用 FLUENT 中的 UDF 功能,将上式得到的逆向脉冲射流总压控制方程写成 UDF 程序。

采用 SST $k\text{-}\omega$ 湍流模型和第 2 章所建立的网格进行逆向脉冲射流的数值模拟,求解器选用基于隐式的非稳态求解器,采用一阶迎风格式。把 UDF 程序对应编译到 FLUENT 中。

自由来流为空气,由 21% 的氧气和 79% 的氮气组成,自左向右流动,空气假设为理想气体。在数值计算中,设置来流边界条件为压力远场,来流马赫数为 $Ma_\infty = 3.98$,静温为 $T_{s\infty} = 95.2\ \text{K}$,静压为 $p_{s\infty} = 9\,267.1\ \text{Pa}$;出口的边界条件类型设置为压力出口;逆向射流设置为压力入口,总压为 $p_{0\text{jet}}(t)$,静压为 $p_{s\text{jet}}(t)$,总温为 $T_{0j} = 300\ \text{K}$;壁面设置为无滑移等温边界条件,壁面温度设置为固定值 $T_w = 295\ \text{K}$。

计算中 FLUENT 中的参考值分别设置为:参考速度为来流速度 $v_\infty = 781.039\ \text{m/s}$,参考温度为来流静温 $T_{s\infty} = 95.2\ \text{K}$,参考压力为来流静压 $p_{s\infty} = 9\,267.1\ \text{Pa}$,参考密度为来流密度 $\rho_\infty = 0.337\ \text{kg/m}^3$,参考长度为钝头圆柱直径 $D = 50\ \text{mm}$,参考面积为钝头圆柱最大横截面积 $A = 1.96 \times 10^{-3}\ \text{m}^2$,比热比设置为 $\gamma = 1.4$。

计算时,时间步长取为 $\Delta t = 1 \times 10^{-6}\ \text{s}$,每个时间步长迭代 2 000 步,每 10 个时间步长自动保存一次,总计算时间为 2 ms。

6.2.2 数值模拟结果分析

采用三组不同周期正弦波逆向脉冲射流的壁面压力峰值随时间变化曲线如图 6.9 所示。

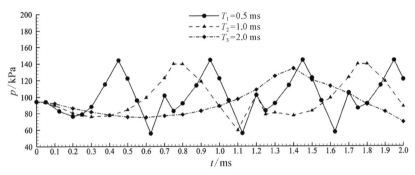

图 6.9 $t = 0 \sim 2\,\mathrm{ms}$ 压力峰值变化图

由图 6.9 可以看出,在逆向脉冲射流周期 $T_1 = 0.5\,\mathrm{ms}$ 的条件下,壁面压力峰值呈显著的周期性变化,随着逆向脉冲射流的出口总压增大,壁面压力峰值也随之增大,逆向脉冲射流的出口总压减小,壁面压力也随之减小,其变化周期与逆向脉冲射流的变化周期一致,为 $T_1 = 0.5\,\mathrm{ms}$。壁面压力的周期变化落后于逆向脉冲射流出口总压周期变化大约 $7.5 \times 10^{-2}\,\mathrm{ms}$。同时,在 $t = 0.6 \sim 0.7\,\mathrm{ms}$、$t = 1.1 \sim 1.2\,\mathrm{ms}$ 及 $t = 1.6 \sim 1.7\,\mathrm{ms}$ 时刻壁面压力的峰值出现了突然的大幅跃升,壁面压力峰值数变化非常大。在逆向脉冲射流周期 $T_2 = 1.0\,\mathrm{ms}$ 的条件下,壁面压力的峰值也呈显著的周期性变化,随着逆向脉冲射流的出口总压增大,壁面压力峰值也随之增大,逆向脉冲射流的出口总压减小,壁面压力也随之减小,其变化周期与逆向脉冲射流的变化周期一致,为 $T_2 = 1.0\,\mathrm{ms}$;在 $t = 1.1 \sim 1.2\,\mathrm{ms}$ 时刻壁面压力发生突然的大幅跃升,随后在 $t = 1.2 \sim 1.25\,\mathrm{ms}$ 时刻又突然急剧下降。在逆向脉冲射流周期 $T_3 = 2.0\,\mathrm{ms}$ 的条件下,壁面压力的峰值同样呈显著的周期性变化,随着逆向脉冲射流的出口总压增大,壁面压力峰值也随之增大,逆向脉冲射流的出口总压减小,壁面压力也随之减小,其变化周期与逆向脉冲射流的变化周期一致,为 $T_3 = 2.0\,\mathrm{ms}$。

在三个不同周期的逆向脉冲射流条件下,最大壁面压力都出现在所对应逆向脉冲射流出口总压最小时,最小壁面压力也出现在对应逆向脉冲射流出口总压最大时。采用逆向脉冲射流 PR = 0.2 的瞬时时刻,三种不同周期逆向脉冲射流条件下的壁面压力峰值均大于 PR = 0.2 定常状态下的壁面压力峰值,逆向脉冲射流 PR ＝ 1.0 的瞬时时刻,周期为 T_1 ＝ 0.5 ms 与 T_2 ＝ 1.0 ms 两组逆向脉冲射流条件下的壁面压力峰值小于 PR ＝ 1.0 定常状态下的壁面压力峰值,周期为 T_3 ＝ 2.0 ms 逆向脉冲射流条件下的壁面压力峰值则大于 PR＝1.0定常状态下的壁面压力峰值。在逆向脉冲射流的周期较小时,壁面压力的波动比较剧烈,随着周期的增大,壁面压力的波动程度也随之变得缓和。在周期较小的情况下,一个周期内壁面压力峰值的最大值较大,而其最小值则较小,随着逆向脉冲射流周期的增大,一个周期内壁面压力峰值的最大值减小,其最小值则随之增大。

从上面分析可以得到,采用不同变化周期正弦波逆向脉冲射流的壁面压力峰值变化具有以下特点:

(1)壁面压力峰值随逆向脉冲射流的周期变化而呈现周期变化,且变化周期与逆向脉冲射流的变化周期一致;

(2)采用逆向脉冲射流,在某一瞬时时刻总压比条件下的减阻效果要劣于相同总压比定常条件下的减阻效果;

(3)壁面压力峰值的变化落后于逆向脉冲射流出口总压的变化,呈现出一种迟滞效应,且这种迟滞效应与逆向脉冲射流的周期有关,逆向脉冲射流的周期越大迟滞效应越微弱,逆向脉冲射流的周期越小迟滞效应越显著;

(4)在逆向脉冲射流出口总压比由最小的 0.2PR 逐渐增大的过程中,壁面压力峰值会出现突然的大幅跃升,随后又会急剧下降;

(5)随着逆向脉冲射流周期增大,壁面压力峰值最大值呈减小趋势,并且壁面压力峰值的变化也更趋向于稳定。

采用三组不同周期正弦波逆向脉冲射流的壁面斯坦顿数峰值随时间变化曲线如图 6.10 所示。

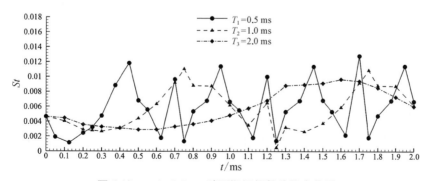

图 6.10　t＝0～2.0 ms 壁面斯坦顿数峰值变化图

由图 6.10 可以看出,壁面斯坦顿数峰值的变化规律与壁面压力峰值的变化规律类似,在逆向脉冲射流周期 $T_1 = 0.5$ ms 的条件下,壁面斯坦顿数的峰值呈显著的周期性变化,随着逆向脉冲射流的出口总压增大,壁面斯坦顿数峰值也随之增大,逆向脉冲射流的出口总压减小,壁面斯坦顿数也随之减小,其变化周期与逆向脉冲射流的变化周期一致,为 $T_1 = 0.5$ ms。 壁面斯坦顿数的周期变化落后于逆向脉冲射流出口总压周期变化大约 7.5×10^{-2} ms。$t = 0.7$ ms、$t = 1.2$ ms 及 $t = 1.7$ ms 时刻,壁面斯坦顿数的峰值出现了突然的大幅跃升,变得非常大。在逆向脉冲射流周期 $T_2 = 1.0$ ms 的条件下,壁面斯坦顿数的峰值也呈显著的周期性变化,随着逆向脉冲射流的出口总压增大,壁面斯坦顿数峰值也随之增大,逆向脉冲射流的出口总压减小,壁面斯坦顿数也随之减小,其变化周期与逆向脉冲射流的变化周期一致,为 $T_2 = 1.0$ ms。$t = 1.2$ ms 时刻壁面斯坦顿数发生突然的大幅跃升,随后在 $t = 1.25$ ms 时刻又突然急剧下降。在逆向脉冲射流周期为 $T_3 = 2.0$ ms 的条件下,壁面斯坦顿数的峰值同样呈显著的周期性变化,随着逆向脉冲射流的出口总压增大,壁面斯坦顿数峰值也随之增大,逆向脉冲射流的出口总压减小,壁面斯坦顿数也随之减小,其变化周期与逆向脉冲射流的变化周期一致,为 $T_3 = 2.0$ ms。

在三个不同周期的逆向脉冲射流条件下,最大壁面斯坦顿数都出现在所对应逆向脉冲射流出口总压最小时,最小壁面斯坦顿数也出现在对应逆向脉冲射流出口总压最大时。采用逆向脉冲射流 PR = 0.2 的瞬时时刻,三种不同周期逆向脉冲射流条件下的壁面斯坦顿数峰值均小于 PR = 0.2 定常状态下的壁面斯坦顿数峰值,逆向脉冲射流 PR = 1.0 的瞬时时刻,三种不同周期逆向脉冲射流条件下的壁面斯坦顿数峰值同样均小于 PR = 1.0 定常状态下的壁面斯坦顿数峰值。当逆向脉冲射流的周期较小时,壁面斯坦顿数的波动比较剧烈,随着周期的增大,壁面斯坦顿数的波动程度也随之变得缓和。在周期较小的情况下,一个周期内壁面斯坦顿数峰值的最大值较大,而其最小值则较小,随着逆向脉冲射流周期的增大,一个周期内壁面斯坦顿数峰值的最大值减小,其最小值则随之增大。

从上面分析可以得到采用不同变化周期正弦波逆向脉冲射流的壁面斯坦顿数峰值变化具有以下特点:

(1)壁面斯坦顿数峰值随逆向脉冲射流的周期变化而呈现周期变化,且变化周期与逆向脉冲射流的变化周期一致;

(2)采用逆向脉冲射流,在某一瞬时时刻总压比条件下的防热效果要优于相同总压比定常条件下的防热效果；

（3）壁面斯坦顿数峰值的变化落后于逆向脉冲射流出口总压的变化，呈现出一种迟滞效应，且这种迟滞效应与逆向脉冲射流的周期有关，逆向脉冲射流的周期越大迟滞效应越微弱，逆向脉冲射流的周期越小迟滞效应越显著；

（4）在逆向脉冲射流出口总压比由最小的 0.2PR 逐渐增大的过程中，壁面斯坦顿数峰值会出现突然的大幅跃升，随后又会急剧下降；

（5）随着逆向脉冲射流周期增大，壁面斯坦顿数峰值最大值呈减小趋势，并且壁面斯坦顿数峰值的变化也更趋向于稳定。

下面从流场入手，对造成特点（4）的原因展开分析。为了分析造成壁面斯坦顿数峰值在逆向脉冲射流出口总压由最小值增大过程中出现突然大幅跃升以及急剧下降的原因，分别截取周期 $T_1 = 0.5$ ms 时 t 为 $0.625 \sim 0.75$ ms、$1.125 \sim 1.25$ ms、$1.625 \sim 1.75$ ms 以及周期 $T_2 = 1.0$ ms 时 t 为 $1.1 \sim 1.25$ ms 时间段内流场的密度等值线图，如图 6.11 所示。

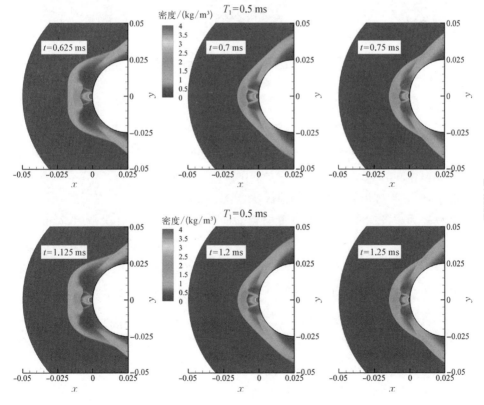

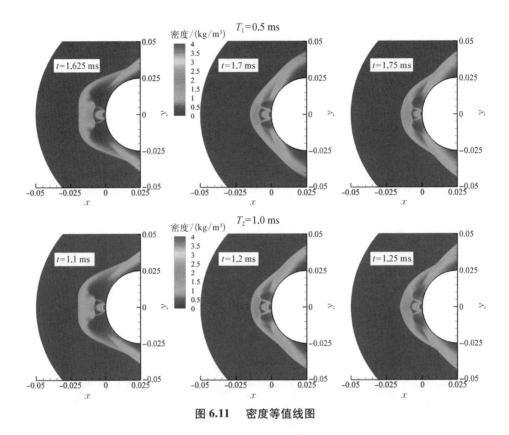

图 6.11　密度等值线图

由密度等值线图可以看出,在壁面斯坦顿数峰值发生大幅跃升及急剧下降的时间节点处,其流场也发生了较大变化。当周期为 $T_1 = 0.5$ ms 时, 在 t 为 $0.625 \sim 0.75$ ms、$1.125 \sim 1.25$ ms 及 $1.625 \sim 1.75$ ms 这三个时间间隔内,流场的变化规律是相同的,在 $t = 0.625$ ms、$t = 1.125$ ms 及 $t = 1.625$ ms 时刻,弓形脱体激波呈碗状,而非半球形,此时的激波脱体距离较大,回流区也较大,再附点以及再压缩激波较为靠近球头后端,因此此时壁面斯坦顿数峰值较小;在 $t = 0.7$ ms、$t = 1.2$ ms 及 $t = 1.7$ ms 时刻,弓形脱体激波由碗状变回半球形,激波脱体距离及回流区都减小,再附点以及再压缩激波前移,因此此时的壁面斯坦顿数峰值出现大幅跃升;在 $t = 0.75$ ms、$t = 1.25$ ms 及 $t = 1.75$ ms 时刻,弓形脱体激波前移,激波脱体距离以及回流区都增大,再附点以及再压缩激波向后移动,因此此时的壁面斯坦顿数峰值又急剧下降。当周期为 $T_2 = 1.0$ ms 时,壁面斯坦顿数峰值在 $t = 1.1$ ms 到 $t = 1.25$ ms 时间间隔内的变化规律与周期为 $T_1 = 0.5$ ms 时三个时间间隔内的变化规律是一致的,这里不再赘述。

6.2.3　小结

本节通过对相同振幅不同周期的三种正弦波逆向脉冲射流减阻防热性能的数值研究,对比了三种不同周期条件下壁面斯坦顿数峰值与压力峰值随时间的变化曲线,可以得到如下结论:

(1)逆向脉冲射流的防热效果要优于定常逆向射流,但减阻效果要劣于定常逆向射流;

(2)较大周期逆向脉冲射流的减阻防热效果要优于较小周期逆向脉冲射流。

6.3　波形对逆向脉冲射流减阻防热性能的影响

本节主要对射流出口总压随时间呈不同波形变化的逆向脉冲射流减阻防热效果开展研究,将采用不同波形来控制射流出口总压随时间的变化,保持波形的振幅、周期及平均值一致,对逆向脉冲射流的流场进行数值模拟并对数值模拟结果进行对比分析,研究不同波形对逆向脉冲射流减阻防热效果的影响。

6.3.1　不同波形脉冲射流定义

本节研究主要采用三种不同波形对逆向脉冲射流的出口总压进行控制,并对各种波形逆向脉冲射流的减阻防热效果进行对比。三种波形分别为正弦波、矩形波和三角波,保证三组波形的振幅、频率及平均值一致,设置振幅为 $A = 0.4\mathrm{PR}$,平均值为 $0.6\mathrm{PR}$,周期为 $T = 1\,\mathrm{ms}$。

三角波波形射流出口总压表达式如式(6.8)所示:

$$F_1(t) = \begin{cases} 2\,192\,000\,000(t - 0.001n) + 822\,000, & 0.001n \leqslant t < 0.001n + 0.000\,25 \\ 1\,918\,000 - 2\,192\,000\,000(t - 0.001n), & 0.001n + 0.000\,25 \leqslant t < 0.001n + 0.000\,75 \\ 2\,192\,000\,000(t - 0.001n) - 1\,370\,000, & 0.001n + 0.000\,75 \leqslant t < 0.001n + 0.001 \end{cases}$$

$$(6.8)$$

其中, $n = 0, 1, 2, 3, \cdots$。

矩形波波形射流出口总压表达式如式(6.9)所示:

$$F_2(t) = \begin{cases} 1\,370\,000, & 0.001n \leqslant t < 0.001n + 0.000\,25 \\ 274\,000, & 0.001n + 0.000\,25 \leqslant t < 0.001n + 0.000\,75 \\ 1\,370\,000, & 0.001n + 0.000\,75 \leqslant t < 0.001n + 0.001 \end{cases} \quad (6.9)$$

其中, $n = 0, 1, 2, 3, \cdots$。

正弦波波形射流出口总压表达如式(6.10)所示:

$$F_3(t) = 548\,000 \sin(6\,283.185\,3t) + 822\,000 \qquad (6.10)$$

三组不同波形的逆向射流的总压比随时间的变化曲线如图 6.12 所示。

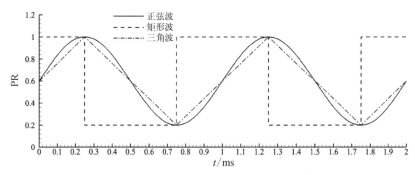

图6.12　不同波形逆向脉冲射流总压比变化曲线图

由三角波与矩形波函数方程可以看出,三角波函数与矩形波函数均为分段函数,为了用连续函数编写 UDF 程序,在这里将三角波函数与矩形波函数展开为 Fourier 级数,由于 Fourier 级数为无穷级数,无法全部写出,为了在保证精度的前提下使得方案可行,取 Fourier 级数的前有限项来近似地模拟周期三角波函数与周期矩形波函数。

周期为 $2l$ 的周期函数 $f(x)$ 的 Fourier 级数展开式如式(6.11)所示:

$$f(x) = \frac{a_0}{2} + \sum_{n=1}^{\infty} \left(a_n \cos \frac{n\pi x}{l} + b_n \sin \frac{n\pi x}{l} \right), \ x \in C \qquad (6.11)$$

其中,

$$
\begin{cases}
a_n = \dfrac{1}{l} \displaystyle\int_{-l}^{l} f(x) \cos \dfrac{n\pi x}{l} \mathrm{d}x, \ n = 0, 1, 2, \cdots \\[3mm]
b_n = \dfrac{1}{l} \displaystyle\int_{-l}^{l} f(x) \sin \dfrac{n\pi x}{l} \mathrm{d}x, \ n = 1, 2, 3, \cdots \\[3mm]
C = \left\{ x \mid f(x) = \dfrac{1}{2} \left[f(x^-) + f(x^+) \right] \right\}
\end{cases}
\qquad (6.12)
$$

当 $f(x)$ 为奇函数时其表达式如式(6.13)所示:

$$f(x) = \sum_{n=1}^{\infty} b_n \sin \frac{n\pi x}{l}, \ x \in C \qquad (6.13)$$

其中,

$$b_n = \frac{2}{l} \int_0^l f(x) \sin \frac{n\pi x}{l} dx, \ n = 1, \ 2, \ 3, \ \cdots \tag{6.14}$$

当 $f(x)$ 为偶函数时其表达式如式(6.15)所示:

$$f(x) = \frac{a_0}{2} + \sum_{n=1}^{\infty} a_n \cos \frac{n\pi x}{l}, \ x \in C \tag{6.15}$$

其中,

$$a_n = \frac{2}{l} \int_0^l f(x) \cos \frac{n\pi x}{l} dx, \ n = 0, \ 1, \ 2, \ \cdots \tag{6.16}$$

将三角波函数的起点平移到原点,并对其进行奇延拓得到如图 6.13 所示周期函数,设函数的周期为 T, h 为三角波函数的振幅。

将图示函数按照式(6.13)、式(6.14)展开为 Fourier 级数,展开结果如式(6.17)所示:

$$F(t) = \frac{8h}{\pi^2} \sum_{n=1}^{\infty} \frac{(-1)^{n-1}}{(2n-1)^2} \sin \frac{2(2n-1)\pi t}{T} \tag{6.17}$$

其中, $h = 548\,000\,\text{Pa}$,周期 $T = 0.001\,\text{s}$,将 h 与 T 代入式(6.17),并取无穷级数的前 20 项,将后面的其余项舍掉,得到式(6.18):

$$F(t) = 444\,192.069\,1 \times \sum_{n=1}^{20} \frac{(-1)^{n-1}}{(2n-1)^2} \sin[6\,283.185\,31(2n-1)t] \tag{6.18}$$

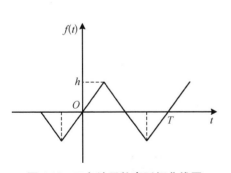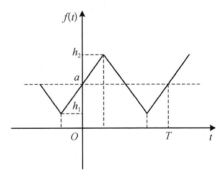

图 6.13　三角波函数奇延拓曲线图　　**图 6.14　三角波函数曲线图**

将式(6.18)的图像沿 $f(t)$ 方向平行移动 a, a 为三角波函数的平均值,即得到图 6.14 所示函数图像。图中, $a = 822\,000\,\text{Pa}$,将 a 值叠加到式(6.18)上,得到其表达式：

$$F(t) = 822\,000 + 444\,192.069\,1 \times \sum_{n=1}^{20} \frac{(-1)^{n-1}}{(2n-1)^2} \sin[\,6\,283.185\,31(2n-1)t\,]$$

(6.19)

式(6.19)即三角波函数的 Fourier 级数展开式,它表征了射流出口总压随时间呈三角波的变化关系。

图 6.15 为取前 20 项的三角波函数 Fourier 展开式与原函数曲线对比图,从图中可以看出,取前 20 项的三角波函数 Fourier 展开式的函数曲线与原函数曲线基本重合,其最大误差为 0.41%。

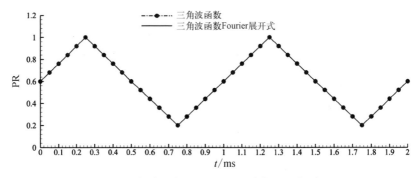

图 6.15 三角波函数 Fourier 展开式与原函数对比图

对图 6.12 所示的矩形波函数进行偶延拓,得到如图 6.16 所示的周期偶函数,设函数的周期为 T,函数的最大值与最小值分别为 h_1、h_2。

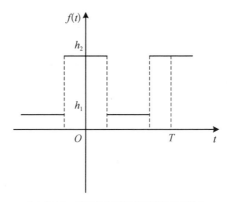

图 6.16 矩形波函数偶延拓曲线图

　　将图 6.16 所示周期函数按照式(6.15)、式(6.16)展开为 Fourier 级数,展开结果如式(6.20)所示:

$$F_2(t) = \frac{h_1 + h_2}{2} + \frac{2(h_2 - h_1)}{\pi} \sum_{n=1}^{\infty} \frac{(-1)^{n-1}}{(2n-1)} \cos \frac{2(2n-1)\pi t}{T} \quad (6.20)$$

其中, $h_1 = 274\,000\,\text{Pa}$, $h_2 = 1\,370\,000\,\text{Pa}$, $T = 0.001\,\text{s}$, 将 h_1、h_2、T 代入式(6.20), 并取无穷级数的前 20 项,将后面的其余项舍掉,得到的结果如式(6.21)所示:

$$F_2(t) = 822\,000 + 697\,735.270\,5 \times \sum_{n=1}^{20} \frac{(-1)^{n-1}}{(2n-1)} \cos[6\,283.185\,31(2n-1)t]$$
$$(6.21)$$

式(6.21)即矩形波函数的 Fourier 展开式,它表征了射流出口总压随时间呈矩形波的变化关系。

　　图 6.17 为取前 20 项的矩形波函数 Fourier 展开式与原函数曲线对比图。

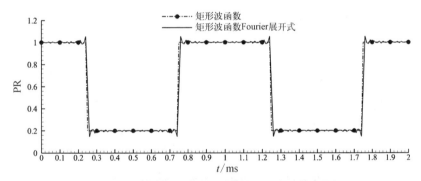

图 6.17　矩形波函数 Fourier 展开式与原函数对比

　　利用 FLUENT 中的 UDF 功能,将前面得到的三角波及矩形波脉冲射流总压控制方程写成 UDF 程序。

　　采用 SST $k\text{-}\omega$ 湍流模型和第 2 章所建立的网格进行逆向脉冲射流的数值模拟,求解器选用基于隐式的非稳态求解器,采用一阶迎风格式。把 UDF 程序对应编译到 FLUENT 中。

　　自由来流为空气,由 21% 的氧气和 79% 的氮气组成,自左向右流动,空气假设为理想气体。在数值计算中,设置来流边界条件为压力远场,来流马赫数为 $Ma_\infty = 3.98$,静温为 $T_{s\infty} = 95.2\,\text{K}$,静压为 $p_{s\infty} = 9\,267.1\,\text{Pa}$;出口的边界条件类型设置为压力出口;逆向射流设置为压力入口,总压为 $p_{0\text{jet}}(t)$,静压为 $p_{s\text{jet}}(t)$,总

温为 T_{0j} = 300 K;壁面设置为无滑移等温边界条件,壁面温度设置为固定值 T_w = 295 K。

计算中 FLUENT 中的参考值分别设置为:参考速度为来流速度 v_∞ = 781.04 m/s,参考温度为来流静温 $T_{s\infty}$ = 95.2 K,参考压力为来流静压 $p_{s\infty}$ = 9 267.1 Pa,参考密度为来流密度 ρ_∞ = 0.337 kg/m³,参考长度为钝头圆柱直径 D = 50 mm,参考面积为钝头圆柱最大横截面积 A = 1.96 × 10⁻³ m²,比热比设置为 γ = 1.4。

计算时,时间步长取为 Δt = 1 × 10⁻⁶ s,每个时间步长迭代 2 000 步,每 10 个时间步长自动保存一次,计算总时长为 2 ms。

6.3.2 数值模拟结果分析

采用三组不同波形逆向脉冲射流的壁面压力峰值随时间变化曲线,如图 6.18 所示。

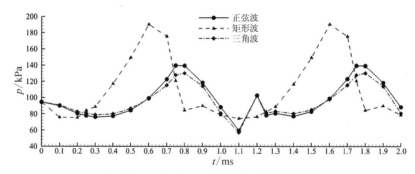

图 6.18 t = 0 ~ 2.0 ms 壁面压力峰值变化图

由图 6.18 可以看出,采用相同周期不同波形的逆向脉冲射流,其壁面压力峰值均随时间呈现周期性变化,随着射流出口总压增大,壁面压力峰值减小,随着射流出口总压减小,壁面压力峰值增大。在采用矩形波时,壁面压力峰值也呈现出一种类似于矩形波的变化,而采用正弦波与三角波的壁面压力峰值变化曲线非常相似。通过对壁面压力峰值变化曲线的对比,可以发现采用三种不同波形的情况下,逆向脉冲射流出口总压比在 PR = 0.2 与 PR = 1.0 瞬时时刻的壁面压力峰值均大于对应 PR = 0.2 与 PR = 1.0 定常条件下壁面压力峰值,这种现象反映了逆向脉冲射流在减阻方面的表现与防热表现不同,其减阻的效果不如定常逆向射流。同时也可以发现,三角波的减阻效果最好,正弦波其次,矩形波的减阻效果最差。

采用三组不同波形的逆向脉冲射流的壁面斯坦顿数峰值随时间变化曲线如图 6.19 所示。

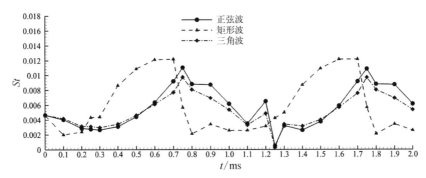

图 6.19　$t = 0 \sim 2.0$ ms 壁面斯坦顿数峰值变化图

由图 6.19 可以看出,采用相同周期不同波形的逆向脉冲射流,其壁面斯坦顿数峰值均随时间呈现出周期性变化,随着射流出口总压增大,壁面斯坦顿数峰值减小,射流出口总压减小,壁面斯坦顿数峰值增大。在采用矩形波时,壁面斯坦顿数峰值也呈现出一种类似于矩形波的变化,而采用正弦波与三角波的壁面斯坦顿数峰值变化曲线则非常相似。通过对壁面斯坦顿数峰值变化曲线的对比,可以发现采用三种不同波形的情况下,逆向脉冲射流出口总压比在 PR = 0.2 与 PR = 1.0 瞬时时刻的壁面斯坦顿数峰值均小于对应 PR = 0.2 与 PR = 1.0 定常条件下壁面斯坦顿数峰值,这也反映了逆向脉冲射流在防热方面较定常射流有优势;同时也可以发现,三角波的防热效果最好,正弦波其次,矩形波的防热效果最差。

由 6.3.2 节的分析可知,在 $t = 1.6 \sim 1.9$ ms,采用三组不同波形逆向脉冲射流的壁面压力以及斯坦顿数分布差距较大,本节将通过流场结构来解释这种差距产生的原理。

图 6.20 给出了采用三组不同波形的逆向脉冲射流流场分别在 t 为 1.6 ms、1.7 ms、1.75 ms、1.8 ms 和 1.9 ms 瞬时时刻的压力云图。

从图 6.20 可以看出,在 $t = 1.6$ ms 时,采用矩形波脉冲射流的激波脱体距离要远远小于采用正弦波和三角波脉冲射流的激波脱体距离,并且在采用矩形波脉冲射流的条件下,流场中未观察到再压缩激波以及再附点等结构。因此,在该时刻,采用矩形波逆向脉冲射流的壁面斯坦顿数及壁面压力要远远高于采用正弦波和三角波函数时的壁面斯坦顿数和壁面压力。随着时间推移,采用矩形波逆向脉冲射流流场的激波脱体距离不断增大,弓形激波被逆向射流向前推移,再

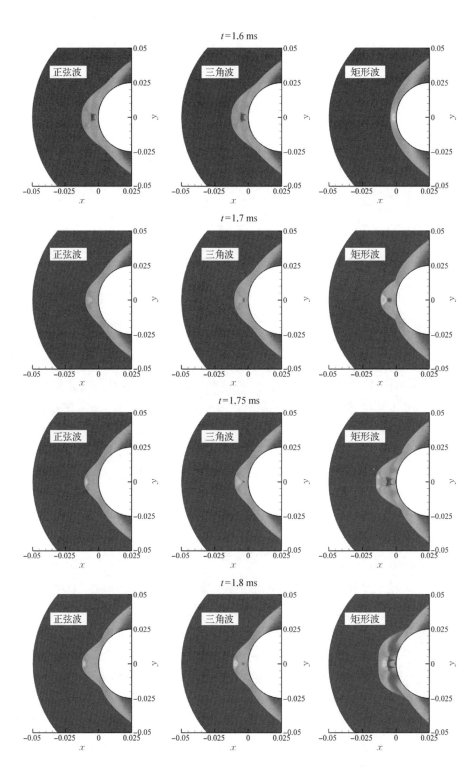

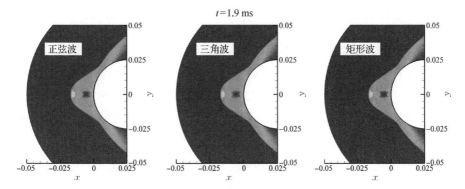

图 6.20　三组不同波形逆向脉冲射流在 t 为 1.6 ms、1.7 ms、1.75 ms、1.8 ms 和 1.9 ms 时刻压力云图

压缩激波以及再附点等流场结构重新形成,这时采用矩形波逆向脉冲射流的壁面斯坦顿数及壁面压力大幅下降。采用正弦波及三角波逆向脉冲射流时,其壁面斯坦顿数以及壁面压力的变化幅度要小于采用矩形波的情况,采用正弦波及三角波逆向脉冲射流时,其流场波动幅度小,流场更加稳定。

6.3.3　小结

本节通过对相同振幅与周期的三种不同波形逆向脉冲射流减阻防热性能的数值模拟研究,对比了三种不同波形条件下壁面斯坦顿数峰值与压力峰值随时间的变化曲线,可以得到如下结论:

(1)逆向脉冲射流在防热方面的表现要优于定常射流,但是脉冲射流的减阻效果要劣于定常射流;

(2)采用正弦波与三角波逆向射流的流场稳定性要优于采用矩形波脉冲射流的流场稳定性;

(3)在这三组不同波形逆向脉冲射流中,三角波脉冲射流在减阻防热方面的表现最好。

6.4　逆向脉冲射流与迎风凹腔组合构型研究

本节将基于以上对逆向脉冲射流的研究,提出逆向脉冲射流与迎风凹腔的组合构型,并对逆向脉冲射流与迎风凹腔组合构型的减阻防热机理及性能开展数值模拟。本节还将针对迎风凹腔长径比 L/D 对减阻防热的影响展开研究。

6.4.1 模型构建及数值模拟

本节所采用的几何模型,基于 Hayashi 等[1] 逆向射流实验中采用的模型。

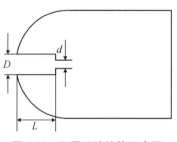

实验采用的球头圆柱头部轴线处,布置一个圆柱形迎风凹腔,圆柱凹腔的轴线与球头圆柱的轴线相重合,凹腔的底部设置逆向脉冲射流的喷口,其示意图如图 6.21 所示。

迎风凹腔直径为 D,长度为 L,其长径比定义为 L/D。球头圆柱半径 $R = 25$ mm,逆向脉冲射流喷口直径 $d = 4$ mm。 为了研究迎风凹腔的长径比 L/D 对逆向脉冲射流与迎风凹腔组合构

图 6.21 迎风凹腔结构示意图

型减阻防热性能的影响,这里建立三个不同长径比的组合构型模型,其具体几何参数如表 6.1 所示。

表 6.1 迎风凹腔几何参数

编　号	长度 L/mm	直径 D/mm	长径比 L/D
1	10	6	1.33
2	10	8	1.25
3	14	8	1.75

根据表 6.1 中模型的几何参数,用 ICEM CFD 软件生成计算所需的结构网格,并在可能出现激波的流场区域对网格进行加密,网格结构图如图 6.22 所示。

第 2 章研究表明,采用 SST k-ω 湍流模型时,逆向脉冲射流的数值模拟结果最准确,因此,本节的数值模拟继续采用该湍流模型。根据 6.3 节得到的结论,周期 $T_3 = 2.0$ ms 的正弦波逆向脉冲射流减阻防热性能要优于周期为 $T_1 = 0.5$ ms 和 $T_2 = 1.0$ ms 的两组正弦波逆向脉冲射流,较大周期的正弦波逆向脉冲射流具有较好的减阻防热性能,因此,本节采用周期为 2.0 ms 的逆向脉冲射流。由 6.3 节研究可知,在周期相同的情况下,三角波逆向脉冲射流具有较好的减阻防热性能,其在减阻防热上的表现要优于矩形波与正弦波逆向脉冲射流,本节逆向脉冲射流的波形采用三角波。

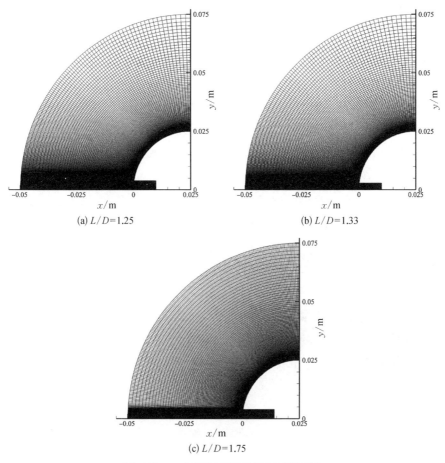

(a) $L/D=1.25$　　　　(b) $L/D=1.33$

(c) $L/D=1.75$

图 6.22　三组不同长径比迎风凹腔网格

　　根据上述分析,本节采用了周期为 $T=2.0$ ms 的三角波逆向脉冲射流。脉冲射流振幅为 0.4PR,平均值为 0.6PR,其波形图如图 6.23 所示。

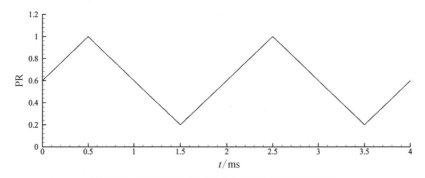

图 6.23　三角波逆向脉冲射流总压比变化曲线图

保证三组不同组合构型的自由来流、逆向脉冲射流等边界条件一致。其中自由来流为空气,由21%的氧气和79%的氮气组成,自左向右流动,空气假设为理想气体。在数值计算中,设置来流边界条件为压力远场,来流马赫数为 $Ma_\infty =$ 3.98,静温为 $T_{s\infty} = 95.2\,\text{K}$,静压为 $p_{s\infty} = 9\,267.1\,\text{Pa}$;出口的边界条件类型设置为压力出口;逆向射流设置为压力入口,总压为 $p_{0\text{jet}}(t)$,静压为 $p_{s\text{jet}}(t)$,总温为 $T_{0j} = 300\,\text{K}$;壁面设置为无滑移等温边界条件,壁面温度设置为固定值 $T_w = 295\,\text{K}$。

FLUENT 中的参考值分别设置为:参考速度为来流速度 $v_\infty = 781.04\,\text{m/s}$,参考温度为来流静温 $T_{s\infty} = 95.2\,\text{K}$,参考压力为来流静压 $p_{s\infty} = 9\,267.1\,\text{Pa}$,参考密度为来流密度 $\rho_\infty = 0.337\,\text{kg/m}^3$,参考长度为钝头圆柱直径 $D = 50\,\text{mm}$,参考面积为钝头圆柱最大横截面积 $A = 1.963 \times 10^{-3}\,\text{m}^2$,比热比设置为 $\gamma = 1.4$。

计算时,时间步长取为 $\Delta t = 1 \times 10^{-5}\,\text{s}$,每个时间步长迭代1 200步,每个时间步长自动保存一次,计算总时长为4 ms。

6.4.2　数值模拟结果分析

为了便于分析逆向脉冲射流与迎风凹腔组合构型的减阻性能,图6.24给出了采用三组不同组合构型情况下壁面阻力随时间的变化曲线。

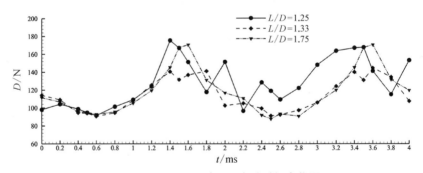

图 6.24　$t = 0 \sim 4$ ms 壁面阻力随时间变化图

由图6.24可知,球头圆柱所受阻力随逆向脉冲射流的周期性变化而变化,当脉冲射流的总压增大时,球头圆柱所受阻力减小。当脉冲射流的总压减小时,球头圆柱所受阻力增大。

从球头圆柱所受阻力的大小及变化趋势来看,迎风凹腔长径比 L/D 对组合构型的减阻性能有显著的影响。当 $L/D = 1.25$ 时,球头圆柱所受阻力最大,且其阻力值变化范围大,这表明在 $L/D = 1.25$ 的条件下,其流场最不稳定。当 $L/D =$ 1.33 时,球头圆柱受到的阻力最小,且在逆向脉冲射流总压较小的情况下,其减阻优势最为明显。当 t = 3.5 ms 时,采用 L/D = 1.33 组合构型的壁面阻力值为 131.16 N,而采用 L/D = 1.25 组合构型的壁面阻力达到 167.73 N,前者减阻接近 22%。在脉冲射流总压较大的情况下,L/D = 1.33 组合构型与 L/D = 1.75 组合构型壁面阻力十分接近。在这三组不同长径比逆向脉冲射流与迎风凹腔组合构型中,L/D = 1.35 的组合构型减阻性能最强,且其流场稳定性也最高,阻力变化范围最小。综合三种情况来看,当逆向射流确定时,迎风凹腔的长径比存在着最优值,在最优的长径比下,该组合构型能够达到最佳的减阻效果。

图 6.25 给出了两个周期内三组不同长径比逆向脉冲射流与迎风凹腔组合构型壁面压力峰值随时间的变化曲线。

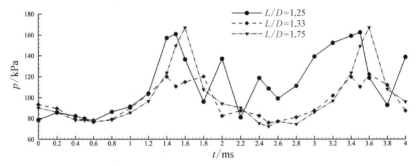

图 6.25　t = 0 ~ 4 ms 壁面压力峰值随时间变化图

由图 6.25 可知,在两个周期时间内,球头圆柱壁面压力峰值的变化趋势与球头圆柱所受阻力变化趋势一致。当脉冲射流总压增大时,球头圆柱壁面压力减小。当脉冲射流总压减小时,球头圆柱壁面压力增大。在整个变化周期内,L/D = 1.25 组合构型的壁面压力峰值最大,且其峰值的变化幅度也最大,壁面压力最不稳定。在逆向脉冲射流总压较大的情况下,L/D = 1.33 组合构型与 L/D = 1.75 组合构型壁面压力峰值变化基本一致。当脉冲射流总压较小时,L/D = 1.33 组合构型壁面压力峰值明显低于其他两组。以上不同组合构型壁面压力峰值的变化规律也进一步印证了球头圆柱所受阻力的变化规律。

为了对比不同长径比逆向脉冲射流与迎风凹腔组合构型的防热性能,图 6.26 给出了两个周期内三组不同长径比逆向脉冲射流与迎风凹腔组合构型壁面斯坦顿数峰值随时间的变化曲线。

由图 6.26 可知,球头圆柱壁面斯坦顿数峰值随逆向脉冲射流的周期性变化而呈现周期性变化。当脉冲射流的总压增大时,球头圆柱壁面斯坦顿数峰值减小,当脉冲射流的总压减小时,球头圆柱壁面斯坦顿数峰值增大。

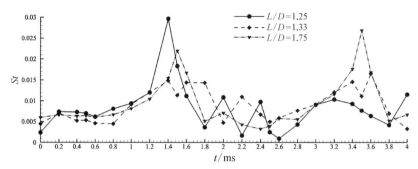

图 6.26 $t=0\sim4\,\mathrm{ms}$ 壁面斯坦顿数峰值变化图

$L/D = 1.25$ 的组合构型中,其壁面斯坦顿数峰值在第一个周期的最大值远远高于其第二个周期的最大值。在第一个周期内,$L/D = 1.33$ 组合构型的壁面斯坦顿数峰值总体最小,其防热效果最好,$L/D = 1.25$ 组合构型的防热效果最差。而在第二个周期内,$L/D = 1.25$ 组合构型的壁面斯坦顿数峰值远远小于其他两个组合构型,$L/D = 1.33$ 组合构型的防热效果要劣于 $L/D = 1.25$ 的组合构型。综合两个周期壁面斯坦顿数的分布情况可知,$L/D = 1.33$ 组合构型壁面斯坦顿数变化幅度最小,在两个周期内处于较为平稳的状态,这表明在这三组组合构型中,$L/D = 1.33$ 组合构型的防热性能最强,$L/D = 1.75$ 的防热性能最差,而 $L/D = 1.25$ 的组合构型防热性能介于二者之间。逆向脉冲射流与迎风凹腔组合构型的防热性能与其减阻性能相似,当逆向射流确定时,迎风凹腔的长径比存在最优值,在最优长径比下,该组合构型能够达到最佳的防热效果。

由图 6.26 可知,当 t 为 $1.2\sim1.6\,\mathrm{ms}$ 和 $3.2\sim3.6\,\mathrm{ms}$ 时,长径比 $L/D = 1.25$ 的组合构型壁面斯坦顿数变化范围大且趋势不同。当 $t = 1.2\sim1.6\,\mathrm{ms}$ 时,长径比 $L/D = 1.25$ 组合构型壁面斯坦顿数峰值高于其余两组组合构型,而当 $t = 3.2\sim3.6\,\mathrm{ms}$ 时,长径比 $L/D = 1.25$ 组合构型壁面斯坦顿数峰值则小于另外两组。

本节将从流场结构的角度入手,对上述情况产生的原因进行分析。图 6.27 给出了 $L/D = 1.25$、$L/D = 1.33$ 及 $L/D = 1.75$ 的三组组合构型在 $t = 1.2\sim1.6\,\mathrm{ms}$ 和 $t = 3.2\sim3.6\,\mathrm{ms}$ 的压力云图。

由图 6.27 可知,当 $t = 1.2\,\mathrm{ms}$ 时,三组不同长径比组合构型流场中的激波脱体距离接近,其中 $L/D = 1.75$ 组合构型流场激波脱体距离略大,因此在 $t = 1.2\,\mathrm{ms}$ 时刻,三组不同组合构型壁面斯坦顿数峰值非常接近,$L/D = 1.75$ 时壁面斯坦顿数峰值略低于其余两组。随着时间推移,逆向射流总压减小,脱体激波后移,

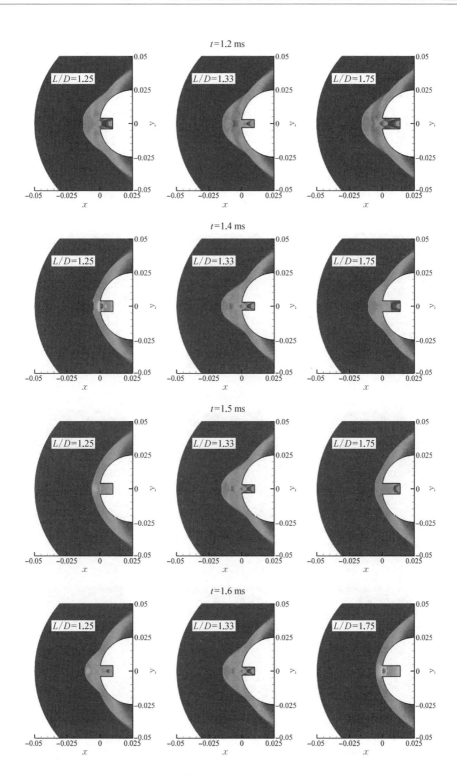

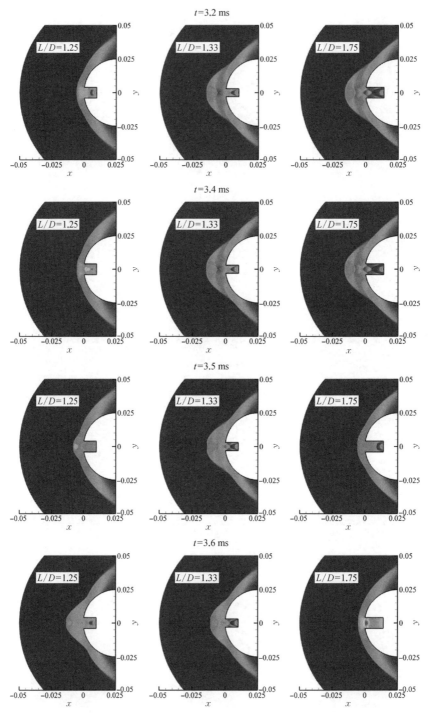

图 6.27　三组组合构型在 $t = 1.2 \sim 1.6$ ms 和 $t = 3.2 \sim 3.6$ ms 时间段内压力云图

激波脱体距离减小,壁面斯坦顿数随之增大。$L/D = 1.25$ 组合构型流场在 $t = 1.4$ ms 及 $t = 1.5$ ms 时刻,再压缩激波及再附点等结构几乎消失,激波脱体距离达到最小值,凹腔内气体压强增大。当 $t = 1.6$ ms 时,再压缩激波及再附点重新出现,凹腔内气体压强减小,脱体激波前移,激波脱体距离增大。$L/D = 1.75$ 组合构型流场的变化与 $L/D = 1.25$ 组合构型流场变化相似,在 $t = 1.5$ ms 及 $t = 1.6$ ms 时刻,激波脱体距离达到最小值,再压缩激波及再附点等结构同样消失,凹腔内气体压强增大。随着时间推移,逆向射流总压增大,再压缩激波及再附点重新出现,凹腔内气体压强减小,脱体激波前移,激波脱体距离增大。在 $t = 3.2 \sim 3.6$ ms,三组不同长径比组合构型流场的变化规律与 $t = 1.2 \sim 1.6$ ms 变化规律相同。当逆向射流总压较大时,在三组不同长径比组合构型流场凹腔中均能观察到明显的马赫环结构。在形成马赫环结构的流场中,射流穿透深度大,激波脱体距离大,减阻防热效果明显。在整个周期内,$L/D = 1.33$ 组合构型流场最稳定,减阻防热效果最好。

图 6.28 给出了长径比分别为 $L/D = 1.25$、$L/D = 1.33$ 及 $L/D = 1.75$ 的三组组合构型在 $t = 1.2 \sim 1.6$ ms 和 $t = 3.2 \sim 3.6$ ms 的密度云图。

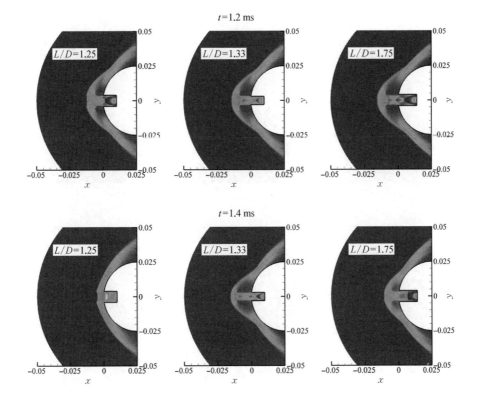

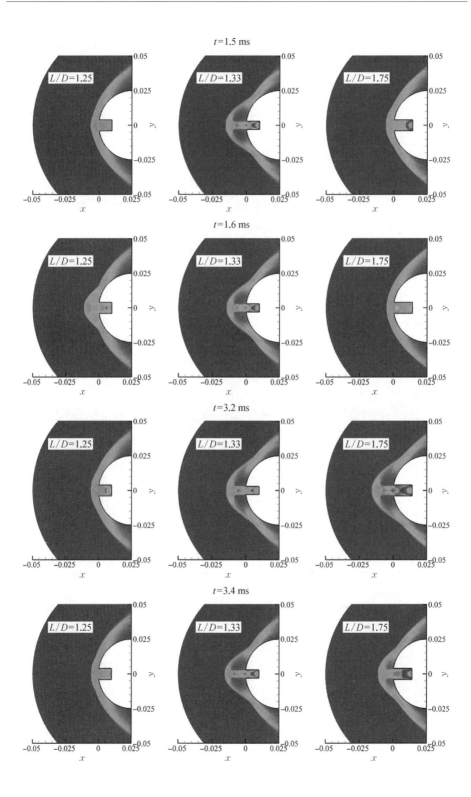

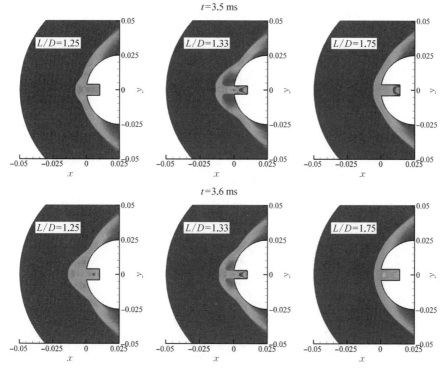

图6.28　三组组合构型在 $t=1.2\sim1.6$ ms 和 $t=3.2\sim3.6$ ms 时间段内密度云图

由图6.28可知,三组不同长径比组合构型流场的密度云图变化规律与压力云图变化规律相似。$L/D=1.25$组合构型流场在$t=1.4$ ms及$t=1.5$ ms时刻,再压缩激波及再附点等结构几乎消失,激波脱体距离达到最小值,凹腔内气体密度增大,这表明凹腔内射流气体被自由来流空气压缩。在$t=1.6$ ms时刻,再压缩激波及再附点重新出现,凹腔内气体密度减小,脱体激波前移,激波脱体距离增大。$L/D=1.75$组合构型流场的变化与$L/D=1.25$组合构型流场变化相似,在$t=1.5$ ms及$t=1.6$ ms时刻,激波脱体距离达到最小值,再压缩激波及再附点等结构同样消失,凹腔内气体密度增大,射流气体同样被自由来流空气压缩。随着时间推移,逆向射流总压增大,再压缩激波及再附点重新出现,凹腔内气体密度减小,脱体激波前移,激波脱体距离增大。三组不同长径比组合构型中,$L/D=1.25$及$L/D=1.75$组合构型凹腔体积较大,$L/D=1.33$组合构型凹腔体积最小。射流气体被喷射到凹腔中立即在凹腔膨胀,气体静压下降,射流气体在较大体积的凹腔中膨胀后静压下降幅度要大于在较小凹腔中膨胀静压的下降幅度。当射流总压较小时,射流气体在较大体积凹腔膨胀的过程中,射流气体静压小于来流空气静压,此时凹腔内的射流气体被来流压缩,无法向凹腔外流动,射流气体被阻滞在凹腔中,密度增大。随时间推移,凹腔内射流气体积累且射流总压增大,射流气体得以继续向凹腔外流动,此时再压缩激波及再附点等机构重新形成,脱体激波前移,激波脱体距离增大。当 $t = 3.2 \sim 3.6\ \mathrm{ms}$ 时,三组不同长径比组合构型流场的变化规律与 $t = 1.2 \sim 1.6\ \mathrm{ms}$ 变化规律相同。

图 6.29 给出了长径比分别为 $L/D = 1.25$、$L/D = 1.33$ 及 $L/D = 1.75$ 的三组组合构型在 $t = 1.2 \sim 1.6\ \mathrm{ms}$ 和 $t = 3.2 \sim 3.6\ \mathrm{ms}$ 氮气的组分分布图。

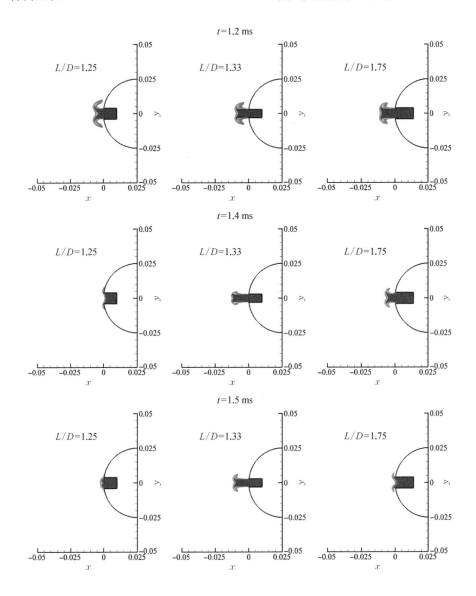

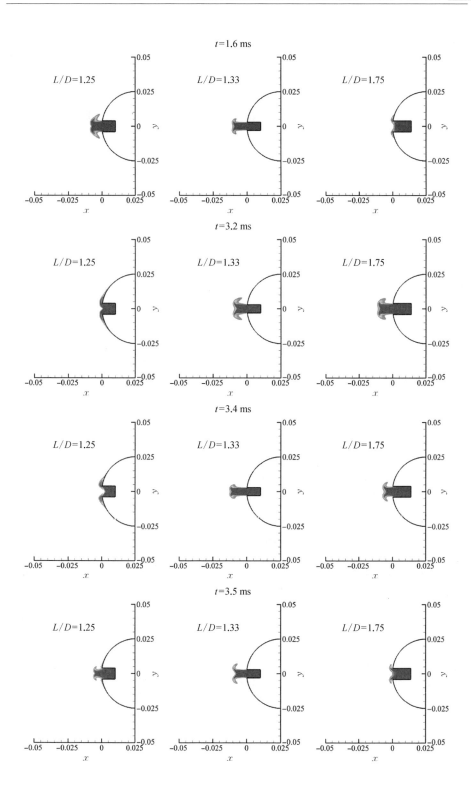

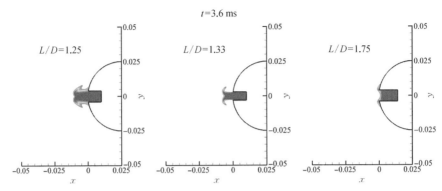

图 6.29　三组组合构型在 $t = 1.2 \sim 1.6$ ms 和 $t = 3.2 \sim 3.6$ ms 氮气组分分布图

由图 6.29 可知，$L/D = 1.25$ 及 $L/D = 1.75$ 组合构型氮气穿透深度变化范围较大，$L/D = 1.33$ 组合构型氮气穿透深度较为稳定。$L/D = 1.25$ 组合构型流场在 $t = 3.2$ ms、$t = 3.4$ ms 及 $t = 3.5$ ms 时刻，其射流在凹腔出口产生分叉，射流气体附着于球头表面，附着于球头表面的射流工质带走热量，从而降低了球头壁面热流。这解释了 $L/D = 1.25$ 组合构型在 $t = 3.2 \sim 3.6$ ms 时间段内激波脱体距离最小但壁面斯坦顿数最低的原因。

6.4.3　小结

本节建立了三个不同长径比迎风凹腔模型，基于 6.3 节和 6.4 节研究所得结论，对逆向脉冲射流与迎风凹腔组合构型开展了数值模拟，数值模拟结果表明：

（1）在三组不同长径比组合构型中，$L/D = 1.33$ 组合构型具有最佳的减阻性能，$L/D = 1.25$ 组合构型的减阻性能最差。

（2）在三组不同长径比组合构型中，$L/D = 1.33$ 组合构型具有最佳的防热性能，$L/D = 1.75$ 组合构型的防热性能最差。

（3）逆向射流确定时，迎风凹腔长径比存在着最优值，在最优长径比下，该组合构型能够达到最佳防热效果或者最佳减阻效果，但防热性能最优值与减阻性能最优值不一定相同。

（4）凹腔体积对逆向射流与迎风凹腔的减阻防热效果存在影响，凹腔体积小，有利于流场的稳定性。当凹腔体积较大，射流总压较小时，凹腔中存在气体阻滞现象。

6.5 本章小结

本章以空间任务飞行器的减阻防热为目标,对逆向脉冲射流及其组合体的减阻防热机理开展了系列研究,得到如下结论:

(1) 定义了一个周期为 1.0 ms、振幅为 0.4PR、平均值为 0.6PR 的正弦波逆向脉冲射流,并对该射流的减阻防热性能进行了数值模拟,计算结果表明,脉冲射流较定常射流有更好的防热效果,但减阻效果略逊于定常射流;

(2) 分别定义了三个不同周期相同波形、振幅及平均值的逆向脉冲射流,周期分别为 0.5 ms、1.0 ms 和 2.0 ms,波形均为正弦波,振幅为 0.4PR,平均值为 0.6PR,计算结果表明,周期为 2.0 ms 的逆向脉冲射流减阻防热效果最好,周期为 0.5 ms 的逆向脉冲射流减阻防热效果最差;

(3) 分别定义了三个不同波形相同周期、振幅及平均值的逆向脉冲射流,波形分别为正弦波、三角波和矩形波,周期均为 1.0 ms,振幅为 0.4PR,平均值为 0.6PR,计算结果表明,三角波逆向脉冲射流减阻防热效果最好,矩形波逆向脉冲射流减阻防热效果最差;

(4) 将逆向脉冲射流与迎风凹腔结合,对不同长径比逆向脉冲射流与迎风凹腔组合构型的减阻防热性能开展了数值模拟,计算结果表明,当逆向射流确定时,迎风凹腔长径比存在最优值,在最优长径比下,该组合构型能够达到最佳防热效果或者最佳减阻效果,但防热性能的最优值与减阻性能的最优值不一定相同。

参考文献

[1] Hayashi K, Aso S, Tani Y. Experimental study on thermal protection system by opposing jet in supersonic flow[J]. Journal of Spacecraft and Rockets, 2006, 43(1): 233 - 236.